NA
建筑家系列 6

吉村靖孝 + 平田晃久

日本日经BP社日经建筑 编
范唯 译

北京出版集团公司
北京美术摄影出版社

前言

由建筑专业杂志《日经建筑》（NA）编撰的『NA建筑家系列』，截至本书已经是第六册了。此前，我们的视线均集中于像伊东丰雄、内藤广、隈研吾这样的大名鼎鼎的建筑家身上。本次，我们转变了视角，将目光投向那些年轻的建筑家们。我们仍旧以刊登在《日经建筑》中的采访内容为基础，编撰成本书，这个方针没有改变。

不过，德高望重的建筑家们大多拥有自己的事务所，事务所的历史也有长达二十至四十年时间。与此相比，年轻的建筑家们从业时间不过十余年，还没有太显著的业绩。基于这样的情况，我们将两位建筑家同时合并在一册当中。此前已经出版的伊东丰雄、内藤广、隈研吾分别出生于一九四一年、一九五〇年、一九五四年，而本书中选取的两位建筑家平田晃久、吉村靖孝分别出生于一九七一年、一九七二年，比前辈们年轻不少。

为什么二十世纪七十年代出生的建筑家们受到越来越多的关注呢？如果结合时代背景，就能够找到其中的原因了。

在一九七一年至一九七四年的第二次『婴儿潮』期间出生的年青一代，从幼年时期就被迫参与了入学竞争，是在严苛的环境中成长起来的。研究生毕业时恰逢二十世纪九十年代中期，作为经济刺激政策，各地区公共建筑的建设盛行一时，一九九五年又发生了阪神大地震、东京地铁沙林毒气事件。与上一代不同，他们没有经历过经济活跃的泡沫时代，没有实务经验。二十世纪九十年代前期之后的十年，也被称为『丢失的十年』，激情澎湃的二十多年时光在经济的不景气及停滞不前中度过。可以说，面对社会及经济的动荡不安，二十世纪七十年代出生的年轻人们冷静地、专注地形成了自己独具一格的理论。

那么，选取平田晃久与吉村靖孝的理由又是什么呢？原因如前所述，他们是站在同时代年轻人前列的建筑家。他们都是在一九九五年举行的『仙台媒体中心』设计竞赛中，发现了建筑世界的希望，开始步入建筑家的道路。我们从这些共同点出发，选取了这两位建筑家。

虽说二人所处的时代相同，但是二人的经历却有所不同。平田在关西的大学学习了建筑专业，之后进入伊东丰雄建筑设计事务所，积累了专业经验，而吉村则是在关东的大学之中，在古谷诚章研究室学习，独立之前曾经去往欧洲的事务所工作。二人之间轨迹的不同产生的影响也不同，通过对他们进行采访加以回顾，可以发现他们各自理念及战略的不同很明显。作为不同类型的建筑家，二人使用的语言也有所不同，这样的两个人，在他们的对话之中，有时会产生协同效果，有时表意又相去甚远。本书选取他们与各自恩师之间的对话，以及相关人士对他们做出的评价来呈现，请读者务必一读。

日经建筑编辑部

转载日经建筑（NA）及相关书籍，以及该杂志相关网页『Kenplatz（KEN）』登载的报道。
报道内的职位，原则上仅限于刊载之时。
转载报道的期刊号，登载于题目栏下方。无期刊号的报道，是专为本书而作的新撰。
另外，报道中的图片，原则上也仅反映刊载之时的状态。因建筑物改建等原因，图片与现状可能有所不同。

总目录 CONTENTS

平田晃久篇

(Akihisa Hirata)

[除特别说明外，均由柳生贵也提供包括扩封在内的人物照片]

目录 | 平田晃久篇（Akihisa Hirata）

平田晃久：平田晃久建筑设计事务所法人代表

1971年7月17日生于大阪府，1994年京都大学工学部建筑专业毕业；

1997年京都大学研究生院工学研究专业毕业，进入伊东丰雄建筑设计事务所；

2005年成立平田晃久建筑设计事务所；

自2010年起任东北大学研究生院SSD（Sendai School of Design）特聘副教授；

获得2004年SD新人朝仓奖（house H）、2006年SD新人奖（house S）、

2007年JIA新人奖（枡屋本店）、2012年Elita Design Award（Photosynthesis）、

第13届威尼斯国际建筑双年展2012日本馆金狮奖（“在这里，建筑是可能的吗”，与伊东丰雄、乾久美子、藤本壮介、畠山直哉共同设计）

第一章

平田晃久成名之前

1971—2005年

幼年时期，是一个尽情追逐昆虫的“发烧友”，
大学毕业设计获得一等奖，
从那时起就已经具备了优秀的空间掌控能力。
目睹“仙台媒体中心”的中标方案，心生感动，
继而叩响了伊东丰雄建筑设计事务所的大门。
回顾当初，平田说，
“刚刚入所时，我认为自己是一个派不上用场的人”。
而之后，他却不断地激发着伊东丰雄的感性。

背景为平田制作的昆虫纸牌（第13页）

2012年

访谈 **01**

平田晃久选择建筑的理由

成长经历以及在伊东丰雄建筑设计事务所的活动

大学时代，目睹了阪神大地震，平田陷入了不知依靠什么来进行设计的迷茫状态。就在此刻，由伊东丰雄设计的『仙台媒体中心』的中标方案映入眼帘。请听吉村与平田的访谈。

1 直至高中时代都在大阪度过

平田在大阪的泉北新城度过了高中时代。从幼儿园时期开始，就喜欢追逐昆虫、饲养蜥蜴等，也会挑战小说、漫画。大学入学时，一直纠结于选择建筑专业还是生物专业，最后还是选择了建筑的道路。

—

吉村——出生地是在什么地方？

平田——我是在大阪府出生、长大的。虽然出生的地方是大阪市内，却是在堺市长大的。那是一个曾经出现过千利休这样的人物，以及拥有日本第一大古坟——仁德天皇陵墓的地方。但我的成长是在新城。大阪的千里新城最为出名，接下来就是位于堺市以南丘陵地带的泉北新城，我就是在这里长大的。虽然是一个新兴住宅区，但由于原先的村落分散在周边，所以它的边界比较曲折。小学时的同学，有些是从周边村落来的。

吉村——我看过你的采访，你把这个称作关联性对吧（笑）。

平田——好像把什么都能比作关联性一样

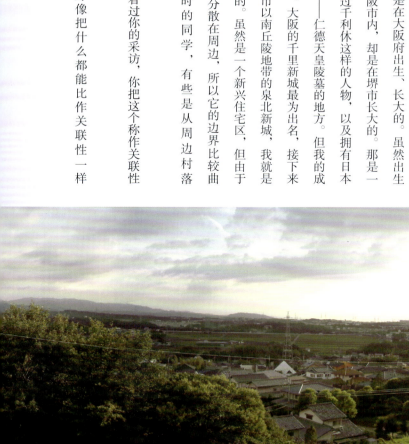

（笑）。是因为双方的分布看上去像是存在关联性一样。

吉村——说到新城，给人的印象是，集中了特定的产业，拥有同样属性的人聚居在那里。

平田——感觉上像是大阪的卫星城。距离大阪市中心难波等区域，乘坐城铁大概三十分钟就能到达。看一下航空照片应该很容易就能明白，看到的一瞬间就知道新城的不同之处。

中间混杂着别的村落，周边的环境感觉上像是农村的风景。记忆中我曾经在这些村落的绿地中追捕昆虫，玩耍嬉戏。

说到追捕昆虫，有时候我也会跟小伙伴们一起去，不过大部分时候都是独自前去（笑）。如果不是独自一个人去，而是两人、三人结伴而去的话，因为我追起昆虫来特别执着，其间不知不觉就走散了（笑）。和小伙伴们一起去，感觉上更像是去玩耍，所以有时候也会想要更加彻底地追捕。大体上，拿着网袋捉蝴蝶或者蜻蜓时，只要在一个地方看到过它们，过一会儿时间它们一定还会再回到那个地方。

所以说，只要静静等待，机会就一定会到来，但是能这样陪着我的人却几乎没有（笑）。本来像『鬼蜻蜓』这样的昆虫，是基本上不可能捕捉到的。尽管这样我也曾捕捉到两三次，当时的那股兴奋劲儿，是无论什么都很难替代的（笑）。

从位于大阪府堺市泉北新城平田曾经的住所向外远眺的风景。古老的村落分散在周边。正面的群山对面是和歌山县，右侧临海（照片：平田晃久）

幼儿园时期的平田

吉村——似乎有着狩猎民族的一面啊（笑）。

平田——按照我的经验，在森林里以及没有开垦的草原上会比较多。『鬼蜻蜓』常在周围飞舞，如果认真地去看的话，有时会忽然发现它们就落在那里。对了，你知道『鬼蜻蜓』吗？身体是黄色和黑色的，眼睛是绿色的，所以在树林里因为光线昏暗基本上很难分辨出来。尽管这样，如果忽然间发现它们落在那里，就会想要捉住。用网袋去捉，如果让它逃跑了就糟了，这样的机会是少之又少的，这一点倒有点儿像设计竞标（笑）。那个时候的兴奋程度，在建筑这件事情上似乎还没有体验过（笑）。

吉村——没有养过宠物吗？

平田——养过很多虫子作为宠物，开始时妈妈觉得很恶心，但过了一段时间之后就允许了。也养过蜥蜴之类的，还产过卵。现在回想起来，那时候自己曾住在那么恶心的环境之中，房间里、阳台上摆满了水槽，是个彻底的『发烧友』（笑）。

吉村——那是在小学时期吗？

平田——不，是幼儿园的时候。蜥蜴产卵的时候是幼儿园时期（笑）。有时候也会捉到一对蜥蜴，是在交尾中，走着走着就会碰到这样的景象（笑）。

吉村——那么甲虫或者鹿角虫呢？

平田——甲虫和鹿角虫是当然的，不过那里不是那么原始的地方，是稍稍有些城市化的地方的边缘地区，所以并不是很多。鹿角虫也只是些小的鹿角虫，是相对来说比较常见的昆虫。大家都知道的锹形虫、扁锹形虫、深山锹形虫，如果能捉到这些，就可以称为大事件了。大体上，去捉鹿角虫时，去到的地方都会有胡蜂，感觉上像是会

1

2

1.五岁时的平田。从幼儿园时期开始饲养蜥蜴，上小学时尽情地捕捉蝴蝶、蜻蜓等 | **2.**至今仍保存在平田老家的胡麻斑蝶、金凤蝶等蝴蝶标本

被胡蜂追来追去（笑）。

吉村——我周围还没有过这样的人（笑）。

平田——但是在小的时候，大家都是喜欢昆虫的吧。只是我坚持到最后去疯狂地捕捉『鬼蜻蜓』了（笑）。第一次捉到『鬼蜻蜓』是在小学三年级的时候，在我的记忆里，刚出生的『鬼蜻蜓』幼虫的眼睛是绿色的，无比透澈，非常好看，我一直盯着看个没够。

吉村——能记住这些，真是了不起啊。对了，在学校里你是个怎样的孩子？

平田——小学时代是非常普通的孩子。幼儿园时可能因为对集体生活不习惯，我记得很清楚，妈妈曾经被老师请去过一次，说『平田君总是只看着窗外，大家一起做游戏时也一点儿没有参加的兴趣』。我自己本来非常想做一个好孩子，听了老师的话，我想老师的印象完全错了，可能以为我脑子不太好。有点儿过分啊（笑）。

那个时候像是一个不合群的孩子。虽然我自己不这么认为。大概外面有小鸟在沙子中跳来跳去的时候，我的脑子就会集中在那里，那期间并没有无视老师的意思，所谓孩子可能就是那个样子的。另外，关于幼儿园时期我能想起的，就是当时想要写小说（笑）。

幼儿园时期想写小说却遭遇挫折

吉村——幼儿园的时候（笑）？

平田——想要写小说，但遭遇了挫折，这是在幼儿园时期发生的事情（笑）。

吉村——还有这样的幼儿园孩子吗（笑）？

平田——对于想要写的题目，我心里是很清楚的。原因是在最后的场景中出现了仙鹤。那是在洞穴之中。顺着洞穴中的水前进，最后逐渐宽阔起来的地方，有仙鹤在那里。没有缘由，也是非常昏暗的。在昏暗的，有些宽阔的空间之中，白色仙鹤的轮廓，隐隐约约浮现出来，我想要描述的，就是这个场景（笑）。

由于想要描述这样的场景，在之前也思考了很多的故事情节，可能在随笔当中也曾写下过那么一页。父母似乎也

3.十岁时的平田。小学、中学时代，在外玩耍比较多 | **4.**小学时代制作的昆虫纸牌。每一张都是由平田自己画好、着色

曾因为看到幼儿园的我想要写小说，以为这小子将来说不定有可能成为作家而暗自欣喜（笑）。尽管这样还是完全没办法写出来，最后还是不了了之了（笑）。

吉村——那时喜欢画画吗？

平田——喜欢画画，不过算不上特别擅长，所以也从来没有想过要当画家。

吉村——那么小说呢？

平田——对小说有过一瞬间的期待，很快又破灭了（笑）。现在想起来，对于那些故事情节我是不怎么关心的，这也是后来才明白的。可以说是不关心，也可以说是不具备描述那些情节的才能。

吉村——就是说对场景之类的东西比较有兴趣。

平田——是的。对于那种特别的景象、或者说用语言难以描述的场景、有着仙鹤这样的主角、有着强烈的色彩，一瞬间体验到的场景、空间，可以说，当时可能是对这些东西感兴趣。如果不通过小说这个媒介，是没有办法描述出来的，或者即便是绘画，如果没有强大的功底也是无法描述的。所以我知道我是不可能画出来的，之后回想起来只是觉得好玩。另外，我还曾经想当漫画家。上小学的时候画了很多。

吉村——不是临摹别人的作品，而是自己构思故事情节吗？

平田——我们这一代受到藤子不二雄的影响比较大，所以是属于那个类型的漫画。虽然可能不是什么特别有意思的漫画，当时画的时候是非常努力的。不过非常占用时间。画一页漫画需要很长时间，读的时候却一瞬间就读完了，所以要画十多页的话，就是非常辛苦的一件事。将那样一个世界用几格漫画的方式描绘出来，我觉得是一件很有意思的事情。小学一年级时的梦想就是成为漫画家（笑）。

吉村——我上小学的时候，也曾经在作文集里面写过自己的梦想，是成为漫画家或者设计师等。可能是跟时代有关系吧。小学到中学一直都是在当地的学校吗？

小学时一直学习双排键电子琴

平田——是公立的学校，各种各样的人都有。由于是大阪的公立学校，所以也有一些不像样的学生。这样的环境下如果自己不下定决心学习点儿什么的话，是没有办法走下去的，也是很快乐的一件事。

吉村——小学、中学时的成绩怎么样呢？

平田——成绩很好。有几次还得过全A。包括运动在内，每个学科都还不错。不过没怎么参加过学生社团活动。特别是中学，我想我应该算是一个不活跃的孩子。父母也不怎么让我玩电子游戏。那会儿都做些什么呢？大概都是在外面玩耍。棒球的水平也还算一般。

吉村——相比小学、中学时代，好像幼儿园时期留下的记忆更多啊。高中时代又怎样呢？

平田——到了高中时期，必须认真地思考未来自己想要做什么了，对吧，不是像小学时那样，只是一时的冲动，而是要采取具体的行动了。比如

说，如果对音乐之类抱有兴趣，但自己是否能在音乐这条道路上走下去，就要好好考虑一下了。我读了很多跟音乐理论有关的书，虽然算不上什么太有影响的书。

吉村——是什么样的音乐呢？

平田——是古典类型的音乐。当时了解得没有那么深，只不过我内心喜欢的偶像是巴赫。对于几段旋律同时演奏而在脑中形成的组合，我心生敬佩，同时，我觉得自己是做不到的。没有想过要把这个作为梦想继续下去。

吉村——到现在为止完全没有提到钢琴，当时弹过钢琴吗？

平田——说起来有点儿不好意思（笑），学过双排键电子琴。小学一年级时去同学家里，那个同学在学习双排键电子琴。我上幼儿园时喜欢吹口琴，吹得非常不错，就觉得自己弹双排键电子琴也能弹得很好，所以央求父母给我买，他们就给我买了电子琴。小学时一直在学习。

吉村——双排键电子琴是分为两排的，还有一部分需要用脚踩，各自发出自己的旋律和拍子，对吗？

平田——所谓双排键，实际上是和声，说起来是从属于一个旋律的。所以右手是主旋律，右手弹上一排，左手弹下一排，确定拍子，而脚踩的部分是基础音。

吉村——就像等级结构一样，各自的分工似乎是很明确的。

平田——是一种不会使脑子那么混乱的乐器。而钢琴从这个意义上说就是复杂的，全部琴键在同一个水平面上，两只手来回转换地方。小学一年级时不清楚这些，糊里糊涂地进入了双排键电子琴的世界，后来又觉得可能钢琴更好一些，不过家里已经有了那么贵的乐器了……不过之后在高中时代又买过keyboard，虽然弹得也不算好。

1.高中时代热衷于在教室里玩纸牌游戏 | **2.**高中时代休学旅行时的一个定格画面，去的是东北地区，右三是平田

吉村——难道你是更倾向于理论方面吗？

平田——是啊，应该说是在倾倒于理论之前，就赶快先放弃掉了（笑）。在近代时期的那种所谓的分工明确的音乐出现之前，感慨于巴赫音乐的伟大。不过，我知道那么伟大的音乐自己是无论如何达不到的，那么就放弃音乐吧，这样就能早一点儿做出决定。之后，对自然科学，比如数学、物理等也有过憧憬，但是高中时有很多比自己聪明的家伙存在。

当时我所在的学校是大阪的公立学校，有些人在数学方面明显比我更强，不管我怎么努力，结果还是这家伙要更厉害一些。在这样的学校里都有人比我厉害，看起来专攻数学是不行了。这也是很早就明白了。那么，我擅长的事情又是什么呢？那时，我对生物也抱有兴趣，对遗传基因，以及生物是怎样起源的这一类问题，尝试着加以了解，我想，如果我能搞明白这些问题，应该也是很有趣的吧。

因想要改变新城的内部空间而进军建筑

我想当然地认为，虽然我什么都不懂，但如果我花点儿工夫，或许能够有点儿成就。所以当时决定向这个方向进军。有了这样的想法，又想起自己小时候制作过昆虫标本之类。两者之间也不是完全没有关联性，我认真地想过，或许这条路是能够成功的吧。但与此同时，我又渐渐意识到，科学这类东西，在某个特定的时代，是受到推崇的，但最终或许会沦为被利用的工具，这样恐怖的事情是曾经发生过的，而生物学在这一点上尤为突出。

对于这种恐怖，我自己会怎么办呢？大概当我进入这个领域之后，会无暇理会善恶关系，而埋头苦干下去。想到这一点，我甚至觉得自己本身就很恐怖（笑）。虽然觉得这样选择也是可以的，但是，是在生物学方面赌上自己的未来，还是转变方向，从事构建我们生活基础的设计类的专业，对此也是有些兴趣的，所以当时觉得建筑也是一个选项。

吉村——是怎样知道了建筑的呢？

平田——对建筑这个词本身是不太了解的。在某一时期之前，对比如说钢笔之类，喜欢思考它们的具体形状。因此，对于设计师，或者说设计这个职业，是有一些憧憬的。还有一点，因为我住在新城，在进入建筑物里面的感受，与在外面捕虫时的感受完全不同，这种印象很深刻。我在想，为什么建筑物里面是这个样子的。

如果是我的话，是不是能再制造出一些不同之处呢？总之，我对自己有一种不一样的期待，现存的建筑，以我的水平应该也是能够做到的。比如说对于音乐，总是会出现比自己水平更高的人，但是对于建筑，即便只是做出现有水平的东西，我认为也是不同于一般之物的。我感觉自己在这个行业能够有点儿成就，也产生了向建筑设计方向努力的想法。最后，是依靠直觉决定的。在参加模拟考试时还同时考了生物学科，所以直到最后都是犹豫不决的。

吉村——升学时是学科选择制吧，当时选择了生物与物理吗？

平田——没有选择生物，选的是物理与化学。我想，即便选择生物，也还是要学习化学的吧。对于理科世界，还是有一些憧憬。印象中学理科的人是很酷的，在女生当中也会很受欢迎，但真正学习了理科之后才发现这是一种错觉。

吉村——周围根本就没有女生吧？

平田——是啊。物理课之类很明显啊，一个女生都没有，觉得自己怎么连这个都没想到呢，一般应该是会注意到的吧（笑）。知道会是这样，就不会这样选择了吧（笑）。

吉村——大学入学考的是建筑专业吧？

平田——是的，只选了建筑。京都大学的优势，是在入学之后感到的，不会让你转到别的学科。我对工学部其他专业都没有兴趣，觉得学建筑最好。

2 京都大学时代

大学四年级时，想要进入有着三倍竞争率的设计研究室，必须通过图纸审核。如果不能通过，就打算从事文职类的工作。顺利通过审核的那一刻开始，就决定将来要创立自己的事务所。用平田的话说，之后就没有再迷茫过。

吉村——在大学里，是从一年级就开始做设计了吗？

平田——京都大学采取的是放任主义，在一年级时，似乎只有建筑概论，每周有一节课，除此之外就没有其他课程了，有点儿放任不管的意思。最初开始做设计是在二年级的时候，设计花亭之类。真正开始是在三年级的时候。所以做毕业设计的时候，实际上还只是处于比较初级的阶段。

吉村——当时的老师都有哪些位呢？

平田——当时，竹山圣先生、布野修司先生刚刚来到京大，最开始的花亭课题是由布野修司先生主持的。另外，还有作为非常任讲师的高松伸先生，他刚来时主持的课题，让我们明白建筑对人的要求有点儿不可思议（笑）。当时的

课题是『风景的pavilion（亭子）』，光看题目就很不一般。这个课题要求我们思考，风景到底是什么。

吉村——当时对你的评价怎样呢？

平田——那个时候有点儿不成器，虽然干劲是有的，但是得到的评价却不高。怎样才能获得较好的评价，怎样才能将自己的想法转变成为有形的成果？就这样，一边思考这些问题，一边进行设计。大学四年级时，为了进入设计研究室，须接受图纸审核。当时的京都大学（以下简称「京大」），设计研究室只有川崎清・竹山圣研究室一所，只招收七人。除此之外，还有外观设计类的研究室，但建筑设计专业的研究室只有这一所，所以当时的竞争率达到三倍左右。

图纸审核的时间非常靠后，所以，如果没能通过的话，也就错过了去其他的外观设计类研究室的机会。这样的话，就只能去结构或者设备之类的研究室。当时我也想过，如果我无法成为那七人之中的一员的话，就放弃设计了。按照自己当时的水平，如果进不去，即使继续下去也是没有结果的，所以如果通不过图纸审核的话，就准备从事文职类工作了。

在某个地方做着非设计类的工作，或许这样才能过着快乐的生活，这样的道路应该也是有的，生活方式会发生很大的改变。我带着这样的心理准备，对图纸进行了很多修改，接受了图纸审核。现在想起来我还是比较弱的，别的同学有的去过结构类研究室求教，感觉是志在必得。而我抱着那样的心态，最后能够进入研究室，直到现在依然从事着设计，总之是一件幸运的事情。可以说当时经历了一次迷茫，之后便不再有过。那时便决定要在建筑的道路上走下去，将来创业后要独当一面。对于未来道路的迷茫，那之后便再没有过了。

吉村——毕业设计当时做的是什么？

平田——可能带有一些时代的特色，毕业设计选

择了京大的校园作为建筑用地。当时非常天真，认为毕业设计这种东西不能委托给任何人，即使做出了什么也不能产生价值。总之，条件之类只能自己去设想，索性就选择了京大的校园作为底板，思考其中可以展开的内容。那是一个很有意义的地方，所以，如果能找到一个突破口，寻求一些改变的话，应该是我能够做到的事情，当时的想法就是这样。

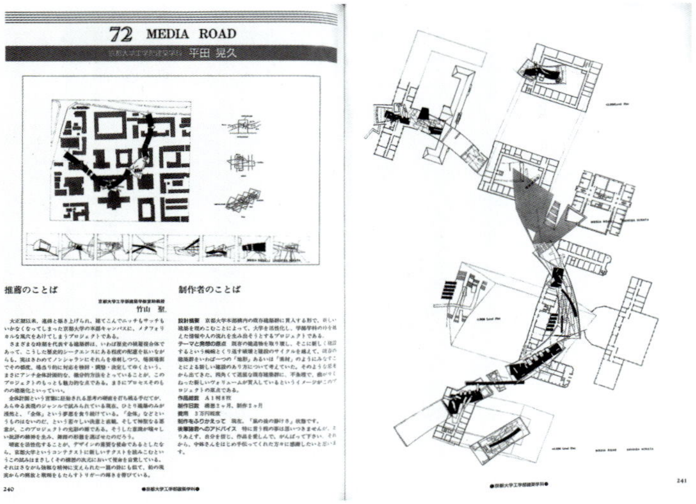

平田的毕业设计作品，获得『武田五一奖』

我的毕业设计中的这座建筑物，就像一条路一样，一部分延伸至空中，横跨连接数个院系。当时我认为，即便设计了现实性很强的建筑，也是没有意义的。因为不能实现，所以倒不如通过建筑的形态，引导大家去想象，如果这样的建筑有可能成为现实的话，会有怎样的效果，所以当时我没有去想别的，就这样去做了。

从某种意义上说，我表达了自己的想法。在建筑物的入口处，没有平坦的平台，其余的地方，都只有倾斜的地板。在倾斜的地板的某些地方，设置有类似于玻璃箱一样的空间，建筑物里面的东西，能够通过玻璃箱被外界看到。这是一个可供交流的地方，是非常抽象的，这就是我的毕业设计。

吉村——刚才说到，没有给定程序的情况下去思考也没有意义，反过来说，大学三年级的时候不是曾经完成过设计课题吗？相对来说当时顺利吗？

平田——当时的设计课题，是在『设计课题』这门课上，接受外部给的课题，因此只要能够交出答卷就万事大吉了（笑）。

吉村——很老成啊（笑）。不过我也这样想过，毕业设计这种东西确实很不可思议。必须通过『思考程序』这种当今建筑界并不要求的能力来决定胜负。

平田——当时比较常见的是由圆形或三角形构成的复合建筑，虽然很美，但是似乎不能给人们带来期待。如果只是去捏造一些这样的建筑，那么也不会有那么高的热情和动机去花费三到四个月的时间。现在想来，那个问题本身就是稍稍有些天真的。或许，如果能够更加积极一点儿考虑到现实的需要或者特定公共建筑的必要性，可能会好一点儿。

可能也跟当时的时代背景有关，某种程序主义与形式主义相混杂，处于临界点之上，这就是当时的建筑界的状况。雷姆·库哈斯似乎将两者

融合在了一起，大家也似乎开始关注他到底在做什么，但是关注得还不够彻底，在当时的时代背景下，更加注重形式的老师相对更多一些。所以，从这个意义上说，对于当时的情况尚且不能完全弄明白，自己该怎样做才好，这种烦恼原封不动地反映在了毕业设计当中。

吉村——毕业设计在学校得到了怎样的评价呢？

平田——评价非常好，以最高票获得了『武田五一奖』。我没有想到会得到这么高的评价。有很多德高望重的老师在，也不知得到了哪位的支持，并且没有写任何的文章，就这样拿去展示了。对于烦琐的说明我心存疑惑，最后决定不采取写文章的方式，心想可以采取另外一种类似于语言的方式，即示意图。只要有示意图，就能够全都表达出来了。剩下的只要看图纸就好了。如果这样还不能明白的话，那不明白就不明白吧，当时就是这样的想法（笑）。

吉村——老师当中，竹山圣先生是能理解的吧？

平田——从结果上来看，与我想象当中的绝对是大相径庭。我认为绝不可能给予我好评的那个年龄段的老师，结果却全都给了好评。得票数一直维持高位，最终得到了最高票。我一点儿都没有预料到是这样的结果。评比会当天，我想眼看着别人得到最高票数我一定是生气的，所以就没去，而是去滑雪了（笑）。当时觉得无所谓了，就那样做了，后来知道得到了最高票，心想，糟糕了（笑）。就是这种感觉。

当时内经昭藏先生也在，我想内经先生是绝对不会投票给我的，可是结果却投给我了。对我来说，这是让我干劲倍增的一件事。不过，总的来看，我对建筑创作的根本性的东西抱有怀疑。当时这份毕业设计是一九九四年完成的，第二年就发生了阪神大地震。我真的不知道自己该做什么才好。在读研期间，别人通常都会参加竞标之类的活动，我基本上没有参与，想知道自己到底该做什么，所以读了很多书，总之当时觉得，这个问题一定要思考清楚。

被"仙台媒体中心"的中标方案震撼

当时大致上就是这样一种状态。

一九九五年在MOMA召开了轻型结构展。突然之间，建筑杂志取材的建筑类型发生了很大的变化。似乎是某种现代主义的回归，之前的后现代主义及其延伸出来的解构世界，或者说这种倾向，忽然之间发生了转变。我对此也抱有很大的疑惑，虽说感觉后现代主义的确没有什么未来，但突然而来的颠覆性转变也有点儿奇怪。另外，当时常常有这种声音，即当时神户发生了地震，解构主义是在无意间、非主观意志的状态下产生的。

在这样的背景之下，解构主义之类似乎变得不可取，作为理由是不能被理解的，我也想过，这样一边倒地转变真的好吗？但周围有这样的声音，难免会受到影响，所以真的不知道自己该怎么做。时代背景的确就是这样。

之后，正在那时伊东丰雄先生的『仙台媒体中心』（以下简称『媒体中心』）的竞标方案突然

间进入了我的视线。那是令我印象十分深刻的一件事情。对于向所谓的现代箱式建筑回归的潮流，我有些反感，但是反过来说，如果仅仅继续做迄今为止做过的事情，好像也是不对的。正在不知道该如何是好的时候，将如同自然环境般的流动性与某种结构性相结合在一起的建筑，出现在了眼前。

我觉得这应该会很有趣，我感受到了建筑家伊东丰雄先生的强大魅力，不过有点儿惭愧的是我对伊东先生之前的作品没能有深刻的理解，以媒体中心为契机，我回溯研究了伊东先生的银色小屋（Silver Hut）以及很多其他的作品，总算觉得有一点儿能够理解了。伊东先生将自己一直以来的想法在媒体中心这一作品上以特殊的方式呈现了出来，这对于全世界都是一件很有价值的事情。

当时，我不知道该做什么，茫然之中想到要去国外。后来觉得，或许可以不用做出这样的决定。从京都的角度来看，东京就可以算是国外了（笑）。那么，就去东京这个『国外』的、伊东先生所在的地方吧。

1

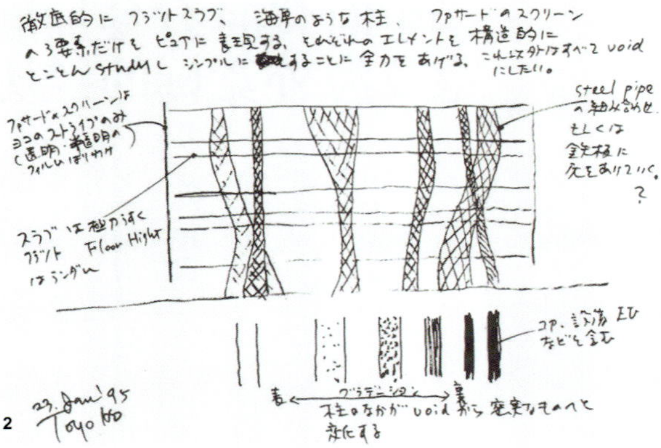

2

1.仙台媒体中心公开竞标方案中伊东丰雄建筑设计事务所方案的模型照片。钢制夹心板中注入轻型混凝土制成“楼层（plate）”，由细钢筋组成的网状“管道（tube）”相连接，外壁由被称作“皮肤（skin）”的玻璃或者铝合金板覆盖（照片：大桥富夫）| **2.**在该竞标中伊东丰雄初期画的草图（资料：伊东丰雄建筑设计事务所）

吉村——接下来这个问题可能有点儿跑题了，在我们的角度看来，媒体中心的意义在于信息技术对建筑带来的改变。平田先生你在做毕业设计时，好像是手绘的对吗？那么在学生时代，对于信息技术之类的东西，存在着怎样的距离感呢？

平田——我对电脑很不擅长。朋友们说，从我的手里会出来奇怪的东西。总之，觉得只要摸一摸就会坏掉了（笑）。所以潜意识中总觉得排斥，毕业设计时用的都是红环或者屏幕色调。

吉村——周围大概是什么情况呢？有些人已经受到很深的影响了吧？

平田——感觉确实是影响很深。研究室当时已

经有了几台Mac电脑。做毕业设计的时候有一部分也使用了电脑，不过像图纸之类是手绘的。打字似乎只是在写论文的时候有些印象，除此之外电脑的高精尖的功能没怎么用到过。不过倒是很憧憬来着。

跟别人比较，自己有种自卑感。真正想要认真学电脑，是准备要去伊东丰雄建筑设计事务所的时候，因为大家在电脑方面都很厉害。当时想着，如果不能好好学会3D软件的话，别人会说『连那个都不会还想着要来这样的地方干什么』，所以那段时间拼命地去学习了。

真正去实习的时候意外地发现，没有人使用3D，有人对我说『你连那个都会，那你做这个吧』，突然让我研究一下管道的扭结玻璃的配置。看来我在3D方面已经算是很厉害的啦（笑）。

吉村——即使在电脑上制作好模型，也是没法打印出来的吧。当时那个时代，一台激光打印机要一百万日元。

平田——刚刚进入伊东丰雄建筑设计事务所的时候，当时使用的还是重氮复印机。严肃的前辈一让我复印东西，就总是会卡纸（笑），这样的事情也发生过。

吉村——媒体中心的竞标结果是在二三月份出来的吧，那就是一年之后的事情了。

学生时代时有参加展览及海外竞标的经历

平田——是的。与被『仙台媒体中心』震撼的大约同一时间段，大学的研究室有一个参加米兰三年展的机会。日本的七位年轻的建筑家，包括妹岛和世先生、隈研吾先生、小嶋一浩先生、阿部仁史先生、竹山圣先生、小川晋一先生在内，由竹山先生和隈先生统一组织，整体由竹山研究室负责统括，自己创作自己的作品，所以有机会去了米兰。

归国展是在『GALLERY·间』举办，去东京提前做准备时，竹山先生突然说有机会与伊东先生见面，那次是第一次与伊东先生见面。由于是前一天才知道，所以不知道自己该带什么过去好，最后就带了自己的毕业设计。那是与伊东先生的初次相见。

吉村——当时在研究生院待了三年左右的时间吧。都做了些什么呢？

平田——不，当时第一次考研究生院时落榜了。复读了一年，第二年才考上，其间是研修生。京大研究生院的考试要考到结构、设备等，是非常难的。超出范围很多，太难了，完全考不过。我心里燃起一股怒火（笑），心想我竟然考不过，所以毕业设计也下定决心瞄准最高票，接下来的一年也非常努力，最后取得了很好的成绩，研究生考试也得高分通过了。虽然已经是第二年了（笑）。

在京都大学竹山研究室时期，担任英国“Mid-Wales Centre for the Art”项目的竞标。去当地参加完展览之后回程路过伦敦。旁边是当时一起合作的桑田豪

准备考试过程当中的心情，是觉得那样的考试是不合理的，不过当自己考过了之后，就觉得怎么样都无所谓了（笑）。现在可能多少有了一些改变，当时觉得，本来是要专门学习一门专业，研究生考试却不得不拼命学习其他的专业，这样的考试不是很不合理吗？心里想着反正自己将来不会从事这个专业，带着这种较劲的心理，第一年的考试就落榜了（笑）。当时的任性，带来了之后一年的空白（笑）。不过，正好利用那段时间去旅行，度过了一段宝贵的时光。

吉村——竹山先生对你的关照大概是怎样的呢？

平田——似乎是第一次被训斥了。三年级的课题出来时，我说『我不知道这次想做什么』。竹山先生那时正值血气方刚的年纪，对于不知道自己想要干什么的学生，他的反应是干脆不要做建筑了。当时我不太明白为什么严重到了不要做的程度，总之，之后就一直非常努力了。

此外，以竹山研究室的名义，我担任了『Mid-Wales Centre for the Art』项目的竞标，并进入了复赛。所以与竹山先生一起去了威尔士参加展览，顺便去了伦敦的ARUP事务所，作为学生这是非常宝贵的经历。从妹岛事务所独立的桑田豪是我的同学，我们俩加上竹山先生一共三人去了威尔士。所以我去过威尔士，也去过米兰，作为学生我觉得自己非常幸运。

3 伊东丰雄建筑设计事务所时代

在伊东事务所，踏出了作为社会人的第一步，但是由于跟不上周围人的步伐，而饱受苦恼。在『铝·展馆』的设计中与结构师的协作提供了一个契机，工作开始顺手起来。在与伊东先生的互动中，稳步地充实着自己的实力。

吉村——刚进入伊东丰雄建筑设计事务所（以下

简称“伊东事务所”），担任了什么样的工作呢？

平田——进入伊东事务所是在一九九七年，一开始的时候担任的是媒体中心的实施设计。当时同期进所的，还有现在在庆应义塾大学当老师并在北京也比较有作为的松原弘典、式地香织，以及现在仍在伊东事务所担任主导设计师的藤江航。我印象当中他们的工作能力都很强，比如松原弘典，他的处理能力格外优秀，前辈们参加工作的时间也都比较早。我在京都过着悠闲的生活，所以一开始很难跟上他们的节奏，十分苦恼。

那期间，承担了一所住宅的设计工作。『樱上水K邸』，那是一座铝结构的住宅。相对来说是很现代的建筑，利用铝材挤压成型技术，使用了整体整合的系统。那所住宅之中融入了很明显的现代风格，在那之前对那种系统性的建筑不怎么关注，那是一个我不熟悉的领域。通过这个项目，让我对这种系统的有趣之处开始有所了解。

那时与结构师新谷真人先生一起工作，第一年时，虽然我是个什么都不懂的新人，但新谷先生对我的问题有问必答。我心里非常感激，对结构也开始有所了解，找到了一些自信。那个项目是在二〇〇〇年左右完成的。在项目结束时，我发现自己终于可以稍稍独立思考了。

那时承担了『建筑展』，是在GA Gallery举行的，该展览的主旨是探寻以铝材建造的建筑物原型的一切可能性。当时是与中山英之共同承担的。那时候他刚刚入所，我是第三个年头，还有兼职在所里工作的藤松龙至以及长谷川豪。当时做过的项目中，包括『布鲁日展亭』，以一部分一部分的单板制造出了铝蜂窝板的巨大版本。

当时我意识到，结构这种理性的思考，与剪纸的模板之类的自由世界，在某种情况下可以相互匹配，形成统一的世界观，我感觉这很有趣。就是在这个时候我第一次意识到，建筑这种东西，可以更加的自由。在那之前，受到一九九五年后突然出现的心理阴影的束缚，思索着不知怎样才能够摆脱出来。如果向着这个方向发展的话，应该会有很多种可能性，当时第一次有了这种感觉。

那是一种比较清晰的意识，我印象中，是在二〇〇〇年展览会稍早之前萌生了这种感觉。之前虽然一直在伊东事务所工作，但是有些不得要领，大概那会儿也是一个不怎么能派上用场的人（笑）。那之后大概掌握了工作方法，关于自己的思考，也知道怎样思考才能够比较有意义，有了自己的直觉。记忆中有了这个基础之后，与伊东先生以及所里其他同事开始能够畅快地交流，突然间进入了一个有趣的时期。那大约是在二〇〇〇年年初。之后二〇〇一年得到了一个与OMA共同参与竞标的机会。

吉村——当时，是有鹿特丹事务所的，对吧？

平田——是鹿特丹事务所成立稍早前的时候。团队总共有五十多人，包括OMA和我们在内。我们所只有两三个人，其他的有KPF、DBB这些纽约的事务所，以及ARUP的塞西尔·巴尔蒙德，另外还有景观设计事务所，是一个非常国际化的团队。在鹿特丹的OMA租了场所，大概一个月左右，一起工作。听说当时雷姆住在附近，在很

1.平田担当的比利时布鲁日的“布鲁日展亭”（2002年）。铝蜂窝板的周围以PC板覆盖（照片：伊东丰雄建筑设计事务所）| **2.**因“布鲁日展亭”项目，2001年去往当地开会时的合影。右起为伊东丰雄、平田晃久。左二为承担结构设计的新谷真人

多地方，进行了很细致的谈话。真的有点儿像分裂症一样，每去一个地方就即刻开始商讨，那种节奏感非常有趣。

大约在同一时期，二○○二年，完成了『布鲁日展亭』。那个项目完成时，开始了『TOD'S表参道大楼』的项目。在『布鲁日展亭』中感受到的，将建筑的合理性与自由世界相融合的想法，在『TOD'S表参道大楼』项目中得到了深入。树木为了对抗重力，将枝叶铺展开来，这演化成建筑物的支撑，将其图像化，得到的结果非常有趣。这个项目贯彻了这样的想法。这个项目完成之后，也成为我在伊东事务所的最后一个项目。与此同时，我还参加了很多竞标。

吉村——你参加的比利时『根特市文化广场』竞标方案至今仍然令人印象深刻。除此之外还参加了哪些竞标呢？

平田——印象较深的有两个项目，一个是西班牙马德里的加维亚公园项目。下水道管理局每天都会送来大量的净化到一定程度的水，达到『BOD5』的级别，是可以养金鱼的水。该公园将水净化至『BOD1』的级别之后，排入已经干枯的加维亚河，建造一个可循环的生态系统，是这样一个提案，是个有趣的项目。说到公园，对于我们来说，想到的就是巴黎的拉维列特公园这个典型的公园竞标项目。我思考的是，怎样才能做出与拉维列特公园不同的方案呢。

后来想出的方案，是种植用水做的树。分为山脊树与山谷树，在山脊处植入数棵流水的树，成为最高点，而山谷树则采用树的立面的形状，水流相互连接。地形依山脊与山谷相连接。这样，就产生了非常不规则的几何图形，迎合着这个地形可以布置各种生态圈。在那个项目中，生命的多样性与水的净化功能因建筑系统的介入而融为一体。

就是在那个项目之中，我初次感受到了不规则几何图形以及褶皱线条的可能性。活生生的生物世界与建筑世界出

向事务所丢下一枚“炸弹”，决定离开

乎意料地完美地结合在了一起。对于自己来说那是一种非常新鲜的刺激，与从『布鲁日展亭』项目中所受到的启发不同，它让我发现了另外的一个世界。它不是一座宏伟的建筑，也并不那么引人注目，但在我心里却是一个有着很重要意义的项目。

吉村——根特的项目大概是什么情况？

西班牙加维亚公园的中标方案。该方案的创意是，在山脊处布置水流，边净化边向山谷流动，最终将水导入河流之中（资料：伊东丰雄建筑设计事务所）

平田——对我来说这是在伊东事务所的最后一个项目。最后已经决定向事务所扔下一颗辞职的『炸弹』（笑）。在那个项目中，大家的意见是，将洞穴一样的场地改造为音乐厅，创造出一个类似于耳中之物的场所。我思考的是，怎样将这些统一为一个系统。

最后想到的是，将上下两个圆相互错位，营造出一个立体的圆拱形状的组合。这个项目是与新谷先生合作，有趣的是，结构师看待事物都是非常现实、客观的。『TOD'S表参道大楼』项目中，在我们眼中的混凝土墙面，在新谷先生眼中却是像树一样的流动的线条。从线条一词当中，萌发了树的创意。在根特项目中，我们想要创造一个洞穴一样的东西，所以做了一个庞大的模型。

新谷先生看到这个模型后说，到底哪里是表面呢？也就是说，陷入了一次元思维之中。我意识到只要知道了如何形成一个表面，这个问题就解决了。最后决定，两个洞穴相互连接，形成一个拓扑等价状态。我专注于如何将这两个等价的洞穴通过一个结构建造出来，而伊东先生却将重心放在在连续空间之中建造音乐厅的可能性上。伊东先生专注的地方和我自己专注的地方十分不同，很有意思。

吉村——具体是怎样的呢？

平田——按伊东先生的话说，葡萄牙某条街道十字路口上演的现场直播，这样的风景是非常有魅力的。所谓音乐不就应该是这样的东西吗，想将这种感觉植入到音乐厅当中。最初的方案是面包圈形状的，是在圆形当中挖一个洞。后来，要求提高了，改为相互接续的形状，最后，又改成了洞穴的形状。那是一次非常有趣的经历。

发现了与自己想做的事情之间的背离

就这样，在伊东事务所的后期，我开始明白了自己的想法的可能性，这些想法有时与伊东先生会有冲突，而伊东先生也是一个很乐于听到不同意见的人，所以我在提出我的想法时没有什么顾虑，我们之间的关系偶尔会产生一种紧张感，

位于东京・表参道的"TOD'S表参道大楼"（2004年）的西侧外观。约270处开口的形状全都不同，特别定制的玻璃（一部分为铝材板）安装在建筑躯体的同一面（照片：坂口裕康）

但总体上是非常愉快的。同事们看到这种有趣的场面，工作之中也充满了兴奋感，从这个意义上说那是一段幸福的日子。

不过，总还是有很多自己真正想做而想法达不成一致的事情，所以在『TOD'S表参道大楼』项目结束之后就决定辞职了。在辞职之前，还去参加竞标以及SD新人奖之类，天天飞来飞去，感觉像是会被批评的状态（笑）。『TOD'S表参道大楼』项目因为各种各样的情况延迟了，另外我也想再好好想想自己想做的事情，所以才会飞来飞去的吧。总的来说最后的那段时光是非常快乐的。

对话 | **师徒对话**

自“仙台媒体中心”之后延续而来的各自的纠葛

伊东丰雄 × 平田晃久

Toyo Ito × Akihisa Hirata

一九九五年，对于自己的去向以及建筑的去向茫然无措的平田来说，「仙台媒体中心」的一等奖方案，仿佛为他打开了一扇门。在伊东先生的指导下开始了对建筑的思考。即便对于自称花开之日将近的老师伊东先生来说，平田也是一个对事务所事业飞跃做出贡献的、令人印象深刻的员工。

—

平田——在第十三届威尼斯国际建筑双年展中，由伊东先生任专员的日本馆的展览中，我作为设计人员中的一员也参加了展览，学习到了很多东西。平时自己一个人工作时，想法会跳跃到非常不可思议的地方去，不过最后都会嗖地一下回到原点。这次，也会出现这样的情况，但是由于不能与其他人同步，我明白了团队合作的工作方式是不一样的，在工作进行之中要不断地去确认。

伊东——除了平田先生之外，还有乾久美子、藤本壮介参与了设计工作。平田先生的特点是，总是追求科学性的思考，建筑的概念是非常广阔的。比如，想要营造螺旋状的空间，那

么就会思考如何使其作为建筑得到收束，并且在此之上，彻底地对整体感进行思考并制作模型。

平田——本次展览的主题为『在这里，建筑是可能的吗』，伊东先生一直致力于东日本大地震复兴的支援活动，『大家之家』作为该活动的一个项目，四人共同参与了设计。设计完成的『家』实际上建造于岩手县陆前高田市，在展览馆展出的，是在设计过程中产生的将近一千五百件模型。因此，那种天马行空的跳跃式思维的工作方式是不重要的，如果仅凭一个人的工作是无法产生那样的成果的。并且，如果不是在受灾地区，也不会出现那样的成果。我深深地感受到了这一点，那是一次非常宝贵的经历。

伊东——是啊。

平田——我一直到最后都在关注着一个问题，那就是，如何将通往里亚式海岸的山脊围绕的场地所拥有的多种方向感，凝缩到空间之中。我到现在也还不太清楚伊东先生的想法，也不知道其他两位是怎么想的。在我心里，如何营造出那种内在的象征性，是非常重要的。

最终结果，已经超越了那种困惑，达成了共识。虽然其中存在着各种各样的想法，但就是这样反而变得有趣。经过时间的流逝，当我再去那里看看发生的变化，就会知道当时在那里产生的想法之中，哪些是有意义的，哪些是没有意义的。

—

至今仍无法做出价值判断

—

伊东——摄影家畠山直哉作为参加该项活动的作家之一，在图集之中写了很多非常有趣的文章。现在，对于受灾地区来说，外部人员去进行支援活动时，往往是一些医药品方面的支持，是一些立即能够看到效果的活动。但本次的展览活动，畠山先生写的题目是『两难之境（dilemma）』。畠山先生出生于陆前高田市，之前一直拍摄的照片都是非常漂亮的，从未怀疑过作品的概念。这样一位作家，到了那里之后，面对眼前的风景，如果不能摒弃之前的理念的话，就没有办法开展拍摄工作。那么在那里可以拍摄些什么呢？绝不仅仅是一个记录，而是要充满了种种回忆。对于

1.在威尼斯国际建筑双年展2012日本馆中，展出了正在岩手县陆前高田市建设中的“大家之家”的设计过程。照片中为“大家之家”的最终模型。在伊东丰雄先生的带领之下，平田、藤本、乾久美子共同参与了设计（照片：日经建筑）| **2.**同上日本馆中的展览。会场中竖立着真的圆形粗壮木材，设计过程之中制作的数量庞大的模型并立一旁（照片提供：国际交流基金照片：畠山直哉）

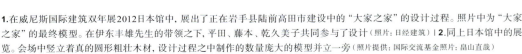

那样的风景，与之前作品之间的鸿沟，畠山自己也不知该如何跨越，就像处于一种『两难之境』似的。

同样，在建筑方面我们也面临相同的情况。畠山先生在文章中写道，当地的人们最为需要的是当下的智慧，是面向未来的智慧。因此这次在『大家之家』举行上栋式［译注：上栋式，是在建筑物主结构完成时，最后将屋架最上部的栋木（主梁）安上固定的仪式，此时建筑物已大体成型，为建筑过程中非常重要的仪式］时，想到在这里建成的这座建筑到底意味着什么呢，我也感到有些不可思议。

直到现在，我仍然无法进行价值判断，这到底是好的，还是坏的？尽管如此，看到柱子立在那里时，就会感到其中蕴含的力量是十分巨大的，觉得其中充满了原始的能量。我想至少这一点是应该能够传达给当地的人们的。从这个意义上来说，我很直观地感受到，『我们应该，也正在思考未来的建筑』。我没有想到三位建筑家能够如此耗费精神地集中在这一项目上，从这个意义上说是非常令人敬佩的。

平田——我在一年前出版了一本阐述我自己想法的书。那些想法本身，在刚刚产生没多久之后，就会发生很大的变化。那是一种令人非常兴奋、也非常困惑的复杂心情。因此，看到伊东先生的『大家之家』，从事了四十多年建筑设计工作的建筑家，这次能够有这样完全不同以往的作品，真的是非常厉害。

我感到这次是一个深刻探究根本的项目。的确是一次非常有趣的经历，同时也是仅凭一个人的力量无法完成的项目。

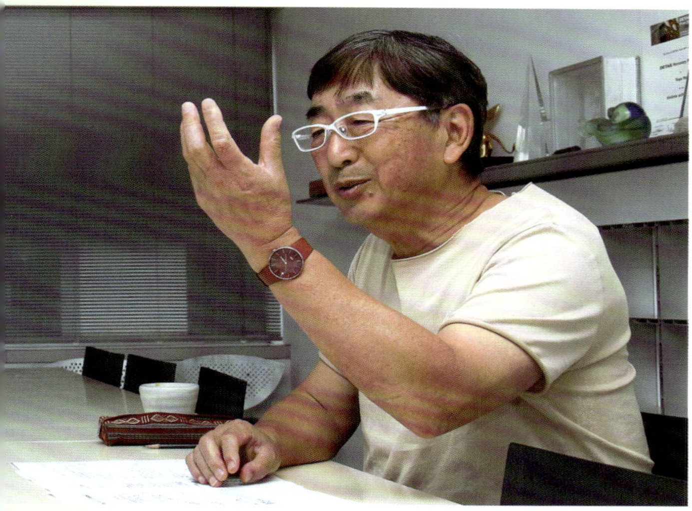

另外，可能跟那个特殊的时期也有关系。去了东北地区之后，会碰到很多厉害的人，当然，或许原本就是充满干劲充满力量的人。如果没有发生地震的话，原本埋没于日常生活之中的人们，面对那样的场面，会瞬间奋起发挥自己的力量，是非常令人钦佩的。我想，如果不是这样一个特殊时期的话，这样的人可能也不会出现。

最初没有实际意义，只有自然环境

伊东——初次见面时，你还在读研究生吧？

平田——是的。我一九九四年大学毕业，进入了研究生院。第二年也就是一九九五年就发生了阪神大地震，当时在京都也感觉到了强烈的震感。之后不久又发生了东京地铁沙林毒气事件，都是在那一年。作为学生产生了一种闭塞感，或者说是感受到了时代在变化。

在那之前，受到泡沫经济残存的影响，在建筑界，后现代主义以及解构主义这类表现主义之风盛行。这类建筑突然之间不再被传媒所关注。结果就失去了方向感。感觉上像是要向现代主义

的箱式建筑回归，这个潮流到底会怎样呢，当时真的不知道该怎么办。困惑之中，『仙台媒体中心』的竞标开始了。当时有『横滨港大栈桥国际客船航站楼』以及『仙台媒体中心』两大竞标项目，大栈桥的方案也令人感慨，但媒体中心项目伊东先生的方案更加令人赞叹。我非常想知道，那种创新的灵感是从哪里来的呢？所以，我一定要去能设计出这样的建筑的事务所，亲身感受一下他们的建筑理念。

伊东——是这样的啊。

平田——在伊东先生您的媒体中心方案中，我觉得有趣的地方是，该建筑看上去是无形的，不属于形态表现主义，但却能够感受到有机的流动性。在此之前的建筑中很难将二者同时兼顾，而媒体中心这一座建筑中同时融入了二者，并且结构体是分散的。柱子也成为一个场所，是一个令人耳目一新的结构。从整体上看，其中充满着自然环境、森林，或者说类似于森林的意味。

以前的建筑理念，是从程序式的思考导出形态，而这个项目中，却是采用了相反的思维方式。这个创想让人看到了一个森林般的场所，想象到那里发生着各种各样的事情。如此鲜明的主张，在之前似乎是没有的。比如，『法国国家图书馆』竞标项目中雷姆·库哈斯的空间漂浮方案的创想，与此有类似之处。那是在图书馆这个浓密的箱子之中存在空间漂浮的创想。

之前的工作方式都是与程序对话，但是媒体中心项目却正好是相反的，从最开始就是不限定具体意义的，先有了自然环境，在那里，可以发生各种各样的事情。对此我深感震撼，这是非常有新意的想法。在那之前我在很多场合看到过伊东先生的作品，在看到媒体中心的方案之后，我又重新回顾了伊东先生之前的作品，才明白了是怎样一回事，心里非常感慨。

伊东——一九八八年我从『八代市立博物馆』开始从事公共项目的设计。在那个时候，我已经有了这种想法，就是像森林一样，将柱子随机排列，人们聚集在其中。相对于格子一样的布局，更加拥有自然的属性。之后，在『下诹访町立诹访湖博物馆』（一九九三年）等项目中，我想创造一种流动性的形态。但是实际上我想做的是无形的流动体，但那种流动体具象化之后体现在形态上，却变成了表现主义。

因为不喜欢这样，所以在『中目黑T大楼』（一九九〇年）等项目之中，尝试了以玻璃铺设的、拥有明快感的箱式建筑。然而，这次虽然具备了明快感，但是却有点儿像格子的感觉。在这样的矛盾之中来来回回，就像在做着往复运动。到了媒体中心这个项目，在玻璃做的箱子之中，有机地插入了管道，通过这种方式，那种矛盾化

解了。可以说，往复运动停止了，我第一次感受到了一种成就感。

从程序的角度思考建筑，也就是说，根据功能的组合而构成建筑，这种思维，通常与流动性是相对立的，我希望能够将功能先放到一边，创造出充满流动性的空间。就是在媒体中心这个项目中，我第一次将程序之类的东西搁置一旁，着手实现自己的想法。

并且，在森林这样的自然场所之中，其实只存在场所这个概念，功能的概念是不存在的。能够明确地体现出这一点，现在想来就是在媒体中心这一项目中产生了很大的变化。对此平田先生也说，从直观的感受来说是一种新的、与程序相对立的东西，我的感受也是这样，是一种尖锐的感性。

平田——当初，我曾计划在研究生毕业之后出国，觉得离开日本比较好。但是，媒体中心这一项目让我改变了想法，想要去伊东先生那里，所以就留在日本，去伊东事务所工作成为我的目标。

—

如果不能中标，就无法入所

—

伊东——是通过竹山先生的介绍过来的吧。竹山先生说，『有个特别优秀的家伙，介绍给你』。记得那时带过来的文件夹里面，有刚刚完成的竞赛方案，对吧？

平田——其实那个竞赛方案是在我们第二次见面时给您看的。

伊东——啊，是吗？初次见面时一定郑重答复了吧（笑）。

平田——在我记忆中，与伊东先生初次见面是在七月份，好像是我的生日那天。我暗自庆幸，这应该就是命运了（笑）。竹山先生是突然之间告诉我与伊东先生您见面一事的，我没什么时间准备资料。

所以，对于我当时带去的东西，您的回答是『噢，这样的，不错』。还有就是说我长得像当时伊东事务所里面的一位员工，初次见面似乎就是在这个话题之中结束的。我不知道自己是不是应该高兴。您对我说，『无论如何，放暑假的时候，来事务所实习吧』，不过没有说工作到什么时候。

那段时间，日本电气硝子（译注：公司名称）主办、由伊东丰雄先生您担任审查长的『空间设计竞赛』正在公开募集方案。我当时想，如果不参加这个比赛，得不到奖项，就无法进入伊东事务所。思考了十个左右的方案，从中选择了一个参加了竞赛。在该竞赛中，使用了Firelite防火玻

日本电气硝子主办的“第三届空间设计竞赛”金奖得主平田晃久的作品。平田当时是京都大学研究生院的学生

璃，在湖水之上漂浮着一个类似于隐形眼镜形状的玻璃水槽，对水槽中间的水加热使之成为温泉。就是这样一个方案，最后得了一等奖。

伊东——我以为初次见面的时候看到了那个竞赛方案，原来不是啊。当然，那个竞赛方案让我印象非常深刻，才知道原来设计者是你啊，我决定一定要让你来我的事务所。

平田——参加竞赛真是个正确的决定啊。

伊东——是在研究生二年级时的秋天来的吧。夏天最后还是没能来。

平田——不，是在那个竞赛发表的一周以前，以兼职的形式在事务所工作了两周时间。那时候正是媒体中心的实施设计阶段，我当时被分配的工作，是用3D软件规划管道与玻璃的位置排列。之前好似云中之物的媒体中心，突然间以数据的形式出现在我眼前，管道树立了起来。我当时觉得，我终于在实际中迈出了建筑的第一步，工作的时候心怀感激。那段时间，伊东事务所连续拿下了好几个竞标，是非常厉害的。

伊东——是二〇〇〇年之前的几年吧。平田先生来的时候，正好是事务所最奋勇竞标的时代。

平田——听到这些消息，我心里想，应该会多招收一些我们这样的新人吧（笑）。给事务所打电话，得到的答复是，『已经决定录用你了』。

伊东——有点儿抱歉啊（笑）。

—

与伊东先生直接交流想法

—

平田——刚刚入所时，我是一个派不上用场的员工。工作上手比较慢，想得很多，动手却很少……

伊东——没有那样的事。平田先生来的时候，所里已经有了三十多名员工，因此我那时已经没有办法每天直接与新来的员工对话。在稍早之前横沟真、柳泽润还在所里的时候，几乎每天下班之后大家都一起去喝酒，在所里一起研究建筑理论。可能你来时正好是时代转换的阶段。

平田——当时您经常去国外。

伊东——是的，业务开始增加了。可能正是因为当时那个特殊阶段的原因，我在初期对平田先生产生深刻印象的，是在你担当『樱上水K邸』（二〇〇〇年）这一项目时。当时我与难波和彦先生一起参加铝材研究会，觉得用铝材建造住宅应该也很有趣，我自己也曾多次有过这样的想法。K邸开始时的方案是混凝土结构，得到主人的许可之后突然间变成了铝材。在还是混凝土方案时平田先生你就已经开始参与了吧？

平田——是的。

伊东——那是个很有趣的项目吧。

平田——铝材拥有很强的可塑性，可以实现多种形状。利用这样的特性，建造出了一座将窗框与结构一体化的住宅。在实际建造的过程中，有很多技术方面的难题，比如厚度不同的铝材无法同时成型等。结构师新谷真一先生也考虑到了这一点。采用无黏结支撑柱，柱子的剖面为十字形，防屈曲支撑为四边形薄盖板，与窗框架同时延压成型。即便同为金属，铁与铝之间也是如此不同，以及对于基础性的结构系统，都进行了深入的研究。那是一个之前完全没有接触过的领域，就是在『樱上水K邸』这一项目中，从评定到资料总结，我第一次有了完整的项目经验。

伊东——那是来所里的第二年吧？

平田——是的。

伊东——从这个角度说那时就已经非常优秀了。可以说是即战力啊（笑）。之后就是GA建筑展，是一个探寻铝材多种可能性的展览。

平田——开始时是想以都市的可能性作为主题的，与伊东先生商量之后，全部改成了铝材。我与当时刚入所的中山英之一起，组成了二人团队。那是一个非常有趣的过程。两人相互间像竞争对手一样，将自己的想法与伊东丰雄先生探讨，在此之上再加以深入，就是在这样的重复之中度过了每一天。

条件只有一个，就是使用铝材。机不可失，这是一个可以直接与伊东先生交流想法的时候。就这样，为展览做了两个月左右的准备。那段时间，包括比利时的『布鲁日展亭』（二〇〇二年）在内，对于伊东先生对建筑的思考，以及今后自己应该怎么做，都有了深刻的认知。

—

萌生了充满自信的方向性

—

伊东——即便组成团队参加竞标时，你也经常出人意料地提出自己的想法。某一天突然带来了奇怪的东西。那是一个我想象中从没有想到过的东西。乍一看，那些似乎都不能称为建筑方案，平田先生孜孜不倦地想了很多这样的主意（笑）。真的是非常努力啊，一直努力着去尝试建筑的多种可能性。那种能量是非同寻常的，对此我非常感慨。一旦想到了什么，就立即去做，恐怕直到现在也是这样的吧。

平田——从一九九五年开始感受到的闭塞感，以及建筑变得不再自由的感觉，在我心里一直都存在着，但从那个时候一点一点地得到了解放。『布鲁日展亭』有意思的地方在于，开始想要用蜂窝状的铝材制作门状的框架，如果不做任何处理的话就会垂下来。如果在重要的部位用板材制作浮岛状夹层的话，是不是能够支撑得住，就此与新谷先生进行了探讨。

新谷先生听了之后，带着非常严肃的神情，画了一幅非常特别的画，就像是将结构线图在二次元空间中展开一样的感觉，一眼看上去像是水滴花纹。从结果来看，那种认真感，与嬉戏的感觉，以及自由，在那样一个富有流动性的场所，得到了共存。在那个时候第一次

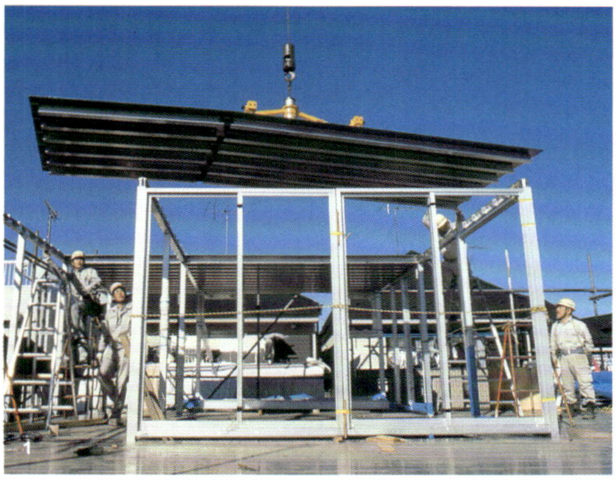

1. “樱上水K邸”屋顶吊装时的场景。采用了铝结构，窗框与柱子实现了一体化（照片：1、2均由伊东丰雄建筑设计事务所拍摄）|
2. “布鲁日展亭”全景。铝蜂窝板的周围覆盖PC板。是在市政府对面的广场上建造的。罗马时代时曾是大教堂的所在地

产生了一种感觉，那就是，建筑设计偶尔跳脱一次也是可以的。

通常从合理性的角度出发，无论如何都要找到同一个地方，大家都向着那个地方努力。不过，改变轨道之后，一切都变得有可能了。『啊，如果那样稍加改变的话，就变得更加具有流动性了，更加充满各种可能性了。』媒体中心项目与『布鲁日展亭』项目，在我的内心之中，让我感到，今后建筑向这个方向发展如何呢，虽然只是隐约的想法，但充满确信的方向性的东西，似乎已经萌生了。那之后，我尝试了很多想法，反复与伊东先生交流。那是在伊东事务所最快乐的事情。

伊东——『蛇形画廊（Serpentine Gallery Pavilion）』与『布鲁日展亭』都是在二〇〇二年完成的。『蛇形画廊』项目，是每年都有合作的结构师塞西尔·巴尔蒙德介绍的，花了半年左右时间完成的。『布鲁日展亭』在某种意义上，与『蛇形画廊』是两个极端。

『布鲁日展亭』乍看上去，是充满诗意的，是梦幻的，然而实际上却是非常讲究结构性的。这一点，在平田先生你想出了那样的创意时，也使我非常震撼。在事务所的仓库中，平田的下属、也是从京都大学毕业的水沼靖昭，用弯曲的铝材板做过一个二分之一的真实模型。虽然就像折起来的纸片一样，但在角落、正中央、落脚处增加了盖板之后，果真看上去就不一样了，变得更加结实了。我有些惊讶，没有想到会有这样的结果。因此，之前有关结构的概念，在那一项目中发生了变化。

与此相对，『蛇形画廊』应用的是塞西尔的理论，是以十七米边的正方形，重心一边倾斜一边旋转而形成的各条边的轨迹所形成的结构。一眼看去是不规则的，却是符合运算法则的，是通过线条得到的解决方案。从结构上看是非常严谨的。

因此，与利用最小限度的结构材料建造的『布鲁日展亭』相比，『蛇形画廊』使用了在结构上非常强有力的材料。在西欧人看来『蛇形画廊』展亭评价更高，但实际上从合理性的角度来讲，我认为『布鲁日展亭』更加可以称作美好的建筑。

平田——布鲁日展亭最开始只是设定了一年的使

4

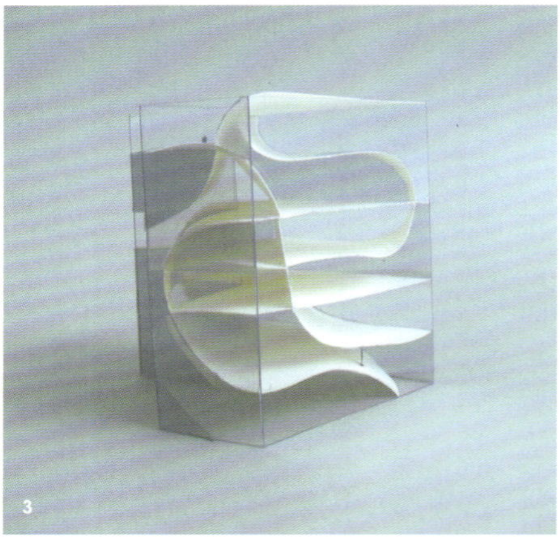
3

3.“TOD'S表参道大楼”初期研讨模型。该方案希望能实现像鞋子一样的结构（照片：与4均由伊东丰雄建筑设计事务所拍摄）| **4.**该大楼外壁的研讨模型。决定用混凝土模拟树的样子，构成该建筑的外观

用期限，但最后延长到了十年。之前觉得时间延长了很久，现在转眼间十年时间已经过去了。

—

建筑以专注与热情决定胜负

—

伊东——是啊。『蛇形画廊』也是临时建筑，在三个月左右时曾有一段时间出现了故障，现在移至法国南部重建。发生了这样的事情，我也想重新尝试一种恒久性的建筑，恰好遇到了『TOD’S表参道大楼』（二〇〇四年）项目。当时并没能从『蛇形画廊』展亭的结构直接转换到后来的树状结构，一开始时想的是使用混凝土结构。当时表参道的很多其他建筑基本上都是钢筋结构，所以我决定不采用幕墙。建筑地的面宽很窄，土地的条件也很不好，因此最初的设想是，通过建造一个稳固的结构来提高表层的印象。

平田——在混凝土方案提出之前，提出了非常多的方案啊（笑）。

伊东——是的，我记得。就是让墙壁和地板一体化的方案。

平田——像鞋子一样。鞋子就是由平面的皮革变成立体的形状，是不是可以作为参考呢？但在伊东先生看来这实在有点儿不可行。我进行了各种尝试，最后还是不行。正在不知道怎么办的时候，伊东先生说如果采用混凝土与玻璃相结合的方式的话，似乎是可以的。总之，一开始的时候的确是非常苦恼的。

伊东——那个时候，『松本市民艺术馆』的方案已经确定下来，外壁使用的是镶嵌了玻璃的GRC板，很有意思。这个设计一直留在我的脑海中，我在考虑它能够与『蛇形画廊』展亭的设计相融合，出现一个新的形象。之后突然有一天的早上，平田你提出了一个有关树的方案（笑），让我非常吃惊。

平田——给伊东先生您看了树的方案之后，您的反应是『这很不错啊』！得到这么好的评价，大家仿佛又充满了干劲。不过，当第二次又给您看的时候，您的反应却变了，『树的方案到底如何呢』？伊东先生您非常认真，而我们也渐渐地沉浸在了那个方案之中，正是干劲十足的时候，因此，即便您有所犹豫，我们也仍然很坚持自己的主张，认为树的方案非常好。

在我的印象中，伊东先生很少有踌躇不前的时候，当时，一定认为象征性的形态，或者说具有意义的形态一定是存在的。即便只是屋顶的形状，也来来回回修改了很多次。与对屋顶形状的矛盾心理一样，对于这次的树状外观，在被认为是树的一瞬间，它所拥有的意义就显得过于明显了。对伊东先生您的这种思考，我印象很深刻。

伊东——当被要求画出『TOD'S表参道大楼』建筑的草图时，即便是我一时也很难画出来。那棵树的形状很复杂，并且通过实际的尝试，发现枝丫伸展的范围很广，空间很狭小，而上端却很密集。普通人到了这个地步，大概就会放弃了吧。但是，平田先生不屈不挠，直到研究出了可行的方案。所以说，建筑还是以专注与热情决定胜负的，对此我非常感叹。

平田——团队中的水沼君是个很认真的人，当时尝试制作了有一百多个模型。实际上水沼君做了很多的分析工作，只要稍微调整一下，就能够有成果。尽量以同一个树状做研究的话，

就简单多了。

伊东——我心里总是担心『没问题吧』，这样的担心有很多。考虑了很多，防止出现技术上或者其他方面的问题。有时候会考虑得非常深入。

平田——最终能够确定采用树的方案，我们非常高兴。

—

为买丝袜而出入便利店

—

伊东——『根特市文化广场』项目竞标时，担心的问题是很有意思的。那个项目没有指定性，充满了各种各样可能的方向性。在这个前提下，我想建造一座没有外表的建筑。路过那里的人们，或者正在散步的人们，即便进入建筑里面之后，也感觉像是还在路上漫步着，就像街头音乐会一样。我想建造一个这样的音乐厅。

开始时的想法是，即便竞标失败，这次我们也一定要设计出自己理想状态之中的音乐厅。当时德国设计师克里斯托弗也在，是一个很有意思的团队。那时平田你也连续不断地提出了一些看上去不像是建筑方案的方案，在我思考着是否可行的时候，有一天，你带来了一个非常棒的模型，拿出来说，『就是这个了』。那个模型与我们之前讨论的方案完全不同。

平田——在『TOD'S表参道大楼』项目进行结构探讨时，与新谷先生讨论了混凝土面如何加入钢筋的问题。结论就是，所谓的面，实际上就是线条的力量的流动。让我大开眼界，恍然大悟。在根特项目中，我们想要创造出一个类似于洞穴一样的建筑物，所以最初采用了最基本的设计方法，先营造出一个大的空间，在其中穿插排布洞穴。

带着初步方案去询问新谷先生的意见，他问我说，『界面处如何处理呢』？对啊，由于里面是空的，所以呈现出来的实际形态，就不得不考虑界面处了。那时我忽然想到，所谓洞穴，一开始时我们考虑的是空间，但最终的问题却是界面处的平面如何处理。

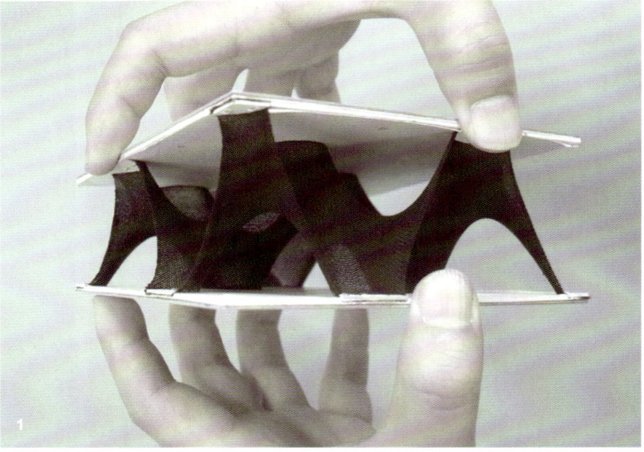

1.德国“根特市文化广场”项目竞标时，平田用丝袜制作的模型（照片：1、2均由伊东丰雄建筑设计事务所拍摄） | **2.**该文化广场的竞标方案模型照片

我想到了曾在图册中看到过的海底生物苔藓虫，一定就是那个样子了吧。后来，看到事务所摆放着的一个雕刻，也给了我灵感，我与大家商量，在结构系统中是否能够做出来呢？一旦进入那个想法之中，我就会特别沉浸其中，晚上都睡不着觉（笑）。有一天早上醒来睁开眼睛，之前脑子里一直盘旋的事情，似乎突然间都联结在了一起，忽然灵机一动，『啊，如果这样做的话应该是可以的』。

我想，要想传达我的这个想法，应该用丝袜做一个模型，就跑去了便利店。做好之后，心里想着，这个应该是可行的吧，非常期待第二天能快点儿拿给伊东先生看。如果系统性地分解，从功能上说两个空间巧妙地组合在了一起，相对来说比较简单明快。在第二天的讨论会上，在伊东先生的期待之中，我轻轻拿出模型，说『两边拉开，就变成这个样子了』，说完就藏了起来，然后又一边说着『如果把两个空间结合起来的话』，一边又拿出了模型展示，在伊东先生『噢』了一声似乎明白了之后，我又把模型收了起来（笑）。有点儿像卖艺的感觉，那是个有趣的研讨。

伊东——就像平田你一样，让我在开会的时候非常期待你下一次又会拿出怎样的方案，现在很少有这样的人了。从这个意义上说，平田先生在的那段时间是令人怀念的，也是非常有意义的。

『仙台媒体中心』之后的建筑

平田——无论从哪方面看，『仙台媒体中心』对于建筑界来说，是一个转折点式的建筑。伊东先生您怎么看待那之后的建筑呢？

伊东——客观地说，『仙台媒体中心』作为一个开端，使得钢板建筑在之后的时间里不断地涌现。当时负责钢板施工的气仙沼高桥工业公司，受到了很大的关注，我们也在之后又设计过钢板建筑，此外，像『御木本（Mikimoto）』『高円寺』『大三岛伊东博物馆』等也都使用了钢板。我可以有些自负地说，这就是由『仙台媒体中心』开创的时代。

那么，有没有超越媒体中心的建筑呢，应该是没有的……平田你后来也有参与的西班牙『加维亚公园』竞标项目，可以说，是在景观设计上放大了媒体中心的结果。而根特项目，则是将媒体中心复杂化，或者说是立体化的结果。这些在二〇〇〇年前后完成的『TOD'S表参道大楼』『加维亚公园』『布鲁日展亭』『根特市文化广场』项目，可以说都是在平田你的敬业、活跃之下完成的。

平田——我有一个很大的想法，就是想超越管道与平板之间的对立。在根特项目中，希望将二者融合，或者说尝试一种更加一元化的建筑。媒体中心开创了一个新的世界，建筑可以以自然环境为蓝本，除了森林之外，洞穴、山脊之类都可以融入建筑之中，这样的思维逐渐散播开来。从这

个意义上说，无论是根特项目还是『TOD'S表参道大楼』项目，都是继承了媒体中心的理念并发扬光大的结果。

那时候从我个人的角度来说，我在寻求对媒体中心的超越，就像刚才您提到的均质的空间与流动的物体之间的对比，在媒体中心是较为明显的，格子与格子之间的管道所展现出来的样子，是否能够更加一体化，或者说通过别的状态传达出来呢？根特项目中，开始时考虑直接将两个洞穴相连接，就那样直接展现两个洞穴相互依存的状态。那种情况下，地板消失不见，而转变成类似于痕迹的东西。从整体上，可以说是一个一体化的管道，而由于比管道更加开阔，更像是半圆筒，有一种逃脱的感觉。

伊东丰雄（Toyo Ito）：1941年出生于韩国首尔。1965年东京大学工学部建筑学专业毕业。1965—1969年就职于菊竹清训建筑设计事务所。1971年设立Urban Robot（URBOT），1979年改名为伊东丰雄建筑设计事务所

伊东——不过，根特项目的竞标进展得不是很顺利，之后在中国台湾『台中大都会歌剧院』的竞标中再次使用了同类型的构思并中标了。

平田先生你刚才所说的，作为原因我是能够理解的，不过所谓地板，它是平的，从结构上说，如果没有地板，只有垂直的部分的话，会很轻松。

那么如果将水平部分尽力减少，即便是倾斜的，在结构方面也是轻松的。但这样就会产生一种矛盾，人们的活动场所将变得不自由。所以在台中项目上，在涵洞开口的部位做了水平处理，起到了补充的作用。从结构上说，在某些地方也树立了墙壁，都起到了很大的作用。从这个角度考虑，所谓建筑，还是要有地板才能称为建筑。特别是现在的建筑都是多层建筑，如果是平房的话又当别论。建筑就是在某些地方，表现出与自然不同的东西，因此，对于水平的地板，我倒没有像平田你那样强烈的抗拒。

洞穴式建筑与树状建筑一分为二

平田——关于这一点，我在事务所的时候也曾思考过，伊东先生您是在诹访湖附近长大的，水平的空间融入了您的感官，自然而然地成为了感官的基础，所以您会有这样的感受。而我是成长在高低落差非常明显的地方，相对于水平的地板来说，总是希望为人们创造出一种更加立体的场所。

虽然那是很有难度的，在近代建筑之中，阿道夫·路斯曾经想要这么做，但是最后没能成功。还是像密斯·凡·德·罗那样，设置多层地板的明晰的方法是有效的，可以说有点儿再度挑战的意味（笑）。我的内心之中可能隐藏着这样

的想法。

根特项目中也是这样，伊东先生倾向于更加水平的方向，而我倾向于更加立体的方向。或许是因为伊东先生的存在，使我相对地更加专注于地板，而只有当我不再拘泥于地板的时候，我才能真正地从伊东先生您的建筑中脱离出来（笑）。即便从脑海当中去除了伊东先生对我的意识的影响，从根本上说，我也是在您这颗巨星之下成长的（笑）。

伊东——除了地板的问题之外，同时还存在一个内外切分方式的问题。『仙台媒体中心』就是一个典型的例子，我认为地板原本应该是无限延伸的，但是由于现实条件的限制，所以只好切断，这样就产生了剖面。所以说明中写的是，没有外观的概念，只有剖面的表现。对此平田你觉得有些奇怪，说与自然融合的建筑，或者内外没有分界的建筑，似乎不应该有那样的剖面之类的。我想这也与地板的问题有关（笑）。

在『仙台媒体中心』之后，我做了多种尝试，总结来看分为两种类型，即洞穴状建筑与树状建筑。我充满了矛盾，仍旧在二者之间不断徘徊。在我的内心之中，总是觉得像洞穴状建筑这种没有外部、只有内部就可成立的建筑是最美的，但却会在某个地方推翻，变成一座存在外部的建筑。这种情况下怎样对外部进行说明呢，我想不到解决的办法。另一方面，对于树状建筑，尽管柱子是有机存在的、扭结的，但在被水平方向的柱子骤然切断时，就会产生一种无比的美感。

可能这是受到了菊竹清训先生的影响吧。菊竹先生最广为人知的名言就是，『柱子为空间带来了场地，而地板为空间设置了规定』。菊竹先生全盛期时的『东光园』（一九六五年）、『空中住宅』（一九八五年）莫不如此，地板沿水平方向延伸，在空中骤然切断。果然不同凡响，我非常喜欢。虽然是极其分裂的状态。

平田——所以我对『树』进行了思考。树拥有外形，同时作为建筑空间，它不存在隔断，树拥有内部性，其分界是模糊的，提示出领域的存在。这些是否能够更多地应用在现代建筑之中呢？在哪个地方有分界，如果把它看作一个次生的问题，那么无论如何分界是必须设立的，思考的模型是要转变的。我现在将这个问题叫作『融合』，是内部的融合，也是更大的地图空间上的融合。建筑中一定存在着比自己小的世界与比自己大的世界的融合。

伊东——平田先生你与在我的事务所时没什么变化啊。没有变化，是件非常难得的事情。不过，我觉得相对于你的实力，你还没有得到更好的机会。在我看来有一点儿可惜。如果能有一次通过竞标承担公共建筑的设计，或者设计一座大型建筑的机会，按照现在这样的持续努力，一定会更上一层楼的。

平田——必须要好好努力。

伊东——我想这样的机会一定很快就会到来了。

第二章

解读平田晃久（上篇）

2005—2008年

基于在伊东丰雄建筑设计事务所工作期间，
与商业设施的所有者之间的交涉，
在独立之后不久，
便通过竞标获得了农机具展示中心的设计工作。
连续的、却又一眼无法望穿的空间。
平田说，他要表现的是“像珊瑚礁一样内部变幻无穷的空间”。
从这时开始，
“关联性”“融合”的原型就已经出现了。

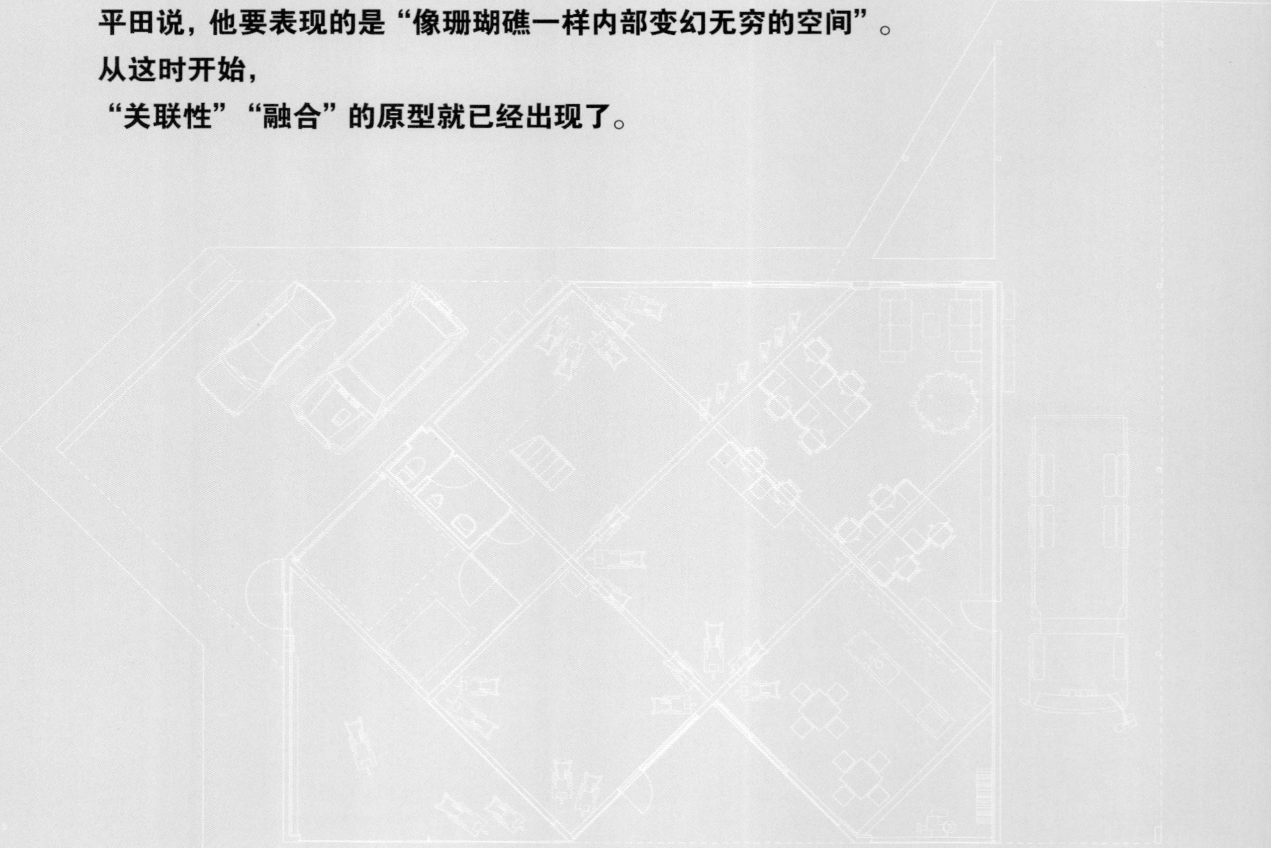

背景为“桝屋本店”（第42页）一层平面图

2006年

建筑作品
01

桝屋本店
新潟县上越市

NA2007年1月22日号刊载

展示农机具的宏大空间
空间的尽头隐藏在倾斜的墙壁间

5米格状空间，由倾斜切割的钢筋混凝土墙壁分隔开来。
漫步其间时，在不同的位置，视线穿透的方向也发生着变化。（照片：吉田诚）

南侧外观，在白天与夜间有着大不相同的“表情”。由三角形的墙壁柔和地连接在一起的空间之中，设置有办公区、展示区、作业区。设计者平田说，“营造出了一种所有空间混杂、融合在一起的氛围”

二〇〇六年十月竣工的栎屋本店，位于新潟县上越地区以田园风景为背景的国道旁。这座建筑是为以耕运机、割草机等小型农机具为主，兼营除雪机、播种・收割机、电锯等通用机具的公司建造的、兼具展示与办公功能的店铺。

设计者——平田晃久建筑设计事务所平田晃久先生，是在于二〇〇五年五月举行的网上竞标中被选中的。该店铺的目标顾客为周边的小规模兼业农户以及一般性顾客，对设计者的要求是，该建筑需要具备作为店铺所拥有的冲击力。委托方同时也在网络上销售其产品，因此非常期待设计一新的店铺带来的协同效应。

建筑整体由五米的管道连接构成空间，其中摆放着各种小型农机具及通用机具。平田说，『我认为最为重要的是，要营造出一种能够让顾客接受这些颜色和形状的宏大的空间。将天花板的高度设置得比较高，从而得到一种绝对性的平衡，空间在整体上得到了一种稳定感』。

将五米格子空间隔开来的混凝土墙壁为倾斜设置。关于令人印象深刻的三角形的墙壁，平田是这样说明的：『在建筑里面漫步时，随着倾斜的线条的重合，看到的景象也会发生变化。视线被分为能够看到的部分与被遮挡起来的部分，不仅使空间产生了深度，也使得空间在柔和的连接之中产生了变化。』

这些都是在伊东事务所工作期间从当时担当的商业设施中学习到的。人们对于能够一目了然的空间，往往会觉得兴味索然。平田的设想是，通过设置死角，让人们产生向内部探索的兴趣，让顾客体会到发现的乐趣。

地板与墙壁均为清水混凝土，简略的空间，看上去似乎仅仅是由主建筑材料组合而成。动线周边设置为大型商品的展示空间，而Loft中则展示一些小型商品。作业区也成为一个展示空间，看上去是一个清洁的、井然有序的场地，展示出了售后服务的可信赖性。窗边设有桌椅，以开放式的厨房代替了普通的前台，用来接待顾客，通过这些细节营造出了一种轻松的氛围。

建筑的入口在南侧，由于内部较深，所以设置了天窗，使得整个空间采光大大提高。并且，在北侧设置了大面积的开口部，可以欣赏到广阔的田园风景。

关于今后的利用，委托方Honda Walk公司代表人石塚贤一郎是这样看待的：『现在已经准备开始销售柴火炉了。在周边地区有这方面的需求，我们以木柴为主题开展了一些计划，比如举办一个全家人一起参加的、能够传达柴火制作乐趣的讲习会。另外，准备开设料理教室，所以准备了厨房。建筑的完工并不是一个结束，而是一个继续不断扩展的过程。』

建造一座能够使人们聚集起来的建筑，就能够带动与顾客之间的互动，商品自然而然就能卖得出去。这样的结果，已经出现了。

建筑项目数据：

所在地——新潟县上越市三和区末野新田341
地域・地区——城市规划区域外
建蔽率：32.81%
容积率：40.2%
前方道路——南侧10.3米
占地面积——1191.35平方米
建筑面积——384.93平方米
使用面积——478.99平方米
结构・层数——RC结构，地上2层
委托方——石塚贤
设计・监理——平田晃久建筑设计事务所（平田晃久）
设计协同——结构：tmsd万田隆构造设计事务所（万田隆）
设备：ES ASSOCIATES（边见久活）
施工方——久保田建设（广泽诚）
施工协同——空调・卫生・电气：上越技研（本山洋一）
设计期——2005年4月—2006年3月
施工期——2006年4—10月

1. 三角形墙壁的脚部是垂直负重集中的部位，因此用直径45毫米的圆钢或钢板等材料做了补强。位于较里侧的作业区由于会产生声音与气味，因此用玻璃做了隔断。设置了电梯，上部为仓库。左手边白色涂装的木纤水泥板为模板材料，作为隔热板使用。“相较于混凝土的强度，木纤水泥板这样的材料能够营造出粗糙的、室外的氛围”（平田）。**2.** 周边地区为汽车社会，因此建筑离道路留出了一段距离，确保了足够的驻车空间。入口处采用木门，是为了代替入口标识牌。窗框的可动部分采用了5毫米厚的双层浮法玻璃，FIX部分采用了8毫米或10毫米厚的单层浮法玻璃。建筑最高高度为6.7米，檐高为5.6米。展室与办公室的天花板高度分别为5米、2.5米。 **3.** 在二层设置了存放杂货的Loft区域，以及休息室等较为私密的空间。 **4.** 委托方希望，“能够在为顾客奉茶时与顾客聊天，在这个过程之中售出商品，希望有一个比较惬意的空间”，因此设置了一个开放式的厨房，能够越过柜台，与顾客对话

结构规划 | STRUCTURE

即使混凝土断裂，钢材也能给予支撑

三角形的墙壁承受着垂直方向与水平方向的力。从结构系统上说仅有三角形的墙壁也是可以的，但外围的墙壁可以分担水平方向的力。这样，三角形墙壁接合部的负重便能减轻。

不过，如果以点的方式与地板相接的话，混凝土容易断裂。因此在脚部使用直径45毫米的圆钢以及厚度12毫米的板材，将力导向地面。即便混凝土断裂，这些钢材也是可以成立的。tmsd万田隆构造设计事务所的万田隆说，“接合部的接缝，就像地震时的诱导接缝一样断裂开来，这些圆钢、钢板也能够提供支撑”。

为附着在混凝土上，在钢板上闪光焊接了钢筋。将聚集在那里的力集中在圆钢上，导向地面。

RC壁只需150毫米厚在耐力方面就足够了。不过加入了45毫米的圆钢及钢板、钢筋，并且，层高为5米，混凝土是否填充完整，是否会分裂，由于担心这样的危险性，最后确定为165毫米。双向配筋的话需要150~160毫米，这个厚度以下则单向配筋，这些都有考虑到。

委托方之声 | VOICE

周围人的注目，是对员工的激励

此前主要的顾客都是农户，但最近离农者非常多。因此以农业机械为主的商品销售竞争逐渐激烈化，我们在数年之前就已经做出了判断。原本我们也经营一些通用的Honda商品，拥有一些一般性顾客，但原有的店铺不太能够吸引顾客，一般性的顾客并不愿意多加驻足。

设计者是在HOUSECO网站上通过竞标招募的，共有14人参与了竞标。平田先生的方案最初是被排除掉的，因为与我的想法完全不同。但是，隔了一段时间再重新审视，却被平田先生的方案吸引了。

在设计阶段，我曾担心由三角形墙壁间隔开来的空间会有一些压迫感，但实际上完全没有。比想象中完成得更好。

这座建筑完工之后，一般性顾客的来店人数增多了。并且，出于对一般性顾客的考虑，周六及周日也开始营业。也有很多建筑爱好者前来参观。顾客驻留的时间增长，有些人甚至能够停留1~2个小时。与此同时营业额也有所增长。

店铺就在国道旁边，路过的司机都会侧目。年轻的女性司机也会向这边投来目光。建筑本身似乎就已经变成了招牌，PR效果令人惊叹。每一天都是新鲜的，员工工作起来也很愉快。早上大家一起做扫除，因为店铺变得漂亮了，所以更应保持清洁。因为有了周围人的注目，在这里工作成为一件快乐的事情。新设了员工休息室，工作环境的舒适度也得到了提高。

（Honda Walk代表人石塚贤一郎先生）

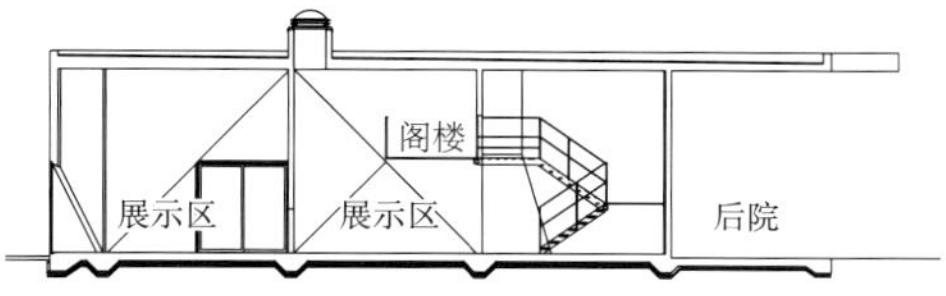

断面图 1/400

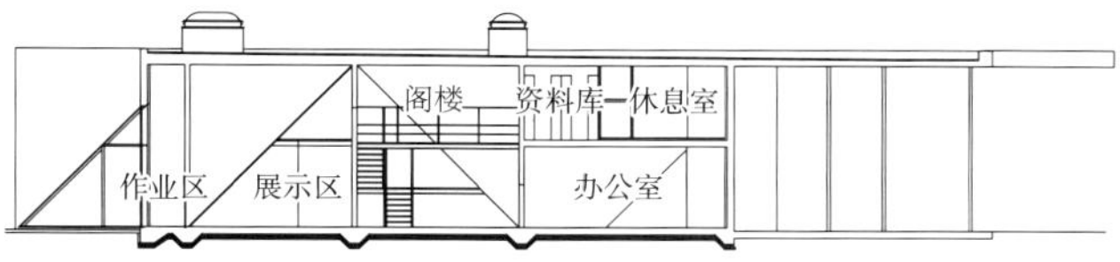

断面图

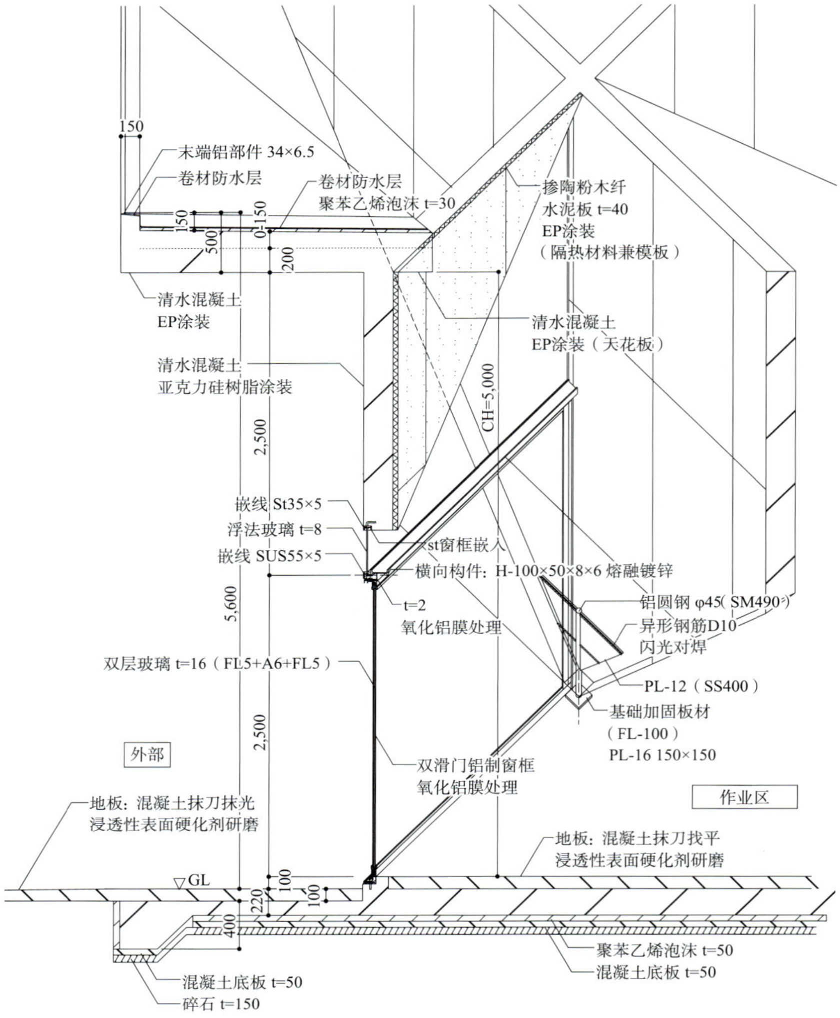
150
末端铝部件 34×6.5
卷材防水层
卷材防水层
聚苯乙烯泡沫 t=30
掺陶粉木纤
水泥板 t=40
EP涂装
（隔热材料兼模板）
150
150
0-150
500
200
清水混凝土
EP涂装
清水混凝土
EP涂装（天花板）
清水混凝土
亚克力硅树脂涂装
CH=5,000
2,500
嵌线 St35×5
浮法玻璃 t=8
st窗框嵌入
嵌线 SUS55×5
横向构件：H-100×50×8×6 熔融镀锌
5,600
t=2
氧化铝膜处理
铝圆钢 φ45（SM490）
异形钢筋D10
闪光对焊
双层玻璃 t=16（FL5+A6+FL5）
PL-12（SS400）
基础加固板材
（FL-100）
PL-16 150×150
2,500
外部
双滑门铝制窗框
氧化铝膜处理
作业区
地板：混凝土抹刀抹光
浸透性表面硬化剂研磨
地板：混凝土抹刀找平
浸透性表面硬化剂研磨
GL
100
100
220
400
聚苯乙烯泡沫 t=50
混凝土底板 t=50
混凝土底板 t=50
碎石 t=150

剖面详细图 1/60

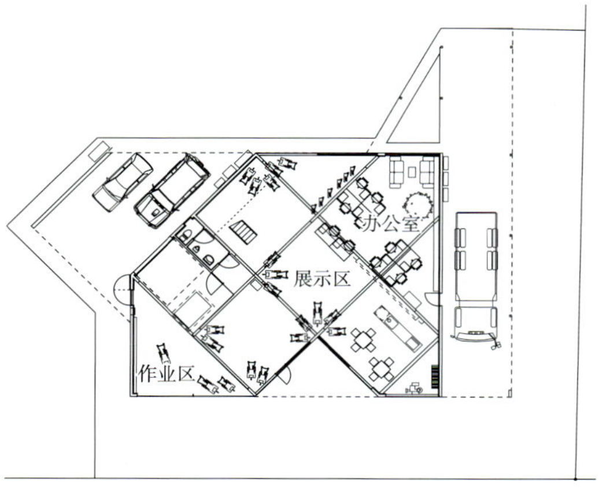
办公室
展示区
作业区

一层平面图 1/500

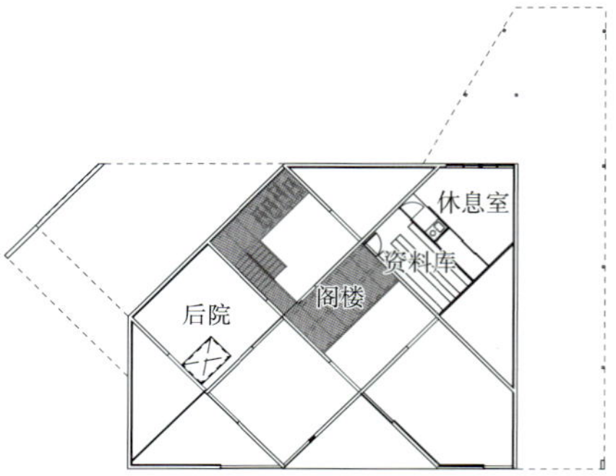
休息室
资料库
阁楼
后院

二层平面图

2007年

建筑作品
02

OORDER

横滨市北区

NA特别编辑版“商用空间设计2007JUNE”刊载

镜中映照的景色与实际中的景色衍生出不可思议的进深

柱子林立其间。在能够看清楚脸及双手边的位置设置了照明。
椅子等家具，由造型设计师冈尾美代子协调。（照片：Nacasa & Partners）

窗外景色的剪影也能够映入眼帘。为保证每个人有足够的工作空间，相邻座位之间的距离非常充裕

主人的愿望是，『拥有进深的、能够不断深入的店内空间』。横滨的美发店『OORDER』，位于新筑大楼的一层。场地是事先设定好的。承担内装设计的平田晃久，在最初看到这个场地时，就注意到了那些一米见方的、遮挡视线的、成为结构构成部分的柱子。『去掉这些柱子是不可以的，所以干脆再多加几根，让人们分辨不清到底哪个柱子是真的哪个柱子是假的。』（平田）

在那些柱子的侧面，有些装了镜子，有些则没有。这样，『镜子中映照的景色』『实际中的景色』『被遮挡而看不到的景色』，就混在了一起。剪发、洗发等场所，并不是用家具、器物分隔开来，而是利用柱子柔和地加以区分。顾客坐在各自的柱子前剪头发。

有时候，由于那里放着椅子，所以客人会自然而然地坐上去。对于哪一个柱子的侧面张贴镜子，要结合照明的位置，精确地加以计算。要能够使脸部看起来明亮，同时也要保证背后的照明度，并且不能让客人过于意识到照明的存在，这些都应有所考虑。

『镜子是美发师必备的物品。在镜子中，又营造出一个虚化的空间。内装与建筑不同，建筑无法拥有的逃脱、隐藏，在内装中能够营造出一个假象。』（平田）不可思议的进深就这样产生了。从外边看，里面的景色时断时续，引人遐想。用美发店主人的话说，完工之后比想象之中显得更加宽敞了。

建筑项目资料：

所在地——横滨市西区北幸2-12-26 FELICE横滨 S-5
行业・业态——美发室
委托方・运营方·饭塚伸一
出品——工藤耕成
设计者——平田晃久建筑设计事务所（平田晃久）
设计协同——造型设计师：冈尾美代子
照明：On&Off（山口晋司）
施工方——Bill Gates（坂下和广）
面积——124平方米

柱子的位置，镜子的位置，因视角的不同，看到的景色也会有所变化

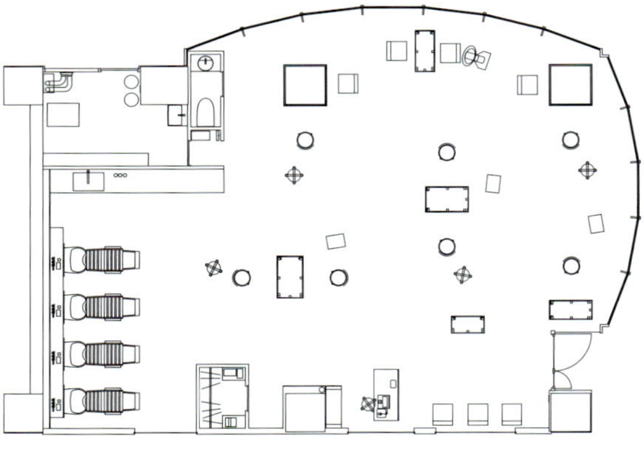

平面图 1/200

图解

2007年

建筑作品 03

sarugaku
东京都涩谷区

NA2008年1月14日号刊载

让顾客游走于住宅规模的店铺形成的“山”、与小路围成的“谷”之间

从北侧入口处看到的全貌。约540平方米的场地，被划分为6个区域。6座建筑围绕着中间的道路而建。（照片：吉田诚）

位于东京・代官山住宅区的『sarugaku』，地上共有两层，是一座集中了几座占地面积约一百五十平方米的店铺的商业设施。规模比例与周围的住宅相同。因为配建了阳台，所以一眼看上去就像普通的住宅一样。

『由于位于第二类低层住宅专用地域之内，店铺的占地面积限定在一百五十平方米之内，因此将整个场地划分为六个区域，每个场地建造一座占地面积一百五十平方米的店铺。』R-Investment &Design公司常任董事・投资企划部长武藤弥这样说道。sarugaku是由该公司出资设立的特别项目公司——Snowflake Realty公司委托建设的。

通过可透视的开口部，使得六座建筑拥有了关联性

设计方是通过竞标选中的平田晃久建筑设计事务所。吉原美比古作为协同设计者，也参与了这个项目。他是平田晃久先生从学生时代

位于东京代官山，于2007年9月竣工的商业设施。配置有6座呈段状的建筑物，场地内的道路及建筑物之间的间隙如同山谷一样，顾客可以游走其间。各栋建筑都设置了开口部，站在场地内任何一点，视线都能够穿透。照片中是租户入住之前的样子

就已认识的朋友。按照两人的设计方案，将空间较小的二层置于一层之上，所形成的段状建筑物作为『山』，而建筑物之间的间隙以及道路作为『谷』，让来访的客人游走其间。平田说，『二层空间较小，光线充足，通风良好，使得整个场地比较舒适，这也是这个方案的优点』。

外观方面，重点是纵长的开口部。各座建筑都拥有大量的开口部，最多达到二十八个。平田等人的想法是，站在场地的任何一点，视线能够透过那些开口部。

设置这些规则，是为了保证分栋建筑的连贯性。『通常来说，一层与二层的开口部看上去应该是连贯的。但是，由于建筑物呈段状，随着视角位置的变化，一层与二层的开口部是错开的』（吉原），这样的视觉效果，是他们追求的目标。

在设计过程之中，委托方增加购买了原有场地东侧的土地，建筑规模变成了原先的大约两倍。为此不得不更改设计，『建筑物

的「山」形配置，这个简洁的方案成功地使我们渡过了难关』（平田），重新配置了『山』的分布，调整了各座建筑之间的关系。

施工期约为六个月。开口部相关设计，与基础工程同时进行，是一个非常紧凑的日程，最后终于在二〇〇七年九月二十八日顺利竣工，一个月之后的十月十九日，店铺如期开张。

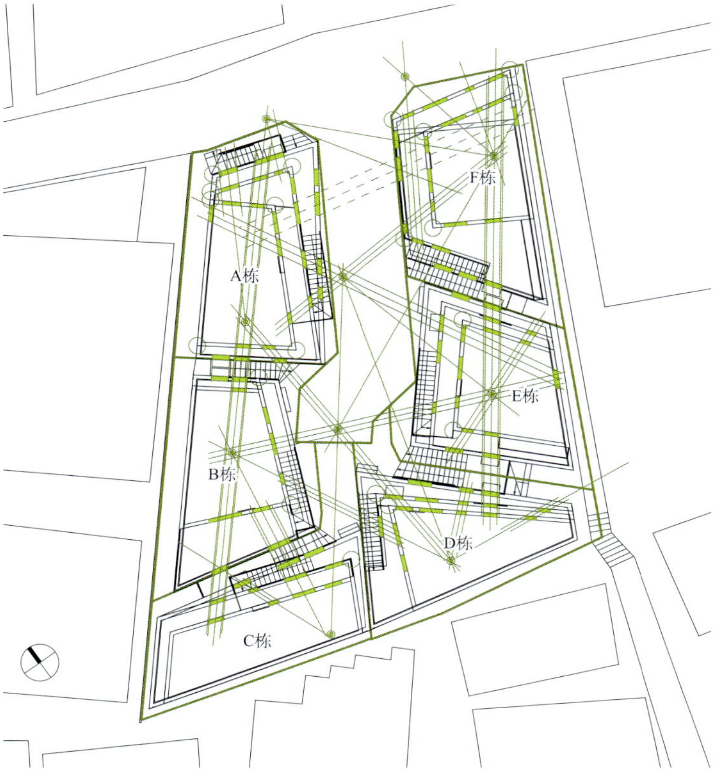

配置图 1/400

由于位于第二类低层住宅专用地域，因此场地被分为六个区域，每个区域建设一座占地面积约为150平方米的店铺。开口部具有连贯性，站在场地任何一点，视线可以穿透。“如果要满足委托方指定的入口处位置，以及在其附近设置展示窗的条件的话，开口部的位置及大小，基本上就自然而然地确定下来了”（平田）

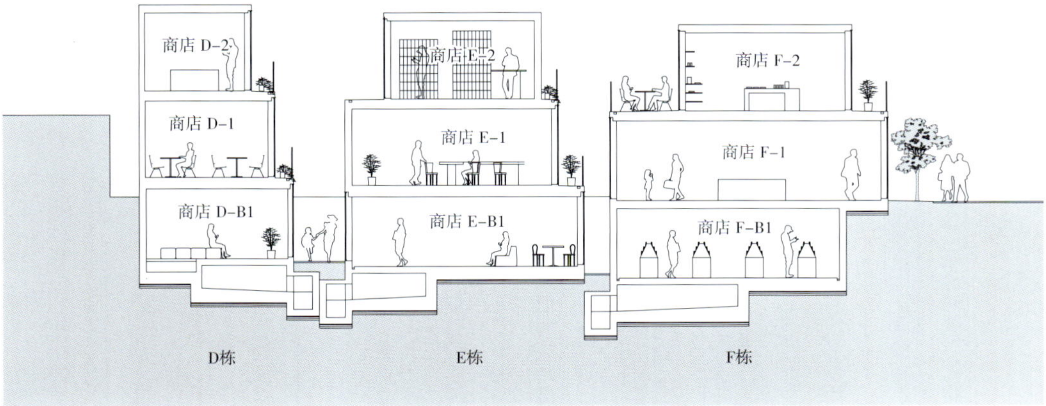

断面图 1/300

基本上，从地上一层上到二层，空间逐渐变小，外观呈段状。由于不希望屋内有柱子，所以采用了壁式结构。在没有柱子的情况下，为承受二层墙壁的重量，一层的地板厚度为380毫米

场地全貌。场地中原本建有木结构住宅。由于施加了防水工程，所以屋顶没有护墙

从场地东北侧F栋的阳台远看场地南侧。扶手护栏采用了镀锌多孔金属网

1

1. 从场地南侧C栋2层，越过相邻的B栋，望向场地内道路的方向。场地内的道路、台阶、阳台，环绕着小路。 **2.** 场地东北侧F栋一景。与相邻的E栋之间的间隙，连接着通往场地内侧的道路。 **3.** 从E栋与F栋之间的间隙望向场地道路。一部分店铺之间有小路相互连通，营造出了小路编织的纵深感。 **4.** 入口处一景。周边为低层木结构建筑或RC结构的公寓楼

设计者之声 | VOICE

花了一个月时间，研究窗框的配置

——在设计过程中，烦恼的地方是什么？

平田：开口处的窗框，以及扶手的设计，花费了很长时间。建筑物整体采用了简洁的形状设计，因此在外观设计方面，能够下功夫的地方，可以说就是这两处了。

—

——关于窗框，烦恼之处在哪里？

平田：在原先的设计方案中，楼板的切断面设计为十厘米，外壁与开口部齐平，固定窗玻璃通过不锈钢窗框固定。但是，由于成本的关系，只能使用铝制窗框，另外也是施工方的需求，将楼板的切断面加厚，窗玻璃比外壁稍稍陷入，使得窗框隐藏不露，也就是现在看到的样子。当时一直在讨论是不是这样修改。

—

——当初是想将切断面设计得薄一点儿，对吗？

吉原：切断面薄一点儿的话，可以加强上下两层开口部的连贯性、纵向的线条。

平田：当时面临两种选择，是采用薄的切断面与凸出的铝制窗框，还是消除窗框的存在感，而使楼板的厚度显现在外观之中。当时我们认为，铝制窗框的质感，与建筑躯体形状及混凝土的质感不太匹配。制作了一个三十分之一的模型，包括所里的员工在内，大家讨论了一个多月。最后，选择了隐藏铝制窗框、窗玻璃与外壁不相齐平的方案，也就是现在看到的样子。

—

——屋顶是没有护墙的。

吉原：这也是因为想要强调建筑躯体的简洁的形状。混凝土本身采用了防水施工，这样就可以免去防水层与护墙。另外，雨水通过建筑躯体配置的排水渠道排走，免去了纵向导水管。

—

——关于扶手，有什么困惑之处吗？

吉原：为了不妨碍开口部营造的纵向线条，扶手的设置不能够遮挡展示窗。为此，采用了镀锌的多孔金属网。

平田：扶手如果使用纵向的栏杆，视觉上栏杆的感觉过于强烈，而如果采用横向的栏杆，就会突出水平方向的线条，并且小孩子有可能从栏杆的间隙之中摔落，从安全的角度，也不能采用这样的设计。因此，从低价格、高安全性、设计上可大大减弱水平方向线条感的角度出发，最终选用了多孔金属网。

吉原美比古 | 吉原美比古建筑设计事务所主任

Yoshihiko Yoshihara：1971年出生，1995年京都大学工学部建筑学专业毕业，1997年该大学研究生院研究生毕业，进入原广司+Atelier Phi建筑研究所，2004年成立吉原美比古建筑设计事务所。

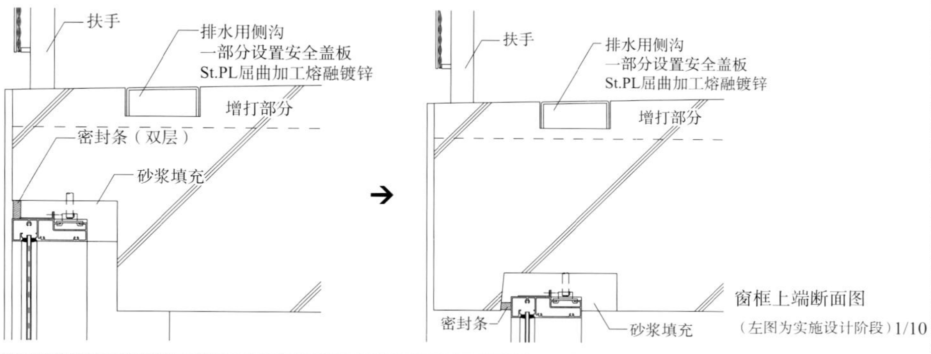

窗框上端断面图
（左图为实施设计阶段）1/10

建筑项目数据：

所在地——东京都涉谷区猿乐町26-2
地域·地区——第二类低层住居专用区域
建蔽率：57.26%（允许范围：60%）
容积率：157.87%（允许范围：160%）
占地面积——537.83平方米
建筑面积——307.94平方米
使用面积——849.05平方米
结构·层数——RC壁式结构、地下1层、地上2层
委托方——Snowflake Realty合同会社
设计·监理——平田晃久建筑设计事务所（平田晃久、吉原美比古、外木裕子、井上亮、大场晃平）
环境设计——西肋一郎设计事务所（西肋一郎、前田翼）
项目管理——R-Investment &Design（金泽贤、矶野达也）
施工管理——Fusion Management Platz（绫木义郎、森田达志）
设计协同——结构：多田修二构造设计事务所（多田修二）、间藤构造设计事务所（间藤早太）
设备：明野设备研究所（依田和幸、冈田一宣）
施工方——松下产业（井野智、李剑锋、高山守祐）
施工协同——卫生：壮和Techno（栗原一弘）、
电气：壮和Techno（石田裕次）
设计期——2006年5—12月
施工期——2007年2—10月

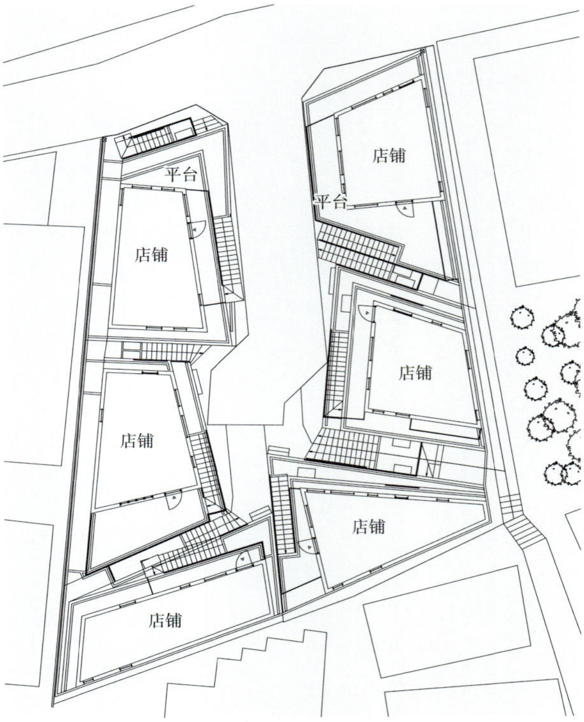

2层平面图

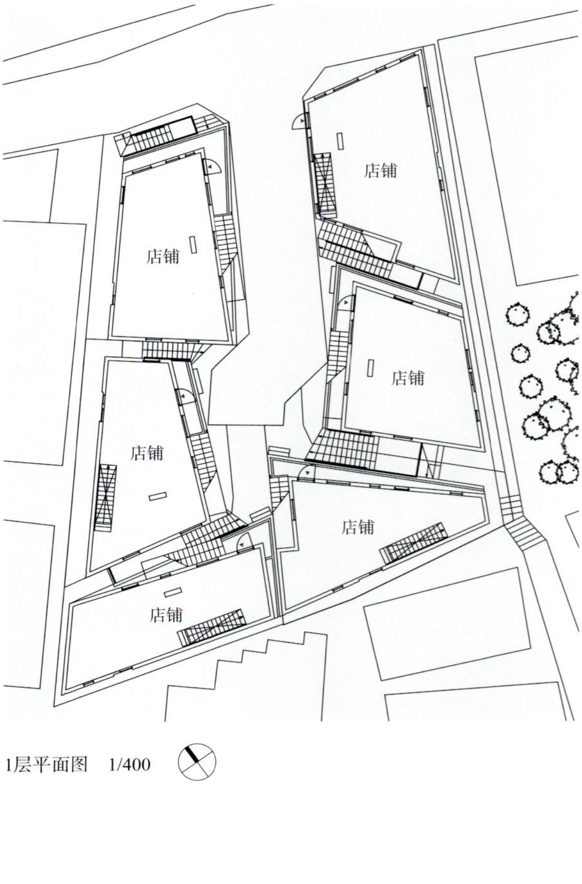

1层平面图 1/400

2008年

建筑作品

04

家之家

横滨市中区

NA2008年10月27日号刊载

山脊一样的屋顶，衍生出新的空间

图片近前为起居室。右侧里间两室之上的二层，通过屋顶的谷线分隔开来。
2008年度“横滨三年展”会展期间，“家之家”不仅是信息中心，同时也是“家型”研究的展示会场。
于会展结束后解体。［照片：吉田诚（特辑除外）］

简单的规划，通过屋顶的形状，营造出了具有复杂性及多样性的空间。担当基础设计的平田晃久建筑设计事务所的建筑设计师平田晃久说道：『这是一所融入了自然环境所独有的起伏特性的住宅。』

一层以『田』字形划分，除起居室以外，其他的空间通过墙壁划分成各自独立的空间。这些独立空间之上的二层没有墙壁，屋顶的谷线将空间柔和地分隔开来。

从效果来看，二层的各个房间是相互独立的，同时又是一个开放的空间。平田说，『一层的起居室采用了白色，起居室以外为黑色，二层为灰色，整体上层次分明』。

『自然』，使空间更具说服力

『家之家』诞生的契机，是大和House工业于二〇〇六年开展的『设计品牌战略项目』。负责项目推进的该公司技术部设计室设计组长福冈直先生在回忆当初时说道，

1. 二层的单间，有着屋顶内房间的氛围。屋顶的谷线是倾斜的，为了能够看到相邻房间的地板以及一层的一部分，二层在拥有独立性的同时也拥有开放性。 **2.** 周围被草坪环抱，外壁与屋顶为绿色。作为原型，其应用范围非常广泛。“如为单体，平面的面积可以很宽阔，如果是连续的多栋建筑，则可与街道产生一体感”（平田）

『本公司虽然建造了很多的住宅，但是对设计的印象是浅薄的。能否通过设计能力的提高，使得公司的品牌更加明确化呢？』

负责市场发布的高宫知数先生（Five Minutes公司法人）参与了该项目的企划，委托建筑史家、东北大学教授五十岚太郎先生全程监修。五十岚先生对住宅的各个问题进行了整理，从中抽出十个关键词，其中一个关键词为『家型』，将其拟定为一个项目主题，委托年轻的建筑师们进行设计研讨以及调研，对设计进行多方位的思考。

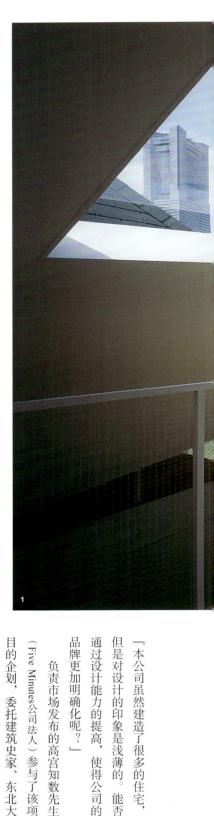

在对家型的设计研讨中，以该公司使用的轻型钢结构的未来应用趋势，以及适合四口之家居住这两点为前提，可以自由地提出设计方案。对此，平田提出的是『家之家』。

『对生活方式的潜在期望，如何使其显性化，如果仅仅拘泥于既定条件的话，是无法实现的。在反复思考之中，我有了这样的想法，即家型与屋顶相关联，为了排水而

设计的屋顶坡面，就如同山的山顶至山谷所形成的坡面一样。』（平田）

『虽然这个想法与给定的条件有些出入，但是住宅的使用方式以及家人的形态是流动的。无论长期还是短期，为了使建筑更有说服力，就需要有与人类生活不同次元的、拥有说服力的状况出现。此时我更多地想到了「自然」。』平田继续说道。

内外空间产生的『扭曲』

将屋顶看成山脉，由此在内部产生的山脊，衍生出了既分隔开来又相互连接的空间。『住宅，是多个独立的个人所共有的空间，个人独处的空间是被期待的。如果是山脊状展开的空间，则能将开放的场所与封闭的场所流畅地连接在一起』（平田）。出于排水的目的，屋顶的谷线是倾斜的。随着这条谷线的倾斜，在房屋内部看其他房间时，有些能看到有些则不能。

在谷线交叉的地方，设置有一根柱子。按照平田的想法，这根柱子相当于树的树干。『屋顶的形状在正面非常显眼，能够看到树的形状，是遍布山间的森林中，一棵树的显性化。』由于在平面的中央设置了柱子，在结构方面，可以不必增加跨距。

关于屋顶的倾斜度，在二层各个房间的分隔线位置设置谷线，与天花板的最高高度相连，便自然而然地形成了。特殊的屋顶形状，不仅对内部空间，同时也对内部与外部的关系，产生了『扭曲』。

从二层的天窗眺望，同样在屋顶设置了天窗的相邻房间，看上去似乎就像是邻家的房子一样。能够直接听到声音，所以会对内与外产生一种不可思议的错觉。平田说，『在城市拥挤的环境中，人们很难对外面开放。在「家之家」中，即便场地受限，也催生了各种各样的关系，「家之家」展现了这一点』。

项目并不是以实际建造为目的，大和House对『横滨三年展』提供了赞助，因此『家之家』被作为信息中心使用。

实际上，『家之家』对于平田来说是初次实现的住宅。平田说，『无论住宅还是其他的建筑物，都是人类在共有的空间内舒适生活的场所，这个意义是不会变化的。不过，住宅是对身体直接产生作用的空间，所以我抱有更大的兴趣』。回顾此次设计过程，平田说，『对屋顶的视角稍加改变的话，即便不使用特殊的技术，也可以建造出迄今为止尚未出现过的住宅。这不仅适用于个人住宅，也适用于咖啡厅等』。

1

2

1. 平田从屋顶的形状联想到山的山脊与山谷，从连成一片的家型联想到山脉。无论屋顶还是山脉，都是因为水的流动而形成的形状。（照片：平田晃久建筑设计事务所）**2.** “家之家”的外观。绿色的外壁与屋顶，似乎与周围环境同化了

企划监修者之声 | VOICE

让人感觉初次见到屋顶的家

五十岚太郎（建筑史家、建筑评论家、东北大学教授）

“家型”，在二十世纪七十年代后期至二十世纪八十年代前期，曾经一度受到关注，当时曾被作为一种标记。而参加本次项目的年轻建筑家们，却有着不同的想法。通过他们的新鲜的解释与提案，实现了对家型的再次发现。对于平田先生建造出来的住宅，能够切身地感受到屋顶，让人感觉似乎是初次见到屋顶。

（访谈）

建筑项目数据：

所在地——神奈川县横滨市中区新港
用途——展示会场
地域·地区——商业地域、准防火地域、高度地区
建蔽率：17.56%（允许范围：80%）
容积率：26.25%（允许范围：400%）
占地面积——470.56平方米
建筑面积——82.63平方米
使用面积——123.49平方米
结构·层数——木结构、地上二层

委托方——横滨市
运营方——横滨市三年展事务局
基础设计者——平田晃久建筑设计事务所（平田晃久）
实施设计·监理——FONTAGE（今吉义隆）
设计协同——结构：Design·构造研究所（大氏正嗣）
施工方——青（田原宗）
设计期——2006年11月—2008年7月
施工期——2008年7—8月

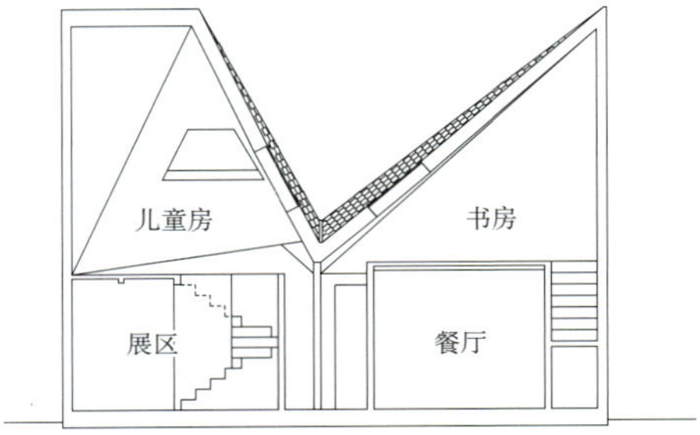

断面图 1/200

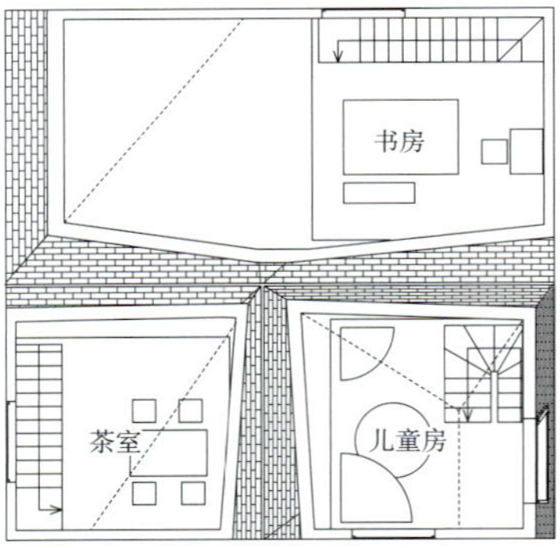

2层平面图

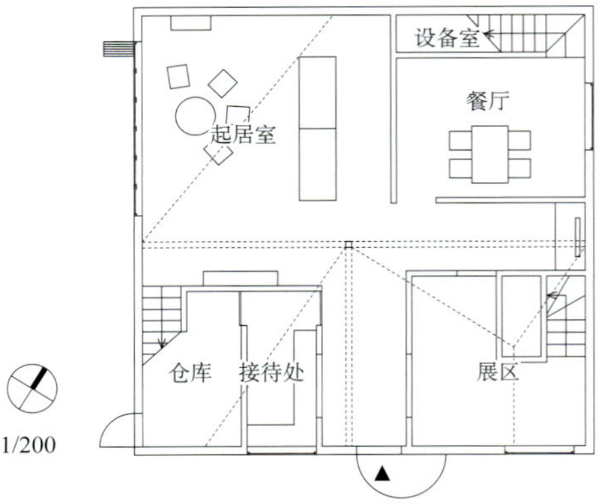

1层平面图 1/200

引人瞩目的三十岁年轻建筑家理想中的家

NA2008年3月24日号刊载

日经建筑二〇〇八年三月二十四日号住宅特辑『三十岁年纪设计的出人意料的家』，收录了计划中、即将完成，或者计划中断的住宅。六位年轻的建筑家为『出人意料的家的种子』提供了创意。平田提出的，是『House S』。虽然对有意建造此住宅的房主进行了征集，但结果没有征集到，所以是一座未能实现的幻想中的住宅。

一

设计此住宅的契机，是原计划在轻井泽建造的一座别墅。由于房主的原因，建造计划被搁置了，就这样放弃总觉得不甘心，所以后来一直还在考虑着这个计划。

这所住宅呈现出有机的形状，从某种角度说有点儿像动物的巢穴。平田晃久对这所住宅思考最多的是屋顶。根据轻井泽的景观条例，陆地房屋的屋顶必须是三角形的。因此，『对屋顶进行了彻底深入的思考』。屋顶是否能够建造得像树枝的分叉一样呢？从这种想法，产生了屋顶的创意。

平田一直认为曲面的混凝土模板是非常有型的，所以此次采用了曲面板。这也是出于平田的一种兴趣，那就是，『材料的性质与住宅的性质重合，从概念来看是非常有趣的』。

就像多层板是由多块单层板重叠而成一样，一条线也可以是无数条线的重合。『就像有厚度的东西割裂开来的感觉。比如切割开的奶酪，打开的书本等。』把书打开倒放，纸张的重量会使得书页弯曲起来，这种情景，丰富了这所住宅的形状。

『曲面板的厚度约为三十毫米，咨询了结构专家的意见，也认为没有问题。不过，接口处是个问题，如果通过铁制零件补强的话，应该就没问题了。如果能够解决防水、摇晃等问题的话，应该是一座能够实现的建筑。现在为止也在征集有意向的房主。』

平田说，『有些建筑，似乎只看一眼平面图就大概了解了，但事实上并不是那样的』。建筑是立体的，在做立体的设计时，是存在一种简洁明快的方法论的。并且，『在近代建筑之中，人们的概念更倾向于均质地板的累加，而超越了这种概念的东西，更值得我们从质朴的角度去思考』。对于迄今为止没有探求过的内容加以思考，重新发现具有普遍性的东西，是平田一直在思考的。

除平田外，特辑中还收录了藤本壮介、中山英之、谷尻诚、长谷川豪等人的作品。例如藤本壮介的『House N』计划在大分市内、长谷川的『狛江住宅』计划在东京都狛江市内即将完成。

模型是使用复印纸重叠而制成的

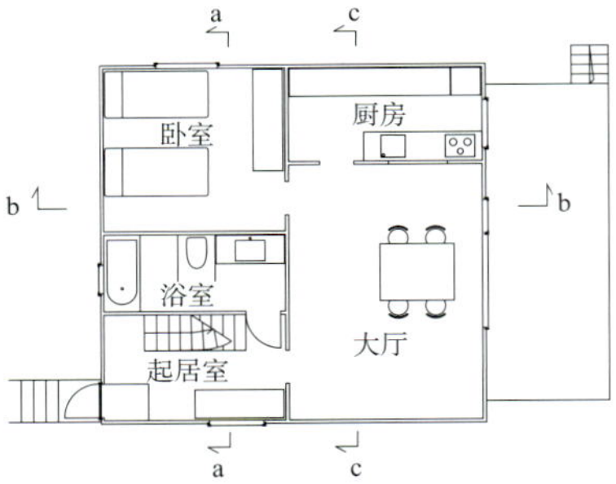

平面图 1/250

外观，计划中的面积为边长7米的四角形

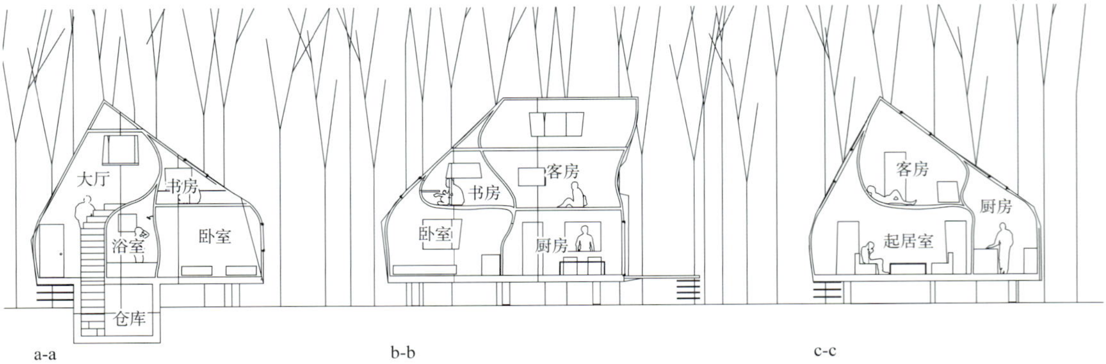

断面图 1/250

向委托方传达的信息

在向委托方提交的方案介绍中，通常都会使用平面图或断面图等视觉性的资料加以说明。最近，由于电脑制图（CG）的普及，在有些项目中，仅仅通过前述的方式，有很多内容是无法传达出来的。平田通过动画的利用，提高了委托方对方案的理解。下面通过两个案例，来了解一下平田特有的信息传达方式。

曾获二〇〇七年度日本建筑家协会（JIA）新人奖的『桝屋本店』（第四十二页），以及二〇〇七年竣工的『saragaku』（第五十四页）等，都是由平田晃久建筑设计事务所主任平田晃久担当建筑设计。这些建筑都拥有这样一个特征，那就是，通过柱子或墙壁对空间的划分，在角度变换时所看到的景物也大有不同。但是，这样的空间感，是很难向委托方传达的。

因此，平田经常利用动画的方式。虽然也会制作图片与照片相结合的方案介绍，但是，『在建筑物的内部移动时，所看到的墙壁与柱子的变化，或者空间的纵深、距离感等，要通过图片或者文字向委托方传达是非常难的。在这种情况下，就会使用动画。』平田这样说道。

虽说是动画，但也尽量不会耗费太多时间和成本。比如，在平田担当内装设计的『OORDER』（第五十页）项目中，利用员工带去的小型数码相机的动画模式，对室内进行了拍摄。平田认为，通过动画，能够让委托方感受到不同粗细、不同形状的柱子与侧面张贴的镜子所营造出的独特的空间感。

在『桝屋本店』项目的方案介绍中，利用了三维电脑制图技术。不过，基本上是仅仅由线条构成的演示。利用3DCG软件的『formZ』，制作了建筑物内部空间移动动画。人体形象是委托外部人员制作的。制作周期大概需要十天。

『如果能够明确地知道想要让对方看到什么东西，那么即便是简单的方案介绍，也是能够将设计意图表达出来的。在「桝屋本店」项目中，如何将倾斜切割的RC壁排列组合之后的效果表现出来，当时十分困惑。但是，后来将3DCG制作的动画展示给委托方之后，对方一瞬间就理解了。对于无法通过画面或者文字表达的、看不见的东西，使用动画来表现，是非常有效的。』

有着这样的主张的平田，在最近越来越多的演讲中，据说最少也会利用三种以上的动画。

除此之外，在需要做项目介绍的时候，平田晃久建筑设计事务所都会利用哪些方法呢？在第一百二十页对平田的采访中，按照时间顺序，展现了平田在不同项目中制作的资料及模型照片，读者可以借此了解平田的表达方法。

NA2008年5月12日号刊载

通过动画展示镜子及柱子的视觉效果

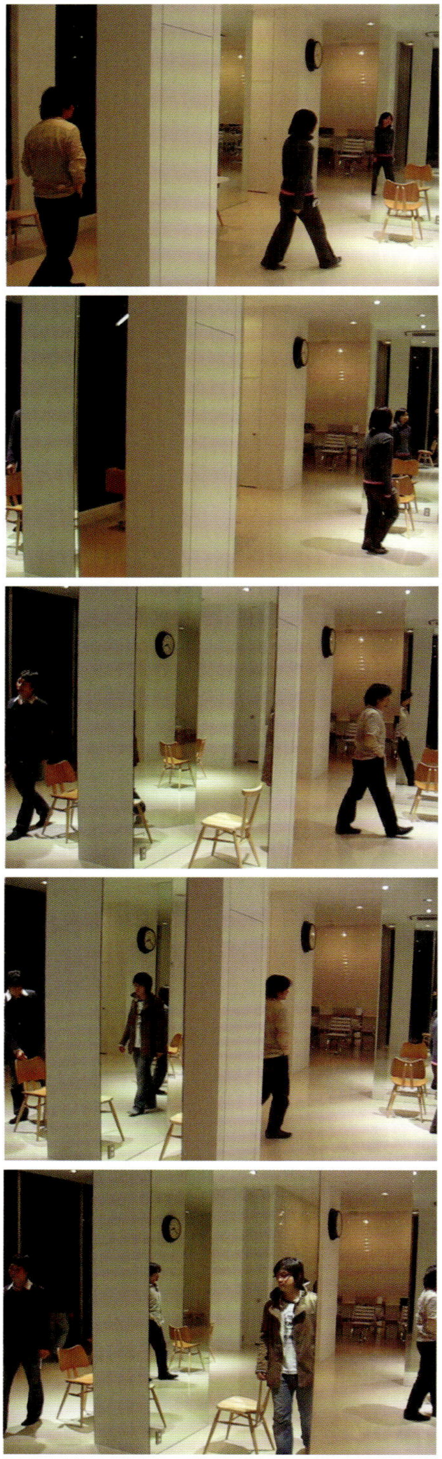

使用小型数码相机拍摄的OORDER美发室的展示动画

精确传达内容、简洁的构图

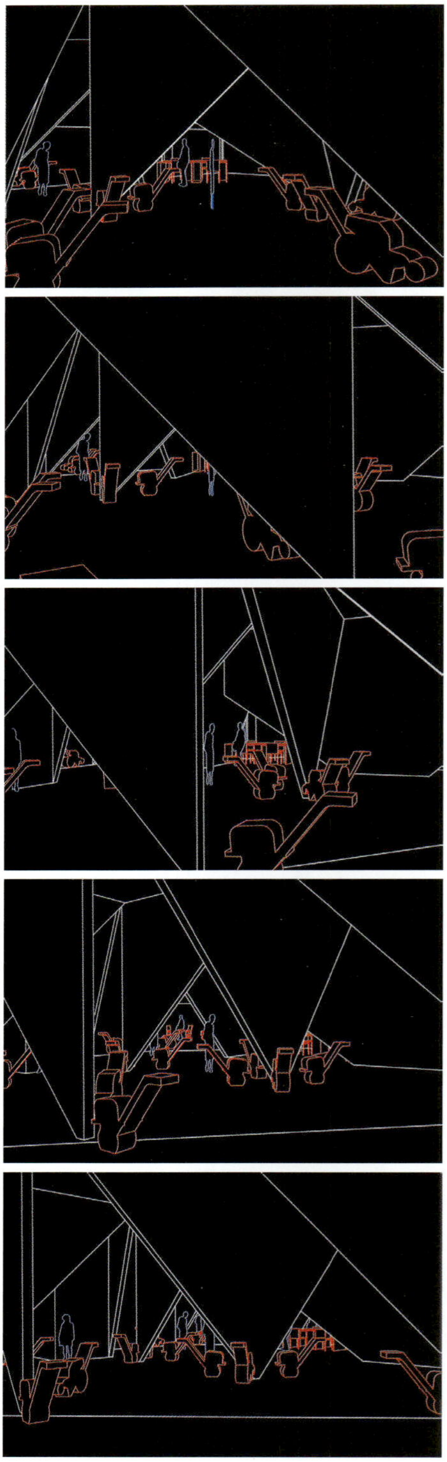

基本上由线条构成的树屋本店的展示动画，是利用3DCG制作的

专栏

Voices of Concerned Person

前辈·同辈·后辈眼中的平田晃久

通过大学时代的恩师、朋友的评价，我们了解到了平田身上仅通过对话采访所无法看到的一面。比如，从作为朋友的藤本壮介口中，我们知道了平田不为人知的『关西式幽默』的一面。了解了这样令人意外的一点，对于平田的设计，我们可能会有更深层面的理解。

01 竹山圣

建筑家、京都大学研究生院副教授

Kiyoshi Takeyama：1954年生于大阪府，1977年毕业于京都大学，在东京大学研究生院就读期间创立了设计组织AMORPHE，1992年开始担任京都大学助教，现为京都大学研究生院副教授。（摄影（至第80页以前的人物照片）：日经建筑）

出类拔萃的空间把握能力

我在一九九二年就任京都大学助教，成为三次考研后考中的平田的导师。当时有一个设计课题，是在理学部校园内的一个位置建设走廊。我记得很清楚，当时平田犹犹豫豫地带来了一个似乎是庭院一部分的图纸。我问，『这是什么』？他回答道，『到底要做点什么，我自己也不太清楚』。然后我说，『要是这样的话，还做什么建筑，不如放弃吧』。当时并不是很严肃的口吻，有点儿半开玩笑的意味。不过，在接下来的草案设计中，平田非常努力，带来了一份非常好的方案。对他最初的犹豫印象很深，现在都没有改变。

平田在毕业设计中获得了『武田五一奖』一等奖。在有着钟楼的东大校园中，蜿蜒空中的崭新空间贯穿于古老的建筑物之间，就像在既有的建筑上的寄生物。那是一个将直线曲折化的设计方案。

学生时代已经有了『融合』的原型

一九九五年，英国有一个题为『Mid-Wales Centre for the Art』的gallery complex的竞标项目。当时我们研究室的平田，以及与平田同期进入研究室，后来去了妹岛和世事务所的桑田豪一起参加了竞标，最后入选了前六强。

一开始，我画的草图是屋顶从空中延伸到地面，与地面相接。平田的草图，是呈『瘫软』形状的gallery空间群。之后，平田将我们的草图总结整理为有趣的、漫画风格的、『柔和』的分格

画面。我的设计构想是围绕屋顶开口旋转的流动的线条，平田将这一构想的形成过程还原成了一个故事。在复审中得到了非常好的反响，但遗憾的是只得到了第二名。获得第一名的是David Chipperfield（译注：英国著名建筑设计师）。

比如说，在白色的墙壁上稍微添加一些凹洞或者污点，就有了不同的意味。与平田的『柔和』的感觉相契合。凸起部就成为了绳子的结点。后来平田称为『融合』，实际上其原型在一开始就已经产生了。

草图的视角与一般学生不同

一九九六年，平田协助我参加了米兰建筑展。研究室分为三组，以『移植』为题，向河原町移植外观、向祇园移植天空、向西阵移植道路。平田组的方案，是向西阵移植一组有着『柔软』感觉的寄生建筑。三年级时的课题，平田的关键词是『犹豫』，毕业设计时是『蜿蜒』，Mid-Wales竞标中是『柔和』，而参加米兰建筑展时是『柔软』。

他的草图的有趣之处，在于与一般学生的视角有所不同。通常，人们观察形状的视角在于上方或者外部，而平田的视角在于中间或者下方。制作的模型，也会在地板上开一个口。问他说『这是什么』，他解释说可以通过地板上打开的这个口，看到内部的空间。他对空间的设想，总是在一开始时就抓住了表里，特别是内部。虽然是从无据的线条开始的，但会在这无据的线条中加入自己的想法。

在我任教二十多年教过的学生当中，平田的空间把握能力是出类拔萃的。他在面对一个问题时，总能找到一个融通的解决点。他的后辈大西麻贵也非常厉害，能够从零出发，自由地不加依赖地创造出一个空间。直面、把握空间，从而对空间进行加工。与其说这是努力，不如说是某种直观的能力。从我的研究室走出去很多优秀的人才，但在直观的空间把握能力方面，这两位令我印象最为深刻。

才华在一开始时就自然而然地显露出来了

过去，京都大学的毕业生，都只会去类似于日建设计、竹中工务店设计部这样的知名企业。自从我与野修司先生（现为滋贺县立大学教授）来了之后，学生们开始进入一些个人设立的事务所。从平田那一批开始，以及之后的学生，现在都已成为各个事务所的领军人物，或者已经独立，设立了自己的事务所。

平田进入伊东丰雄建筑设计事务所之后不久，我见到了伊东先生，他说，『啊，是一个十年难得一见的怪才，希望他以后也不要离开』。我觉得很欣慰。在那之前，还没有京都大学的毕业生去往东京的事务所。京都大学的学生们比较单纯、质朴，生活在一个远离时尚的地方，正因如此才更加有努力提升的空间。

现在我也经常见到平田。相对于他的成长，在我心里对他的印象始终没有变化。从一开始时就看到了他的才能，看上去不是光芒万丈，也不是夸夸其谈的感觉，而是一种非常自然的感觉。

二〇〇〇年夏，京大建筑出版的《traverse》中，将SD新人奖的入选者召集在一起召开了座谈会。布野先生、高松伸先生，还有我也参加了。平田做了反响强烈的评论，连布野先生及高松先生也觉得他很有潜力。『本来是想学物理或者数学，目标是获得诺贝尔奖，但是在走上建筑的道路之后，觉得如果不改变世界，就是没有意义的。』平田从很久之前就是一个有着大志向的人，虽然表面上看不出来。

02 藤本壮介

藤本壮介建筑设计事务所法人代表

Sousuke Fujimoto：1971年生于北海道，1994年东京大学工学部建筑学专业毕业，2000年创立藤本壮介建筑设计事务所，2009年任东京大学特勤副教授。

我们的构思的根基是媒体中心

我与平田初次相见，是在他研究生二年级的时候。现在回想起来，是非常值得珍惜的相遇。初次见面他给我留下了深刻的印象，我觉得他有着很宏大的世界观，并且正在充满热情地探究着。

当时，我们谈到了伊东丰雄先生、妹岛和世先生，以及国外的OMA、Frank Owen Gehry等建筑家，以及今后的建筑将如何发展等话题。我们都受到了伊东先生以及妹岛先生的深刻影响，对于如何阐释以及超脱，进行了讨论。

当时讨论最多的话题，是『仙台媒体中心』开创了什么。首先是关于结构的思考方式。之前一直作为物体存在的柱子，在媒体中心项目中作为空间被赋予了新的含义。还有就是管道的不同配置使空间具有了起伏，程序与功能之间的关系更加自由，变得更有互动性。就是这两点。

虽然有点儿夸张，但可以说，至少在日本，甚至在全世界，媒体中心之前与之后的建筑是有变化的。媒体中心竞标方案的提出是在一九九五年。当时受到了很大的冲击。平田也是同样的感受。

我在大约五年之后发表了一个由渐进层次构成的建筑，对于我来说，如何将自己心中的媒体中心升华并超脱，这是一个尝试。伊东先生是对柱子进行了再定义，那么我想我是否能在地板方面做一些尝试呢。细分化的地板缓和地浮游，地形既构成了建筑，又是家具。从媒体中心方案中受到缓和的结构方式的启发，这是我最初的灵感来源。接下来是对人体与空间的关系进行了交互式的重新定义。就是媒体中心的再生（笑）。

媒体中心的结构，从整体上看是相互关联的复杂的网络，对之后的建筑结构产生了深远的影响。对于这个历史性的事件，我们应该如何继承、未来应该如何发扬光大，在我们身上产生了一些错误。希望通过我们的努力，能够使媒体中心的影响，带来下一次的大革新。

如何认识与建筑之间的关系

平田在伊东丰雄建筑设计事务所受到挫折之后，偶尔会来我这里。『TOD'S表参道大楼』的方案、『根特市文化广场』的竞标方案，由于伊东先生的不理解，他做了很大的努力（笑）。包括过程在内，是很有意思的。设计构思的自由性，或者说是对建筑的自由的视角，是令人惊讶的。

二〇一二年的威尼斯国际建筑双年展，我与平田一起参展，当时平田让我感受到了他的构思的多样性，从某种意义上说我在忍让着平田（笑）。相对来说伊东先生的立场是让人惊异

的。能够将这样的人才聚集在自己的身边，并且允许他自由地发展、成长。在展览中感受最深的，是伊东先生最初提出的问题的深刻性。虽然表面看上去大多数是难以理解的，但是正因为问题的深刻性，才更加具有深意。

最近，关于平田我感觉到，在伊东事务所的时代，他可能更加具有自由性。当时，平田执着于具有必然性的形式性的东西，设计出了与以往完全不同、自由奔放的建筑。

与此相对，独立之后的平田，看上去更像是在追求某一种原理。伊东事务所时代的自由奔放，在平田现在的建筑中似乎感受不到了。虽然在未完成阶段看到的进展中，那种自由奔放看上去似乎仍未改变……未来将如何呢？还是落入某一种原理之中？

我对平田的这一点非常感兴趣。在伊东丰雄建筑设计事务所时，由于存在『伊东丰雄』这个框框，所以朝着相反的、自由的方向去了。反之在独立之后的现在，他或许正想找出这个框框在哪里，或许正因如此，他才会有意识地朝着一个方向推进。

另外，对于平田的理论，我也很感兴趣。是建筑的理论呢，还是仅仅停留在空间、形状方面的理论呢？平田认为，人体进入一个空间，即成为一处建筑，但我认为不是这样的。在与平田的谈话中，感觉到他的前提条件是抽象地捕捉人体与空间的关系，因此他非常擅于花亭之类的建筑。但这些建筑是建筑吗？关于空间与建筑之间的距离，我非常想与他探讨一下。

—希望他发挥幽默的一面—

平田的建筑给我感受最深的是视角的不同。另外，平田的性格当中，有一个不太为人所知的地方，就是他具有关西式幽默的一面。虽然有认真的一面，但会在一瞬间改变视角，对于某一事物他的一句插话，必定会带来一个新的、看上去有点儿幽默的视角，从而改变了这一事物的走向。在他的构思及设计过程中，这种『出人意料的视角』在改变建筑方面产生的飞跃令人震惊。我想，平田如果能够继续发挥这种幽默，最后呈现在建筑之中，一定是非常有意思的。

平田刚到东京时住的房间里面，有一张可以电动升降的床。我想这就是『褶皱』的原型吧（笑）。室内有一组屋脊线，随着需要可以移动。平田非常得意地给我展示过。那的确应该就是『褶皱』的原型（笑）。

我设计的住宅『T-House』，在制作线图时，发现使用了很多的线条。那是在平田的『褶皱』提出之前（笑）。最开始在事务所给他看了模型之后，他并没有表现出很大的兴趣，但大约半年之后再次见到那个模型，意外地评价说非常有趣。由电动升降床播下的种子，在『T-House』的设计中开花结果了（笑）。

我没有使用过『褶皱』这个词，但是，这个词代表的是一种建筑的方式，即与媒体中心一样，通过柔和的空间分割，唤起人们在空间中的活动。房间不做明确的隔断，通过线条的抑扬顿挫加以区分。刚才提到『T-House』的话题虽然有些开玩笑的成分，但伊东先生的媒体中心的确给了我们很多的启发，其结果就是，出现了各种各样的表达方式，有些是类似的，而有些则是大相径庭的。但无论如何，其根源就在于媒体中心。

03 中山英之

中山英之建筑设计事务所法人代表

Hideyuki Nakayama：1972年生于福冈县，2000年东京艺术大学美术学部建筑专业研究生毕业，进入伊东丰雄建筑设计事务所，2007年创立中山英之建筑设计事务所。

为了思考建筑而不断发问的人

初次见到平田，是二〇〇〇年我刚刚进入伊东丰雄建筑设计事务所的时候。一开始简单地打过招呼之后，就是两人一起连续多日的熬夜。那个时候，事务所正式开展了以铝材为建筑结构的设计研究。恰逢『GA Gallery』个展，主题是『铝材建筑』，于是我与平田奉命一起参加了展览。

平田当时刚刚完成一所由自己担当设计的铝结构住宅，而我当时甚至还连铝与铁的比重区别都不是很清楚。所以，当时我的感觉是在他的指导下做一些辅助性工作，没想到从第一天开始就收到了各种各样的尖锐指令（笑）。就好像把一个端茶倒水的人直接放在了赛场上。但这让我很高兴。高水平的选手的指令虽然有些尖锐，但是实际上非常容易明白。因此我产生了一种错觉，以为自己也变得很厉害起来了。

比如说，在谈到铝型材时，平田会先从其原理考虑。在原理上拥有无限可能的材料，通过适当的切割加以使用，这就是挤压型材，可以说『切割』是这种材料的一个重要的本质。就好比是，『即便是同一个水果，切的方法不同，吃起来也完全不同，中山君』。就这样，我一个晚上都在思考切割的方式，但是没有任何成果，我只好说，『做环形切割，像砖瓦一样垒起来如何』，把这个问题又抛给了平田。平田的『开关』一下被打开了。过了几天，与结构师新谷真人一起，对利用空心砖制作半透明的垒砌结构进行了讨论。

—— 不是解答而是提问的人 ——

现在回想起来，让我们两人一起那样期待的机会，在那次展览会之后便几乎再没有过了。失去了给我发指令的人，我的错觉也就消失了（笑）。不过，我明白了一件事。通常，建筑家都被看成是优秀的问题解决者，原来也并不全都是这样的。对于我来说，平田不是一个通过解决问题激励别人的人，而是一个彻底的提出问题的人。

或许，对于自己提出的问题，比自己回答得更好的建筑家们应该大有人在吧（笑）。也就是制造问题的人。一旦提出了问题，周围的人都会觉得，自己应该会有更好的解决方案，每个人都会把它作为一个课题去研究，渐渐找到了很好的答案，最后大家都会达到同一个平台上面。拿我来说，就好像自己在搞发明创造一样，在对铝砖瓦的细节进行研究期间，即便熬夜也并不觉得那么辛苦。

平田对现代的提问

到现在为止，平田提出的问题，到底是什么呢？

我们两人彻夜奋战的时期，是一个经济、资本，或者消费的法则与自然法则被同等处理，原封不动地成为建筑语言的时期。吉村靖孝所在的荷兰，可以说就是这个中心。由从各种研究当中抽取出的变量直接翻译而成的建筑，原封不动地成为世界的镜子。看到这些建筑，并不是看到了存在于某处的理想，而更像是在无意之中看到了自己本身。

这样的建筑，具有超越特定世界观及美学意识的超现实的单调性。同时，就像在有关分身及自我幻想的小说中描绘的那样，有一种令人目眩的、自我参照性的无限循环。这两种印象混合在一起而产生的谜一样的平衡感，散发出一种莫名的简洁性，一定不只是我一个人有这种感觉。平田经常提到建筑的『内发性』。对于我来说，这个词就像在那个谜一样的无限循环所描述的简洁的轨迹中打开一个针孔，为了从这个针孔中寻求整体的扩展，而提出的一个新的问题。

建筑作为社会的缩影，如果是自身的镜子的话，那么人像是从哪里显现出来的呢？这有点儿像文艺复兴。文艺复兴中，寻求明确比例的体系，是一切创造的原理，这样说来建筑的『内发性』思维，充满了文艺复兴的味道（笑）。不过，文艺复兴的内发性无论如何都是单结晶的，而与此相对，平田给人的感觉却是多结晶的。多结晶的表现就是，结晶与结晶的倾斜处形成的界面所产生的晶粒间界。晶粒间界的随机且多样性的外观，是由单结晶原理产生的，同时也是环境的偏差本身的表现。将多样性显性化，也叫『隐藏的规则性』。平田将建筑的根源置于形状产生的瞬间，向外部寻求建筑的形成因素，远离由此而产生的自我参照的无限循环，同时，为持续不断地探求世界的多焦点、多样性与建筑的相通之处，而提出了自己的问题。

伊东先生是对方阵营的主将？

这么说，好像我在平田晃久建筑设计事务所工作过一样。但从某种意义上说平田确实是这样的。大家都认为，被带到赛场上的平田如果说是选手的话，那么伊东先生就是教练了。实际上并不是这样的。在平田看来，伊东先生就好像对方阵营的主将一样。起码我是这样认为的。

让我意外的是，平田是地道的关西人，平常总是给周围的人起一些令人无奈的绰号，但一旦某个项目启动之后就会变成另外一个人。而且一定会说『要赶在伊东先生的前头』。我从来没有看到过平田等待伊东先生的指示。我也是这样做的。我想，这是因为建筑家伊东先生，也是一个擅于提出问题的人。关于建筑，相较于当下课题的解决，伊东先生更加乐于对世界进行持续的思考与发问。这一点，在遇到他的当天，通过平田我就已经了解到了。

04 — 大西麻贵

onishimaki+hyakudayuki architects/o+h

Maki Onishi：1983年生于爱知县，2006年京都大学工学部建筑学专业毕业，2008年东京大学研究生院工学系研究科研究生毕业。同年，该大学博士课程在读中以大西麻贵+百田有希名义开始活动，现为onishimaki+hyakudayuki architects/o+h工作。

魅力在于理论与感觉的均衡

我与平田一样，都是京都大学竹山圣研究室出身。在上学时，就从竹山老师的口中听说了这位『传奇式的学长』。恰好当时平田参加SD新人奖的角逐，发表了以『卷心菜的剖面』为主题的住宅设计作品，还在伊东丰雄建筑设计事务所负责担任『TOD'S表参道大楼』的设计。当时，卷心菜剖面住宅给我留下了非常深的印象，懵懂之中，知道有着这样一位学长的存在。

初次见到平田，是在我研究生一年级的时候。在早稻田大学教授结构设计课程的新谷真人先生的研究室，定期召开年轻建筑师及设计师的系列讲座，平田也在被邀请之列。在讲座中令我震撼的是，他的演讲是从看上去与建筑毫无关系的树木、海底珊瑚间游动的鱼儿等的照片开始的。将这些转换为抽象的理论，进而发展成为建筑的形式。从抽象的规则，不断地衍生出类似于生物的空间，这让我非常惊讶。

研修生期间与平田先生密切接触

听了那次讲座之后，我觉得平田是一个非常有魅力的建筑家，所以在研究生二年级后期时去了平田晃久建筑设计事务所做研修生。当时事务所比现在小一些，只有几位员工以及研修生，到处都摆满了模型。之前也去过多个事务所研修，感觉越是大的事务所，越难于与所里的大建筑家面对面地直接交流。

当时在平田晃久建筑设计事务所，像我这样还是学生的研修生，平田也会直接对我们的方案内容、研究方法等做出说明，并且基于此直言不讳地与我们探讨设计内容，当时我非常高兴。平田学长经常就方案的优劣与工作人员进行激烈的辩论，他的住所就在事务所的旁边，加班比较晚时会给我们拿来点心，那是一段既刺激又愉快的研修生时光。在平田事务所做研修生的同时，我自己与同伴百田正在共同设计位于轻井泽的『千滝别墅』。当时，对于研究生毕业之后是直接独立开办事务所，还是先进入某位建筑家的事务所工作，正处于犹豫不决的阶段。因此，当时已经拥有数名员工、以建筑家的身份逐渐扩大活动范围的平田学长，在我眼里是熠熠生辉的形象。

此外，在位于青山的Prismic Gallery召开的小型个展也让我印象深刻。将平田对建筑的理念概括为一个短句，『制成画板，再加上每个项目的模型』，非常简洁明了。明确地展示出了平田捕捉建筑的视角，以及如何通过语言及草图激发观者的想象力，明确地将设计意图传达给对方，在这些方面我受益匪浅。

只能用感觉加以解释的飞跃

了解了平田的设计方法，感觉是通过语言及理论来驱动自己。通过语言产生构思，成为一个形象，再催生出下一个语言，通过这种方式发掘出创意。听过平田的讲解之后，觉得自己似乎全都懂了，但隐约中总觉得有些是只有通过感觉才能解释的、出人意料的飞跃，这一点需要注意。

平田的理论是很有条理的，实际上也是非常感性的。比如，平田的语言，每一个都是数学式的、抽象的，有时乍看上去是难以理解的，但是，他画出的草图所带来的观感却是非常感性的、显现着人类的本能。这两种截然不同的印象，反而正是他的魅力之一。

在我非常喜欢的平田作品之中，有些是至今尚未实际建造的。我希望未来有更多的反映平田思想及理念的作品能够被建造出来。比如，『gallery S』是一个我非常喜欢的作品，也是尚未建造。褶皱状的内部空间相连接，产生了类似于洞穴的复杂空间。

将宽阔的场所与狭窄的场所通过这种形式转变为连续的空间，迄今为止还没有过这样的项目。如果能够被建造出来，我一定会去现场体验一下。平田提倡的『A，A′，A″』空间的存在，如果应用于较大的空间的话，从结果来看，有可能让空间的感觉更加均质，在『gallery S』这一作品中，通过一个合适的规模，以一个非常好的形式实现了这一点。

对平田的『手持式渔网』理论深有同感

在某次讲座中，有人就平田的『褶皱』理论提出问题时，平田回答说，『对于我来说，那就像是手持式渔网一样』。听到这个回答，我觉得非常认同。也就是说，在决定了使用几次元的褶皱营造空间之后，就会对其中的每一个褶皱状空间的大小，以及通过某处之后会出现一个什么样的空间，进行持续的、感官式的研究。『无论是多么偏向于感官式的设计过程，对我来说最重要的是像手持式渔网一样没有破漏之处。』对平田的这个回答，我非常认同。

那之后，『手持式渔网』在我脑海里留下了深刻的印象。在我自己做设计的时候，在沉浸于每一个个别的场所的设计时，为了使整体不出现纰漏，如何为自己设置一个合适的『手持式渔网』，我也开始这样思考。这也是我从平田学长那里学到的一点。『gallery S』这样的建筑，在力度强烈的同时，居住起来也非常舒适，这就是理论与感觉的均衡所产生的结果。

说一点完全没有关系的题外话，平田学长的妻子，也是一个非常温柔、开朗的人。我在平田晃久建筑设计事务所做研修生的时候，当时两人还没有结婚，但事务所开设在平田自家的房子里，晚上加班到很晚要回家的时候，看到进门处放着可爱的、芭蕾舞鞋样式的鞋子，好像还有蝴蝶结。看到这样的鞋，我会很好奇地想象那是一个什么样的人。见到之后，果然如同想象中一样，非常完美。这个是不是不能说啊（笑）。

05 | 小嶋一浩

横滨国立大学研究生院Y-GSA教授、Cat合伙人（小嶋一浩履历请参考第212页）

持续奔跑的体力，才是建筑家的根本

NA特别编辑版【新建筑的鼓励】（照片：泽田圣司）

平田与站在大学的讲台之上，同时也活跃在设计第一线的小嶋一浩、藤本壮介等人一起引导着年青一代。虽然年龄上相差一轮，但与小嶋却是同在京都大学学习建筑的同窗。不断朝着更高处努力的动机，是什么时候产生的呢？

——是在大学入学时就立志要成为建筑家了吗？

小嶋——进入京都大学的时候，想着如果不能做建筑家的话，就做个律师吧。当时我想，想要成为建筑家的梦想，就好像是十几岁的女孩子梦想成为她们的偶像一样。但是，明确了成为建筑家的目标，确定进入建筑学专业之后，从二年级后期的设计课题开始，我非常努力。

平田——我或许没有像小嶋那样坚决，不过在大学入学考试时，就有了成为建筑家的想法。但同时也在犹豫，是不是报考生物学专业，将来学习生物学。

小嶋——我的研究生时代是在东京大学原广司研究室度过的，研究生一年级时，参加了巴黎的拉维列特公园（Parc de la Villette）项目竞标，对我来说这是有着重要意义的一件事。在研究室收到竞

标介绍时，我和同期的同学私下开始制作方案。原广司老师说，『真是不可多得的学生啊』，同我们一起参与到方案的制作中来。最后被评为了优秀作品。休春假时去旅行，顺便去了巴黎的乔治·蓬皮杜国家文化中心参观，我们的方案真的在那里被展出了。当时我们的感觉就是，建筑家原广司先生的背后，与世界相通。

进修博士课程，也是因为听了原广司老师的建议。之后不久，在奥地利格拉茨召开『国际建筑展』，原广司老师对我说，你去参加吧，于是去了一段时间。君特·多明尼戈（Gunther Domenig）是建筑展的总括，看到他制作的纸板模型，发现原来还有这样生动的表达方式，带给了我非常强烈的新鲜感。我在一九八五年入选SD新人奖的『冰室公寓』的模型，就与此有关。

当时，对于人生我的价值选择是，在三十岁的时候能够开着自己喜欢的车，穿着自己喜欢的衣服，能不能赚到足够的钱，像自己期待中那样生活，就是抱着那样的一种心情，朝着那一个方向狂奔着。

平田——小嶋先生您参加了一九九六年的『米兰国际双年展』对吧。当时，我还是京都大学研究生院的学生，在竹山圣研究室，在竹山先生的指导下，为参加展览的七位年轻建筑家的作品做些统括工作，协助制作参展物品等。

小嶋——当时参展人员当中我想我是最年轻的。平田你当时也在那里吧？

平田——是的。能够近距离地目睹那些在东京鼎鼎大名的人物在身边工作，是非常刺激的。当时，在彻夜准备之后，想到之前曾经在『米兰国际家具展』中以装置艺术参展，产生了一种『啊，又再次回到了这里』的感觉。

小嶋——那一定感触很深吧？

平田——另一方面，在我们的学生时代，最受震撼的就是连续发生了阪神大地震以及东京地铁沙林毒气事件。正是毕业设计刚刚完成的时候。那时，媒体对于后现代以及解构主义忽然不再感兴趣。对于建筑未来的发展趋势，我产生了很深的疑惑。

那是一个对建筑的方向非常茫然的时代。由于自己不知道该怎么办，所以我记得在研究生时期曾经集中精力读了很多的书。当时，『仙台媒体中心』以及『横滨港大栈桥国际客船航站楼』两个项目都举行了竞标，在我看来，这两个项目的竞标结果，暗示出了前所未有的、建筑的新的方向。当时我就非常希望自己能够到设计出这样方案的地方工作。

对生物学和哲学的思考开始与建筑发生关联

——感觉到自己作为建筑家登上舞台的那一瞬间，是什么样的心情，能介绍一下吗？

小嶋——登上舞台这种感觉似乎没有。设立Coelacanth事务所，是因为在研究生时代偶尔入选SD新人奖，在材料里面要写上共同设计者的名字，就想着，起一个让人们多少有些印象、能够被记得住的名字。结果，成员中不断有人入选SD新人奖，就以Coelacanth的名义连续四年入选。其间，还在『大阪国际和平中心·和平大阪』（一九九一年）的竞标中中标了。因为充满了热情，所以干劲是很足的。

平田——我进入伊东丰雄先生的事务所之后的三年时间，情绪有些沉闷，觉得自己是个没有用的员工（笑）。从那种情绪中摆脱出来，是在二〇〇〇年担任『GA gallery』建筑展之后。作为比

利时『布鲁日展亭』项目的负责人，在与结构师新谷真人先生的交流之中，明白了承重分布与剪纸花纹之间的关系，当时的感觉我记得很清楚。

当时我预感到，自由度与合理性融合而成的有机的方向性之中，蕴含着很大的可能性。这样想来，自己以前曾经对生物学非常感兴趣，读过哲学家同时也是数学家的莱布尼茨的很多著作，也开始与建筑产生了关联。莱布尼茨曾经说过，空间不是实体，而是一种关联性。我也是从那个时候开始思考无法一眼看穿的连续空间。

小嶋——这与二〇〇四年入选SD新人奖的『House H』也有关吧？

平田——当时还在伊东丰雄建筑设计事务所工作，不过还是应征提交了方案。当时正好小嶋先生您担任审查委员，您对我的方案表现出了兴趣，我非常开心。

小嶋——当时印象很深，我想这是个很有意思的人。像卷心菜的剖面一样，无论站在哪个角度都无法一眼看到全貌的内部空间。那段时间在学生中间甚至出现了卷心菜热潮。

平田——从这个意义上说，我的建筑灵感的根源，与其说是在伊东事务所时代，不如说是来源于京都大学时代，甚至是大学入学之前所培养的东西。莱布尼茨的空间理论等，在过去，即使读过也不明白是什么意思，但从结果来看已经在心里留下了印象。当然，从伊东丰雄先生那里学到的东西也很多。比如，将事物明晰化、转化为具有通透性的建筑体所需要的集中力等。

—

在兴奋的心情中体验趣味性

—

——从大学教授或者事务所领头人的角度看来，有提升空间的学生或员工，是一些怎样的人呢？

小嶋——到二〇一一年春天为止，我在东京理科大学做了十七年的教育工作。我经常对学生们说，如果拿足球来比喻的话，在大学四年间，就像日本首屈一指的A球员一样，有能够持续奔跑一百二十分钟的体力，是至关重要的。设计风格是在日后才逐渐形成的，但作为建筑家，速度与持久力是必备的。如果具备了足够的体力，国外的任何事务所都能够接纳。如果对方要求『明早之前重新提交方案』，能够彻夜不眠在天亮前重新制作一个方案的话，一定会得到好的工作机会。

平田——小嶋先生您的课程是非常密集的，在大学一年级有这么密集的课程，我之前还没有见到过。我受邀作为非常任讲师前去的时候，对于那样精心安排的课程表，感到非常惊讶。

小嶋——在大学一年级的时候，大家对于建筑是什么抱有非常兴奋的心情，因此趁着这段时间，通过一些课程，让学生们感受到空间的趣味性。但是至于是否有潜力，还是依靠每个学生自己的动力。动力较强的人，不仅仅是在建筑设计方面，就像平田刚才所说的一样，能够使貌似毫无关联的事情之间产生关联。有些人即便设计建造的不是古典建筑，但也能够将其概念本身推广开来。

平田——从我自己的角度来说，我更喜欢那些强烈地希望将自己的想法传达给别人的人，我想这样的人才能够成功。即便不通过语言，通过图画或者其他一切都可以。作为聆听者也希望能够做出回应，这样就会产生协同效应。自己的思考得到了呼应，这样的讨论会，产生令人愉悦的、有趣的结果的可能性非常高。将自己的想法表达出来，期待它发生变化，这种感觉是很重要的。

第三章

解读平田晃久（下篇）

2009—2012年

回顾一下平田的设计，
便能了解他的连续性的流动空间。
以山、谷等的地形为开端，
产生了一系列的标志性屋顶。
最近，他的主张是，
“所谓建筑，就是创造‘融合’”。
平田将形态与在形态中发生的事件相融合的建筑，
作为他的理想，
对于形状也有着深刻的认识。

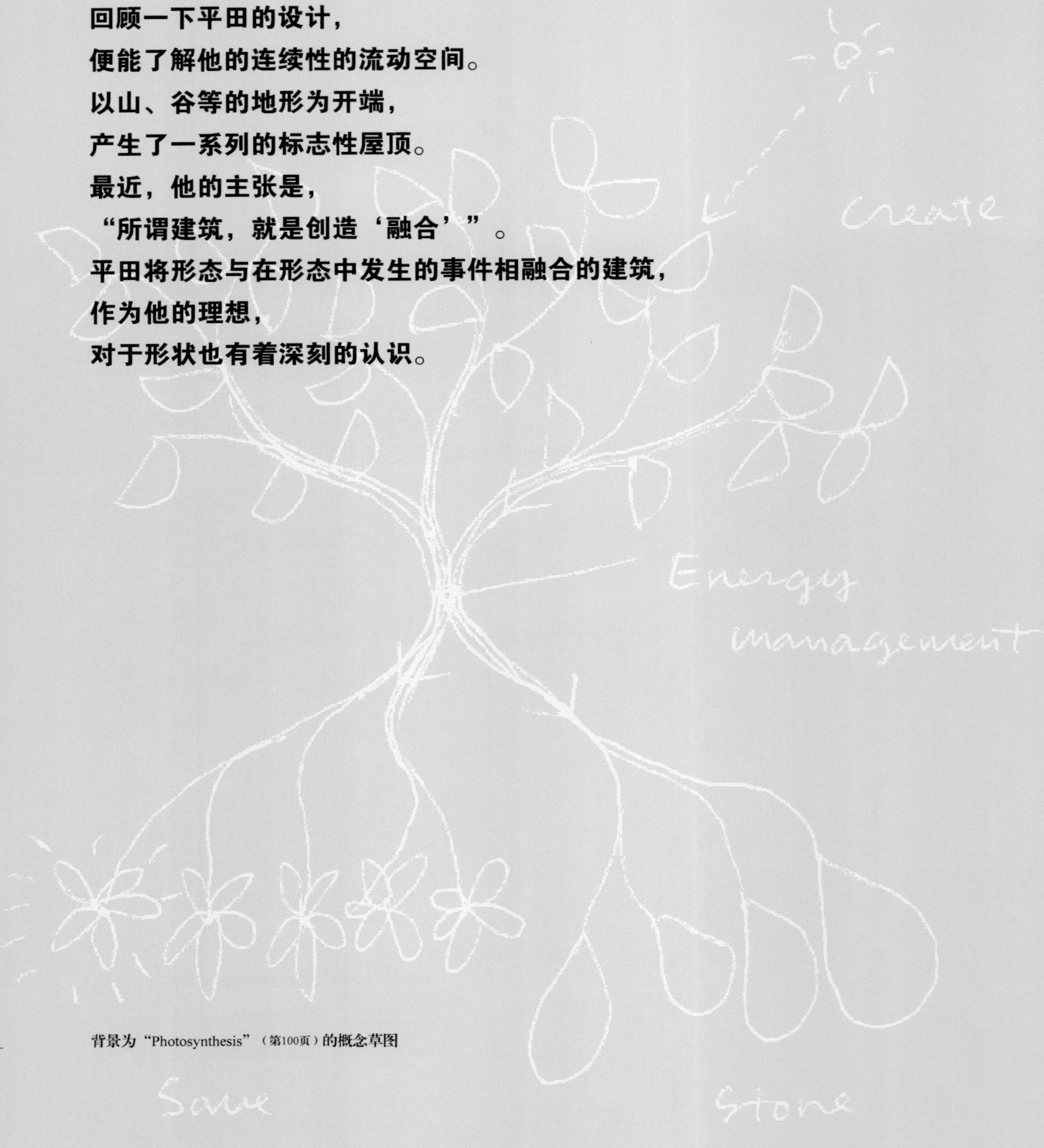

背景为“Photosynthesis”（第100页）的概念草图

2010年

建筑作品
05

alp

东京都北区

NA2010年7月12日号刊载

如同“洞穴”的变形公寓

在离JR赤羽站有十几分钟路程的小型丘陵上建造的、带有主人住所的集体出租公寓。
屋顶方面，利用北侧的斜线、道路斜线、十字形楼梯、通道等，营造出了起伏的山脉形状。（照片：吉田诚）

面临外部楼梯的各个房间的窗户，位置相互错开，以保持私密性

从东京都北区JR赤羽站，沿着小型丘陵道路走十几分钟，就到了『alp』公寓。外观典雅，但土地条件却不尽如人意。这块土地的所有者，向经营不动产咨询与转租业务的PRISMIC公司（东京都港区）咨询了盈利性房产的建设，由平田晃久建筑设计事务所担任设计工作，于二〇一〇年春完成了这座RC结构、地下一层、地上三层的集体住宅。

房主遵照亡夫的遗愿，不愿将已经建好四十多年的独户住宅的土地分割或者售卖出去，而是希望找到一种能够持续居住下去的方式。讨论的结果，就是改建为一栋兼有房主住所的集体出租公寓。

设计者是从PRISMIC公司举行的指名竞标中的四位候选人当中被选中的。与房主一起参加项目规划的儿子A先生回忆道，『看到沿着山间小路向上走的概念草图，我很期待出现一个突破既有观念的建筑，所以就选定了平田先生做设计者』。虽然已经具备商业设施的设计经验，但是设计集体住宅，这还是第一次。这一点，也算是『从零开始的沟通』（A先生），对项目过

外部楼梯为十字形，设置在整栋建筑的中央，住户的各个房间大胆采用了不规则形状

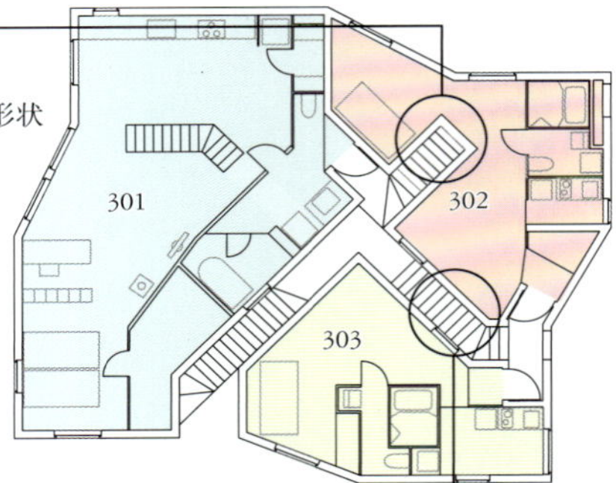

令人联想到山地城市，登上外部楼梯，便通向各个房间的玄关

3层平面图

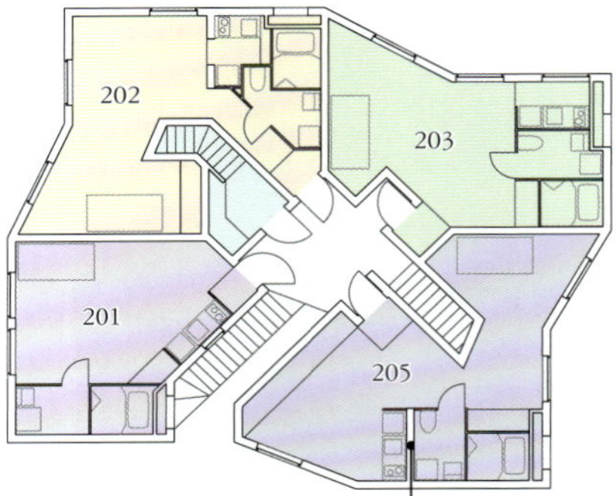

结构墙用于多水房间的墙壁，减少台阶部分以外的凸出

2层平面图

1层平面图 1/300

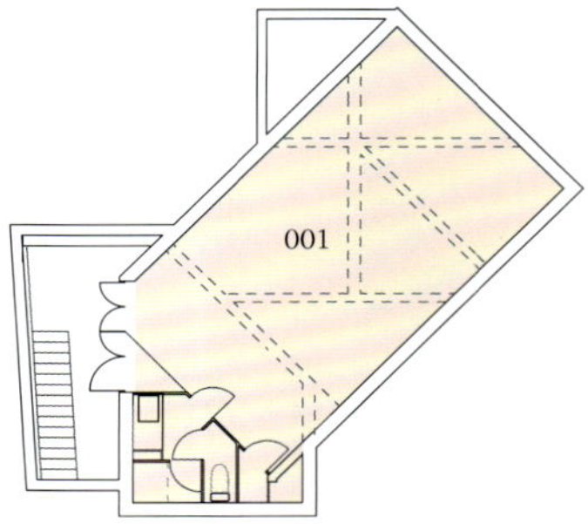

地下1层平面图

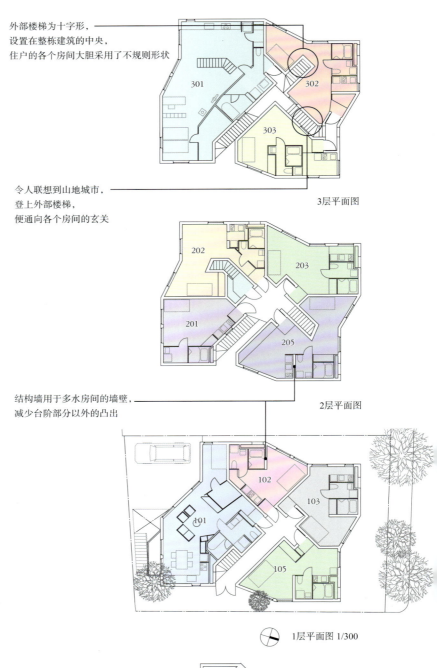

考虑到开放感与通风的需要，在每个房间都设置了两面以上的窗户，窗户的面积与高度都有所不同。为了营造统一的外观，窗框都涂成了黑色

程也有些好的作用。

重视与周围环境的关联

平田在竞标方案中比较重视的一点，就是与周围的街道相互融合，呈现出自然的连绵起伏的山脉的形状。另一个特点，就是通往各个住户的通道。外部楼梯通常设置在建筑物的外侧，但平田大胆地将楼梯设置在了整座建筑的中央，看上去仿佛是小镇街道的延伸。

另外，在实施过程中，将原本为一条直线的楼梯，更改为从中央分枝的对角线形状。在为室内空间的形状带来变化的同时，也可通过凸出于室内的天花板、墙壁等，对每个房间进行柔和地分割。

从二〇〇八年一月项目开始后，平田、PRISMIC，以及房主三方每月召开一次会议，讨论建筑计划。对于平田的大胆的方案，虽然没有反对意见，但细节部分按照PRISMIC的要求进行了调整。PRISMIC认为，『进入玄关之后视觉上的通透性是很重要

玄关附近一景。照明器具做了最小限度的配置，以适应室内的形状

留学生夫妇租住的房屋（约40平方米），租金为107000日元。倾斜的墙壁将里侧的学习空间与近前的厨房、餐厅分隔开来。租住者自己添置了餐台、鞋柜等，使居住变得更加舒适

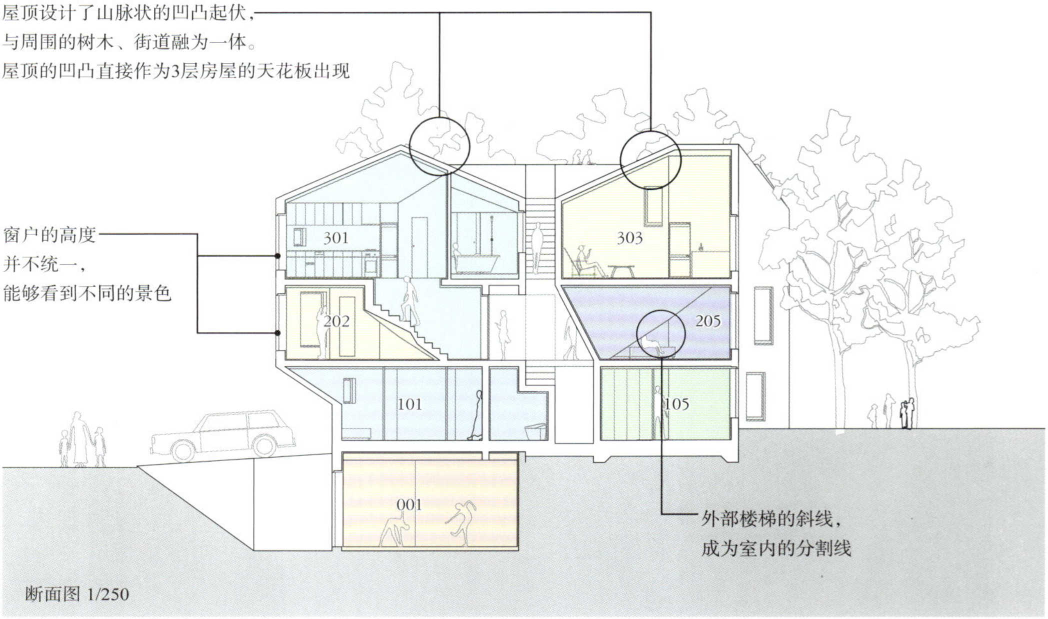
屋顶设计了山脉状的凹凸起伏，
与周围的树木、街道融为一体。
屋顶的凹凸直接作为3层房屋的天花板出现
窗户的高度
并不统一，
能够看到不同的景色
301
303
202
205
101
105
001
外部楼梯的斜线，
成为室内的分割线

断面图 1/250

1

2

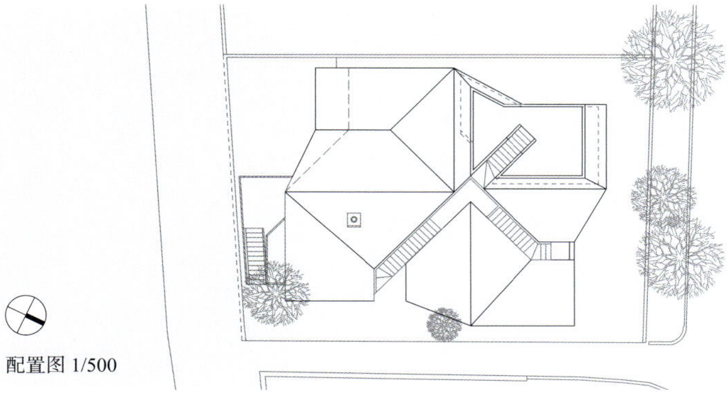

配置图 1/500

的』（PRISMIC儿玉高文先生），因此在玄关的正面避免出现浴室等比较私密的空间。地板采用了清爽的栎木地板。

建设费用约为一亿五千万日元。租金约为每二十八平方米十万七千日元。与周边相比稍稍有一点儿贵。预计每年的纯营业收入约为一千二百万日元，粗收益率预计为百分之七点三。

截至二〇一〇年六月下旬，十一个房间中有七个房间确定已入住。租住在面积约为四十平方米的房间中的二十多岁的留学生夫妇说，『房屋的开阔感，以及周围幽静的环境，使我们决定住在这里』。

凸出的天花板同时也成为空间的分割线，其下方就是就寝的空间。据说有时可能会碰到头，但是没有太大的不便。两人向我们传达出了这个房间带给他们的愉悦感。

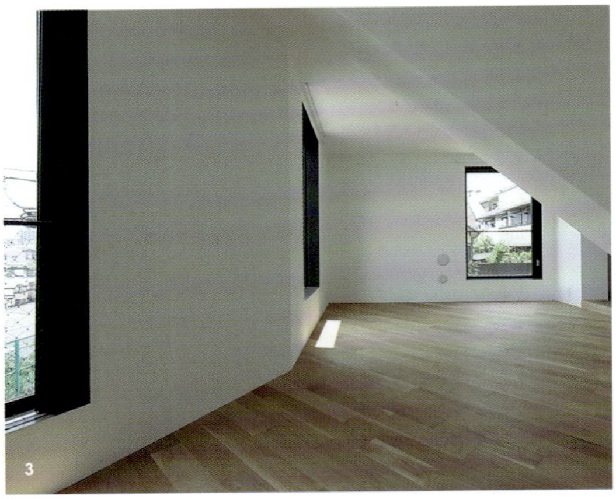

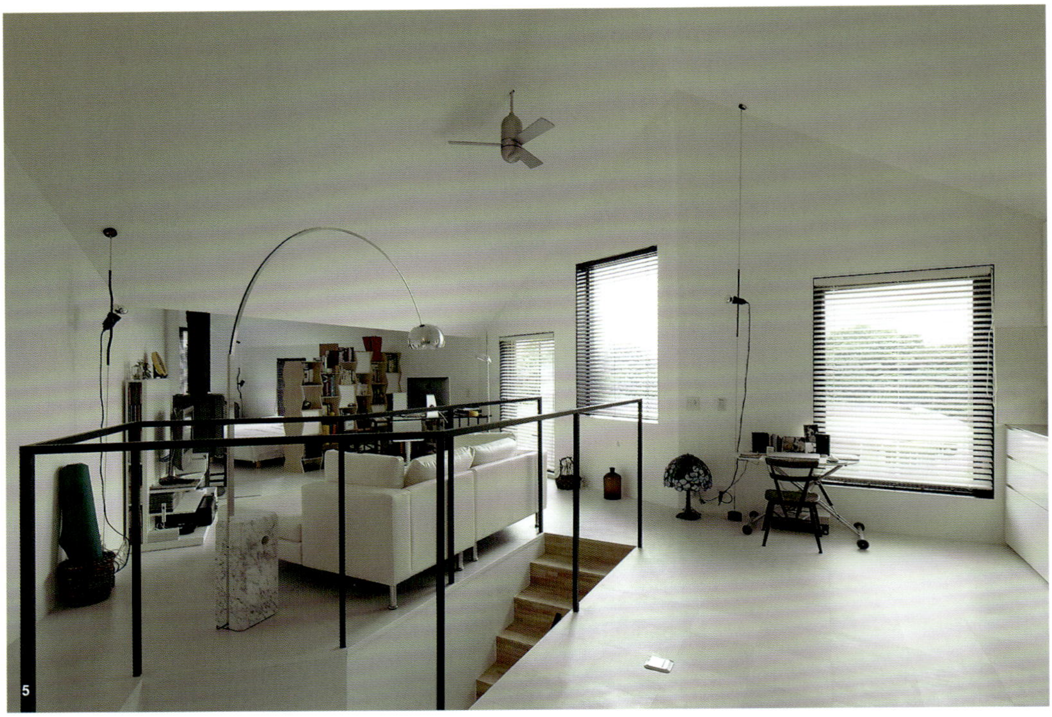

1. 为了接近山脉的感觉，将屋顶与外壁设计为连续的形状，窗户的高低位置并不统一，从外观上看不到明显的楼层分割。外壁采用亲水性涂膜以达到防污的目的。 **2.** 外部楼梯平台处。 **3.** 约38平方米、租金107000日元的出租公寓。地板采用了清爽的栎木地板，经过打蜡处理。 **4.** 房主的住所。电视墙兼收纳架，将起居室与卧室分隔开来。 **5.** 约80平方米、租金18万日元的房间，为复式结构，天花板反映出了屋顶的形状

建筑项目数据：

所在地——东京都北区赤羽西
地域·地区——第一类中高层居住专用地域、第二类高度地区
建蔽率：55.07%（允许范围：60%）
容积率：144.73%（允许范围：150%）
占地面积——294.02平方米
建筑面积——161.92平方米
使用面积——499.00平方米
结构·层数——壁式RC结构、地下1层、地上3层
设计·监理——平田晃久建筑设计事务所
设计协同——结构：万田隆构造设计事务所
设备：EOS plus、Comodo设备计划
施工方——三浦工务店
运营方——PRISMIC
施工期——2009年7月—2010年3月
设计期——2008年2月—2009年2月

2011年

建筑作品
06

Coil
东京都板桥区

NA2012年3月25日号刊载
KEN2012年4月18日刊载

通过“隐藏”与“穿透”，带来视野的变化

从2层南侧看向北侧，动线呈“S”形，因此沿着动线延伸出去的前方充满了变化。（照片：安田千秋）

Gormley
Olle Eksell
Nordic
Modernism
design&crafts
ARTEDINAMICA
581 Architects in the World
世界の建築家581人
relaxed home
FANTASY
MILANO

从楼梯看3层与2层。两根柱子将楼梯与地板自然地连接起来，画面背后也设置有一根柱子

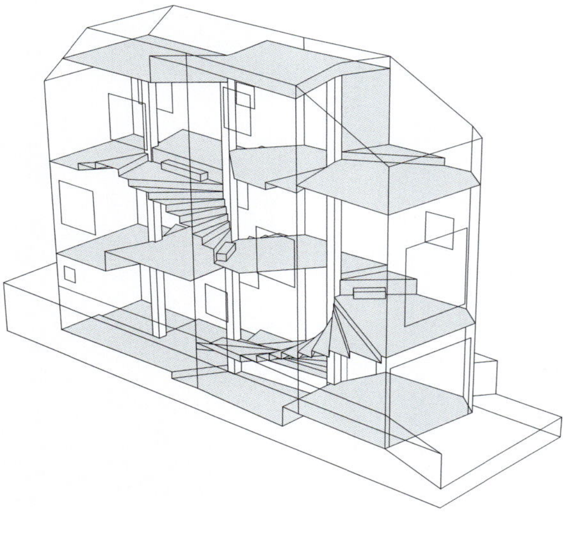

“鳗鱼的床铺”形的平面上并列设置三根柱子，将地板与楼梯连接为S状
（资料：平田晃久建筑设计事务所）

进入玄关之后，门厅通向缓和的螺旋状楼梯，将来客引往楼梯之上。一层较里侧，向下走一段楼梯就能看到开阔的地板。就像是爬上了一座小山，站在山顶上一样，房间里充满了高低起伏。每移动一步，房间内的景色以及从窗户看到的外部的景色都会产生变化。

位于东京都内的住宅区域、于二〇一一年十月完工的木结构独户住宅『Coil』。从租住的两居室公寓搬来新家的房主夫妇，以及他们分别为五岁和三岁的孩子，现在，正在这所房子里快乐地生活着。女主人说，『忽然觉得家里安静下来的时候，一看原来孩子们都在楼梯上坐着阅读绘本。因为房子里没有隔断，所以房间看起来很宽敞，而且能够感受到家人的情绪』。

宅基地是六十七平方米左右的、像是『鳗鱼的床铺』一样的狭小的土地。房主回忆道，『不动产公司介绍的样板住宅，楼梯都非常狭窄，并且拐角处非常突兀，都不尽如人意。我们向设计师平田晃久先生提出的期望是，「虽然地基有点儿狭窄，但希望房间及楼梯都能比较开阔」』。

被寄以厚望的平田，在最初的讨论中提出的方案，是将楼梯与地板实现无缝连接。房主非常认可这个方案。之后，作为具体的设计方案，平田提出了如下的想法。

首先，在相当于『鳗鱼』背骨的宅基地中心线部位，并列设置三根柱子。另外，围绕这些柱子，将

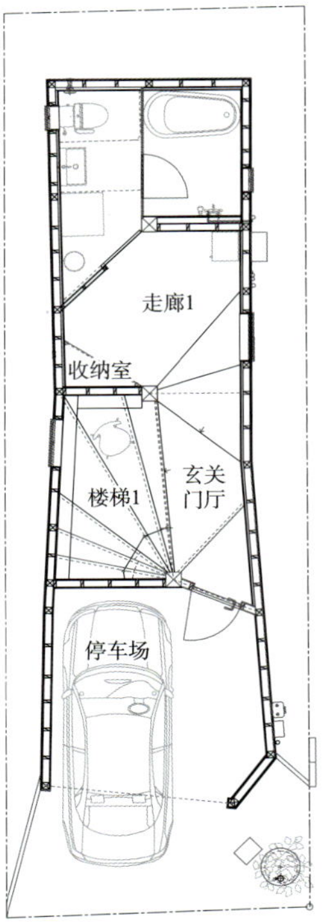

1层平面图 1/150

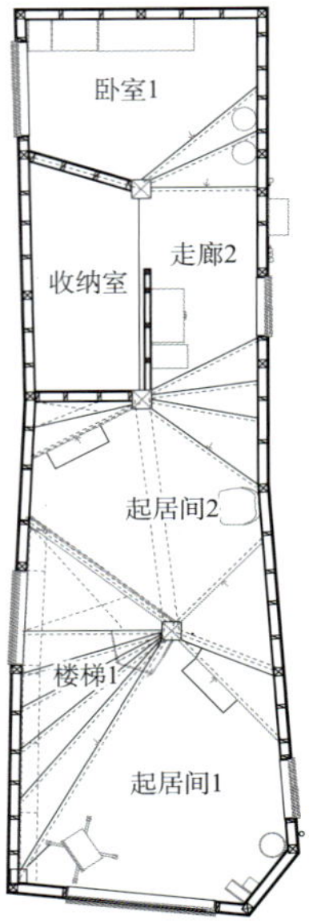

2层平面图

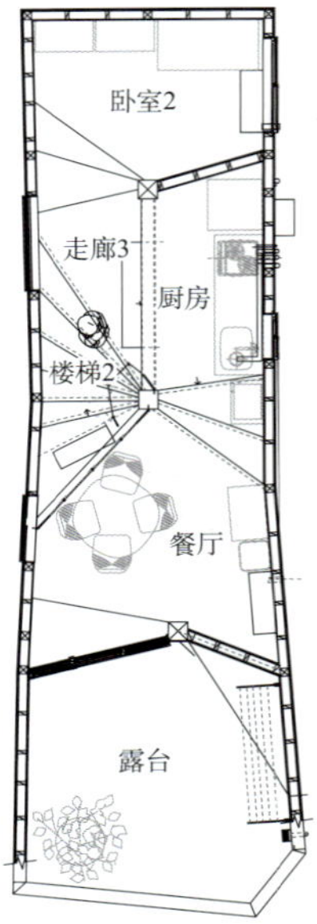

3层平面图

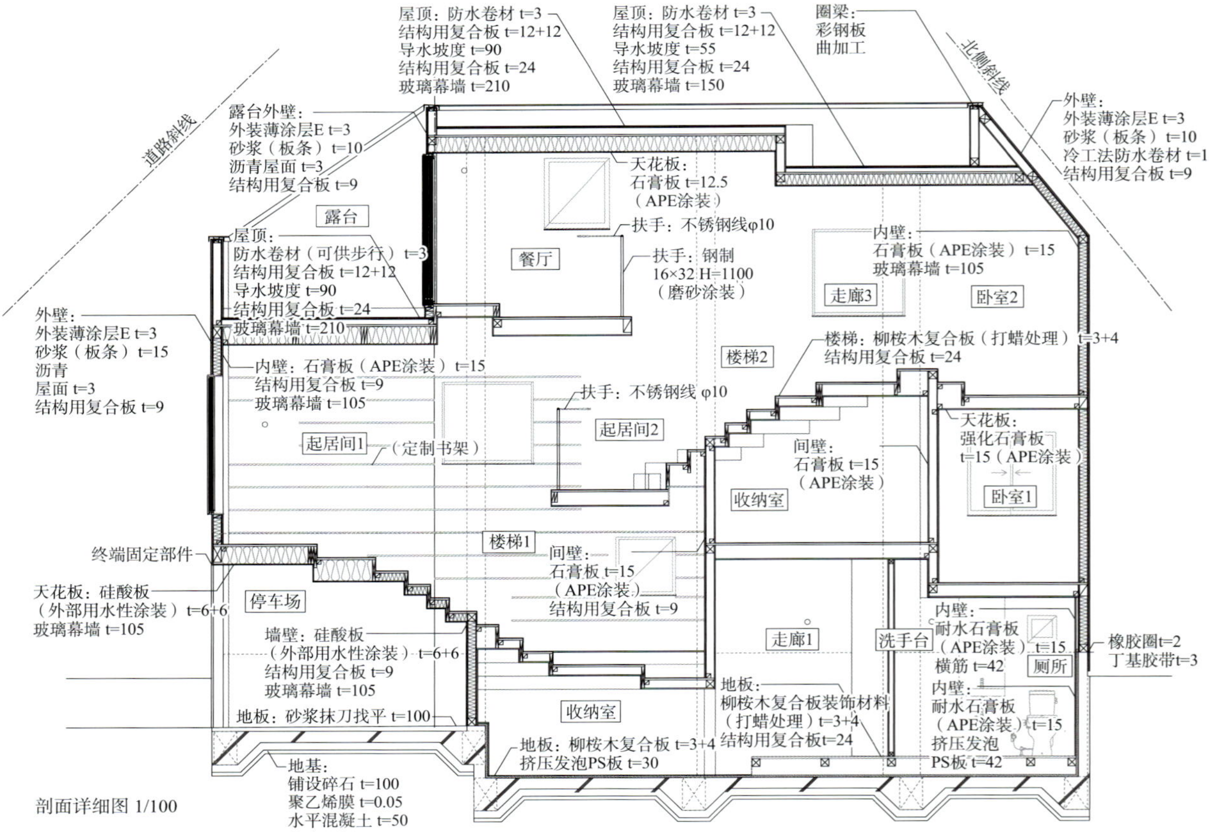

剖面详细图 1/100

专访平田晃久先生 | VOICE

在山顶一样的家中移动，对前方的未知感提升了居住的舒适度

——请您给我们介绍一下“Coil”的设计意图。

我常常放在心里的一件事情就是，“建筑的内与外能不能糅合在一起呢？”人类的生活是一个连续性的体验，如果能够抓住这个连续性，那么街道与住宅的边界就会变得模糊起来了吧——我就是这样想的。在此之前，虽然以“莫比乌斯带”这样的形式体现过这一点，但在Coil这一项目中，在更抽象的层面上做了尝试。

地基是大约六十七平方米的狭长地形，开口狭窄，纵深较长，也就是所谓的“鳗鱼的床铺”一样的形状。中央纵向设置了三根柱子，螺旋状的楼梯与地板相连，将柱子卷入其间。动线从玄关开始向上或者向下缓和地延伸，就像是越过山坡、爬向山顶一般。虽然是在家中，但是却能够体验到类似于户外活动的感受。

——这种构思的源泉是什么呢？

我的童年时代是在大阪南部的山岭地带度过的，那时经常去附近的山里抓虫子。树干上常常有爬山虎，叶子上有许多昆虫。我想，将自然界的景观应用在建筑设计之中，便能够创造出有机的空间。以“柱子”为中心，与楼梯、地板相融合，进而与家具、与人的生活发生关联。

——将灵感落实在设计之中时的感受是怎样的呢？

我比较在意的是室内外的“视角”。楼梯围绕着三根柱子，楼梯与地板呈S状连接。因此，在拐弯处看向对面方向，室内有时候会产生“看不到的地方”。这种由看不见带来的未知感，提升了居住的舒适度。

楼梯的旋转方式，按照所处位置的不同，在空间的特性方面特意做了不同的设计。比如，对天花板的高度做了适当的高低不同的设置。每个位置的特点各有不同，会在某一个地方按照空间的特性，配置相应的家具。按照房主带来的家具清单，一边考虑着位置与家具的关系，一边展开设计。与刚刚竣工时相比，现在配置了家具之后，更加彰显出了空间的个性，看上去充满了魅力。由于场地限制没有设置更宽阔的空间，但由于住宅的内部空间在整体上融为一体，因此能够感受到比实际中更为开阔的空间。

螺旋状楼梯与地板相连接，建造一座三层的住宅。

目标是体验到登山的乐趣

平田在Coil的设计中有两点比较在意。那就是视线的『隐藏』与『穿透』。『隐藏』指的是室内的视线。平田解释道，『动线呈S状，在拐角处向对面看去时，会出现看不到的地方，我想这能够提升居住的舒适度』。对被隐藏起来的景色的好奇心，以及这些景色出现在眼前时的惊讶。平田的目标就是，在这个空间之中，能够产生类似于爬山时眼前突然看到大海的效果。

『穿透』指的是在住宅占地与周围的关系意义上的视线。『初次看到住宅占地时，就觉得周围的环境很有趣。前方道路的对面就是神社的森林，里侧为停车场，可以看到很远。为了利用到周围的景观，还要来了当时正在建设中的邻居家的图纸，研究了开口部的位置。』（平田）就像平田所描述的一样，

1. 从1层的玄关向楼梯望去。天花板的高度以及地板的形状按照位置的不同而有所不同。墙壁兼做书架。**2.** 从南侧前方道路看到的外观。从室内四方形的窗户中，能够看到正面前方神社森林的一部分

从四方形的固定窗户之中，能够看到各种各样的街景。

平田在独立之前曾工作于伊东丰雄建筑设计事务所。Coil的房主，是一位汽车设计师，他就是在伊东先生设计的『上和田之家』中长大的。他说，『我在原先的家里，被熏陶出了美学意识，我想让我的孩子也能有这样的体验』。他接着说，『这个家里的每个房间都是一幅画。根据位置选择家具，也是一件非常开心的事情』。

建筑项目数据：

所在地——东京都板桥区
主要用途——居住
地域・地区——准防火区域
建蔽率：52.28%（允许范围：60%）
容积率：127.6%（允许范围：160%）
占地面积——67.09平方米
建筑面积——35.08平方米
使用面积——85.64平方米
结构・层数——木结构、地上3层
设计・监理——平田晃久建筑设计事务所
设计协同——万田隆（结构）
施工方——大原工务所
设计期——2010年7月—2011年6月
施工期——2011年6—10月

2009—2012年

建筑作品
07

米兰国际家具展
意大利·米兰

NA2009年6月8日号、同月15日号
“商空间·家居设计”刊载
NA2010年5月24日号刊载
KEN2012年3月9日号刊载

平田草图中展示的是类似进行光合作用的树木一样的装置。产生能量的叶子，是太阳能板，可以将储蓄下来的能量传导到根部，与象征着“花”的LED或有机EL发光体相连接。（资料：平田晃久建筑设计事务所）

与艺术家的合作，挖掘出了影像与光的可能性

米兰大学中庭中展示的“Photosynthesis”的夜景（照片：太田拓哉）

[米兰国际家具展二〇一二/松下]

以光合作用为题材、象征着树木的太阳能板

—

题目是『Photosynthesis——光合成』。包括米兰国际家具展在内，松下公司在二〇一二年也参加了『会外展（室内会场）』，进行了装置艺术的展示。由平田晃久先生负责会场的设计。会场设于市中心南部的米兰大学，是首次进行室外展览。有着建造于十五世纪的古老的回廊，围绕着原为药草园的、面积约一千平方米的中庭，便是展览场所。

平田说，『光合成，实际上是一个非常具有内涵的题目。能量无论在人造物体中还是在生物体中，都是同等流动的，整体即为个体，而个体又为整体，这样的世界观应该怎样表达出来呢？』

立日提出的方案，是通过PC板将太阳能板连接起来，设置一个类似于树木一样的立体装置，与设置在中庭与回廊各处的照明器具相互联动。『一棵树的叶子、果实、花之间的关系，就是相互间循环相生的生态系统法则的缩影，这种法则，必须依赖太阳光的存在才能成立。作为人造物体，建筑及城市也是生态系统的一个部分，我希望通过这个展示能够让人们体验到这种关联性。』

—

双面采光的太阳能板在舞动着

—

本次展示的装置，能够对太阳能板制造新的能量——『创能』、蓄电池储存能量——『蓄能』、LED及有机EL发光体的『节能』，以及对于这些环节的控制，而构成的与能量环境有关的庞大的课题，通过幻想式的表达方式，加以体验。

平田展示的重点，是仅通过两种PC板，将太阳能板连接成为一个结构。通过这个结构的组合，黑色的太阳能板就像树木的叶子一样，可以随机地、立体地展开。

此前太阳能板通常被设计为平面状，此次通过PC板的连接，实现了三维立体形状，这个划时代的设计，是与ALP事务所共同完成的。平田说，『这次使用的太阳能板，是能够双面采光的新式产品，因此使得这样的结构成为了可能』。

周围设置的被称为『枝形吊灯』的发光体，凝聚了平田与冈安泉照明设计事务所共同的心血。这些发光体，有些是表面发光，有些是灯泡在发光，使用了足量的LED灯以及有机EL照明，营造出了梦幻式的光的效果。白天是太阳光，到了晚上便是照明器具发出的光，历史悠久的回廊的风景，在由PC板连接而成的太阳能板发出的光芒中熠熠生辉。

—

[米兰国际家具展二〇〇九/佳能]

有机的三维曲面构建的深海世界

—

在米兰三年展美术馆会场中展出的装置作品。在平田创造出的表面积约为四百平方米的三维曲面『animated knot』上，投影了由互动艺术家松尾高弘设计的深海CG『Aquatic Colors』。曲面的膜采用的是氨纶纤维。参观者被影像环绕，能够体验到在海洋中浮游的感觉，将手靠近屏幕时，可以和聚集而来的水母嬉戏。虽然不与网络连接，但是却蕴含了丰富的数字标牌的未来。

如今，大多数人在听到数字标牌时，脑海中浮现的是商店门楣上挂着的、播放着广告影像的显示器等。或者是，触摸到屏幕就会提供所需信息的机器等。松尾先生说

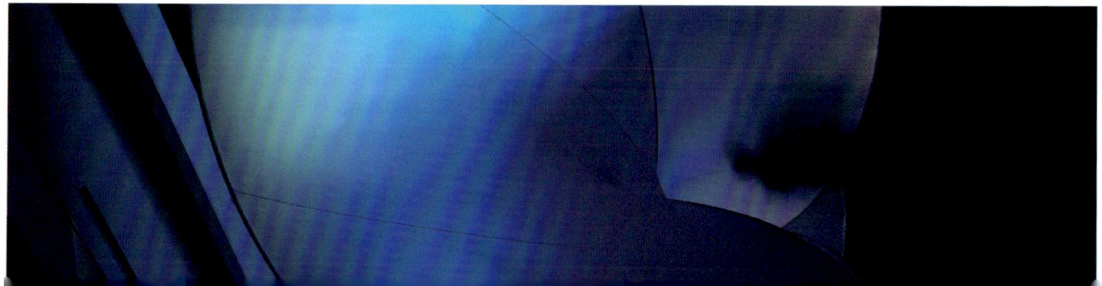

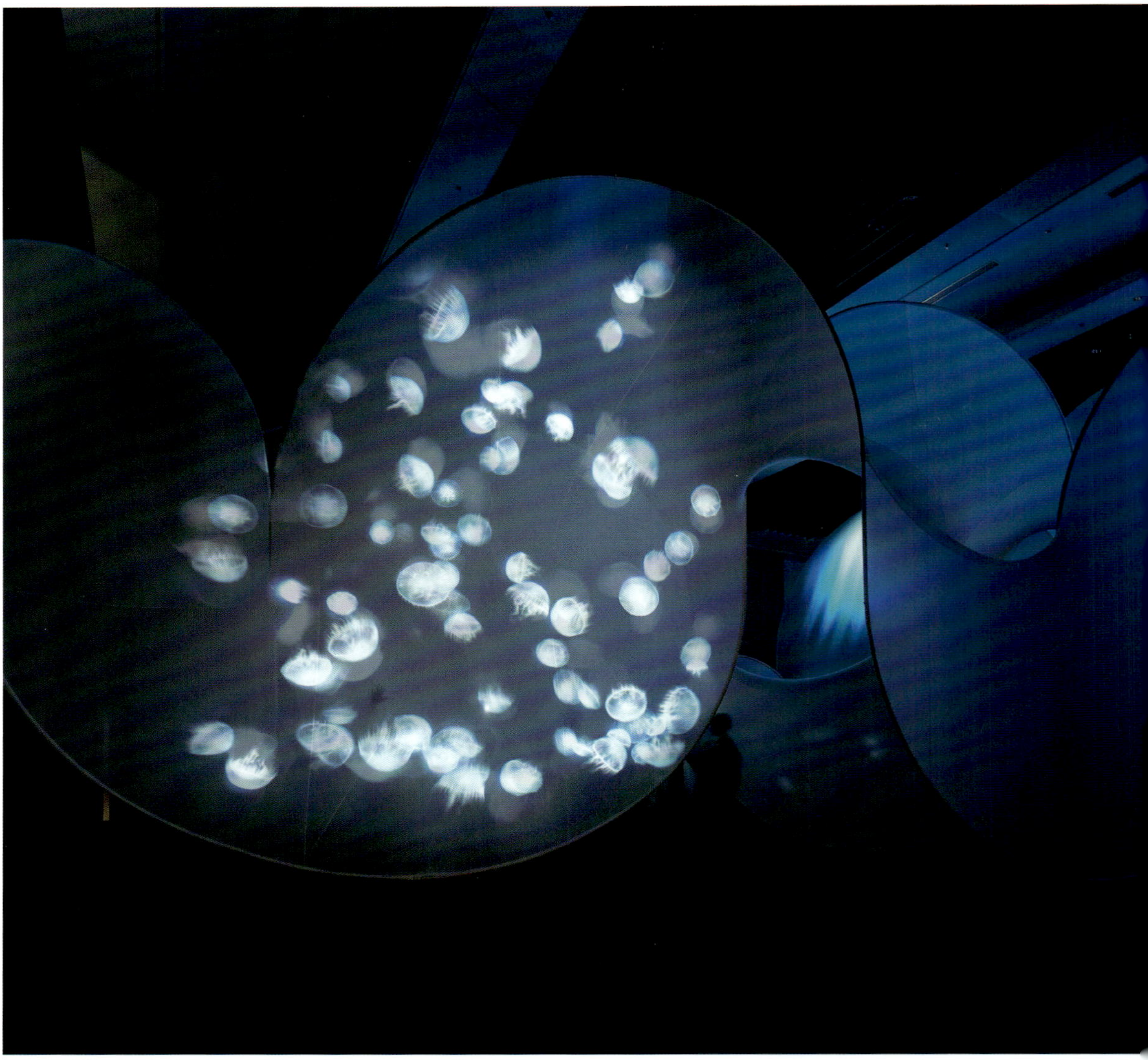

佳能主办的米兰国际家具展2009年归国展，综合出品人为桐山登士树（TRUNK）。约400平方米的屏幕被连接为一个整体，框架总长约为250米，由约100个零件连接（照片：Nacasa & Partners）

道，『如果将影像与IT联动，让人与影像产生更多的正向关联的话，应该能够产生非常好的广告效果以及市场宣传效果』。

当时，松尾认为，在人们通过屏幕时，影像产生反应，自然而然地融入人们一般的行动范围之内，这是很重要的。如果刻意地对人们说『去触摸吧』『去看吧』，『人们就会产生拒绝的反应』（松尾）。

考虑到如此的亲和性，现在展出的装置，合理地描绘出了人们的生活空间与建筑一体化的未来。平田说，『建筑，是与新的技术相结合而发生变化的，这是必然的』。而影像，则会以自然的形式留在记忆之中，或许会成为有些模糊的、而又有机的东西。松尾在此次展览中展示出的水母的明暗变化中产生的I/f的摇曳，以及人们之间并不整齐划一的互动方面，可以说是先驱了。

从会场深处看向入口处。为了营造出由一条纽带连接整个会场的感觉，在入口附近的结构体的背面设置了桌子状的、向会场深处延伸的屏幕（照片：大木大辅）

【米兰国际家具展二〇一〇／佳能】

由二十一台投影仪操控的『光之结构体』

—

一进入会场，首先映入眼帘的是一个巨大的类似于棱镜的结构体。表面映射着樱花、砂砾、火焰为主题的影像，融合着、移动着、变化着。参观者对作品的印象与其题目相吻合——『棱镜·液体』。

到二〇一〇年，佳能已经是连续第三年参加国际家具展了。与前一年相同，以三年展美术馆的约六百五十平方米的会场作为展示的舞台。屏幕的设计者，也同前一年一样，是平田晃久先生。影像设计者为高桥匡太先生。

两人被设定的条件是，利用单反相机EOS7D、摄像机iVIS HFS21、投影仪WUX三项产品，从影像的输入到输出为止全部使用佳能的产品。平田与高桥自然而然地产生了一个创意，即『创造一个立体的结构，将影像投射其上』。

在去年曾经设计过一次曲面屏幕（参考上一页）的平田，本次提出的方案是直线构成的几何形状缓缓延伸。完成后的屏幕，高约六米，宽约八米，纵深约为四十米。在总计一百个以上的平面上，利用二十一台投影仪投射影像。

为了将各个平面交界处的影像分割开，对平面本身做了能够在视觉上产生发光效果的设计。平田解释道，『对于如何遮挡投影的光才能使影像成立，我们做了研究之后才确定了每个平面的面积、角度、形状』。

另外，高桥亲自用单反相机拍摄了素材，并对这些素材进行了加工，制作成了影像。在入口附近的平面上投射的是具体的影像，而在会场深处投射的是抽象的影像。沿着向会场深处扩展的结构体，将参观者引入会场的深处。另外，在会场的深处，设置了表面漂浮有极光膜的水槽，随着水面的晃动，颜色的变化会直接投射在影像之中。

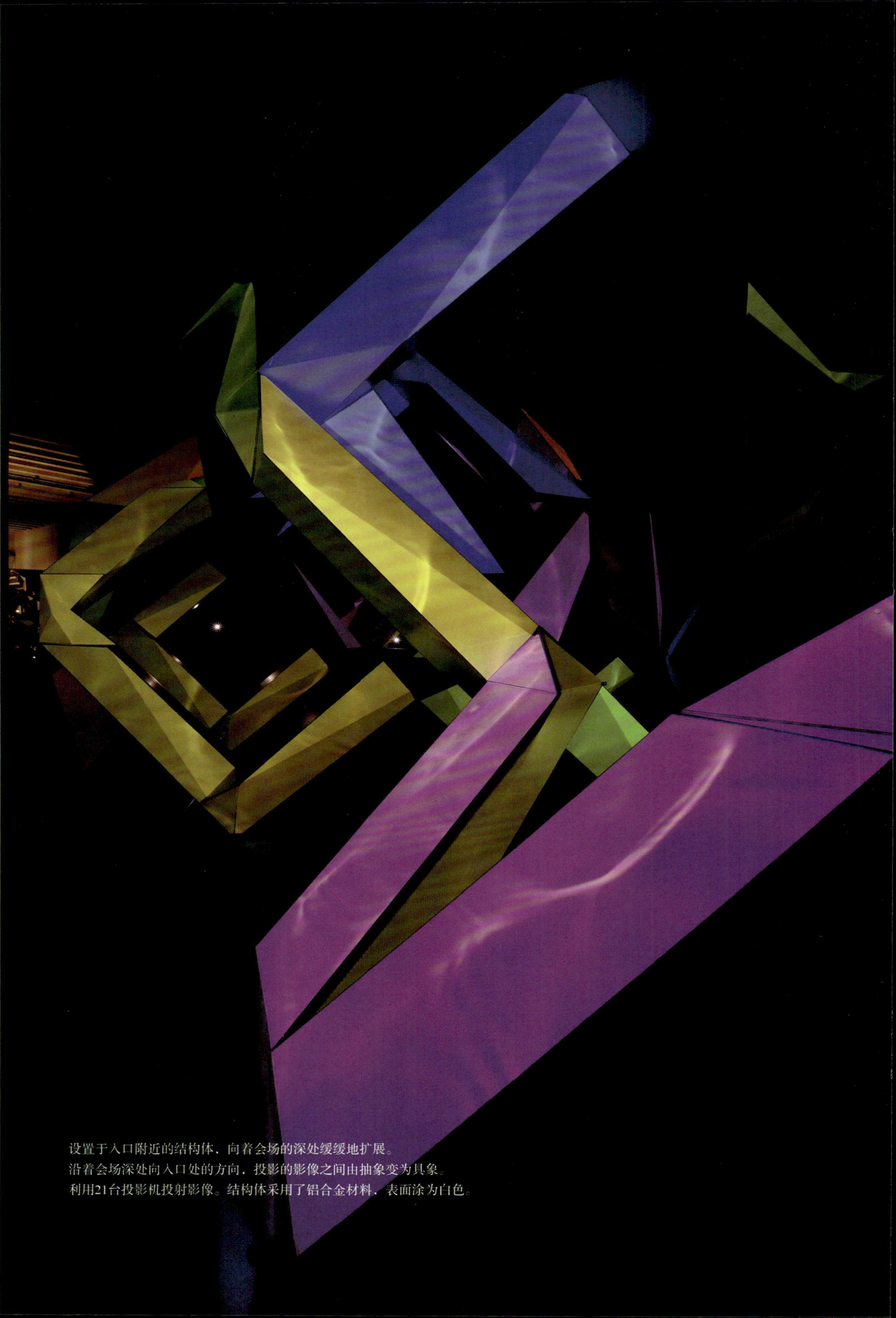

设置于入口附近的结构体，向着会场的深处缓缓地扩展。
沿着会场深处向入口处的方向，投影的影像之间由抽象变为具象。
利用21台投影机投射影像。结构体采用了铝合金材料，表面涂为白色。

2014年

建筑作品
08

Hotel J
中国台湾

KEN2012年2月15日刊载

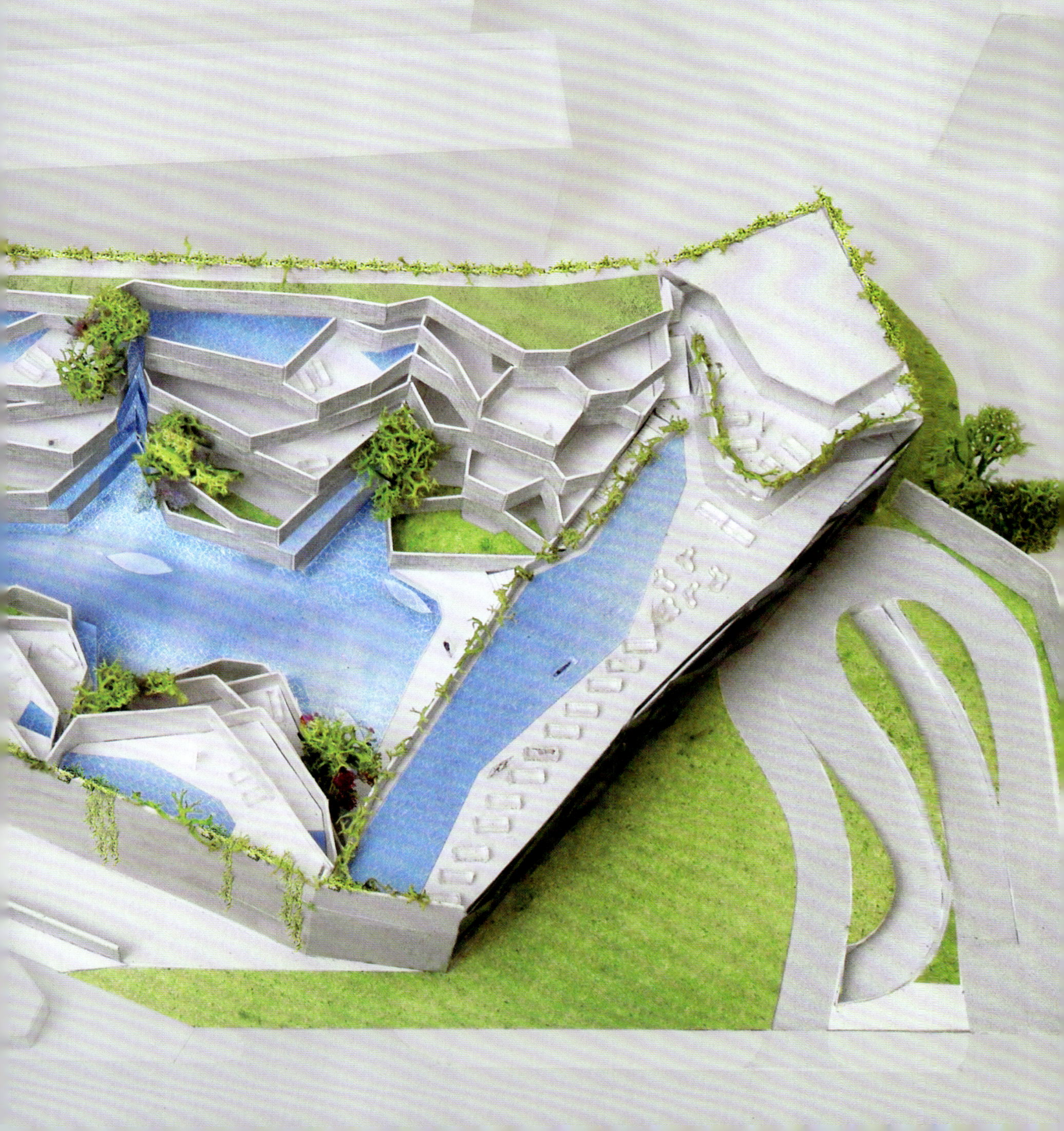

营造出溪谷一样的地形，中国台湾的假日酒店

模型照片。为反映出周围建筑物的高度，外壁的高度是不同的。
占地纵深约为150米，设计有13栋别墅。
水上的小船能够通往别墅中。（摄影・资料：平田晃久建筑设计事务所）

这是一个位于中国台湾、正在建设当中的假日酒店项目。规划用地位于离台北约一小时车程的金山（Jinshan）温泉地带。周边建设有集体住宅等，并不能算是一个风光明媚的地方。委托方提出的要求是，在这样的环境之中，以台湾的富裕阶层为目标人群，营造一个悠闲惬意的环境，建造十五栋别墅，利用小船通往各个别墅之中。在设计阶段，别墅的数量减少为十三栋。

首先，与位于纯粹的自然环境之中的别墅不同，要在能够遮挡住周围的视线、确保私密性的同时，营造出一个惬意的空间。与城市住宅面临一个相同的问题。从模型的外观来看，根据周围建筑物的高度变化，围墙的高度也在发生变化。

『在遮挡周围的视线的同时，又不能显得与周围环境格格不入。我放弃采用没有开口的墙壁，在外壁上种植了植物，并且设置了能供空气流动的小孔。我想这样能够与外部产生一定的关联性。』平田这样解释道。

在内部空间方面，也对视线做了一番研究。整体上内部空间设计为溪谷的形状，从中央的水路，可以乘小舟通往各个别墅，十三栋别墅围绕着这条水路紧密分布。规划用地面积虽然达到约七千八百平方米，但纵深长度约为一百五十米，并且中间有一段断裂地带，是一个非常复杂的地形。要照顾到大厅、通道、停车场地、活动场地，以及服务动线、避难动线等，所以留给别墅的面积是非常有限的。

『将剩余面积分割为十三份，确定各自的所占区域之后，再进行退台设计。』（平田）这样做，首先使得作为公共空间的通道上方的视野变得更加开阔。同时，别墅内部的视野在上方也更为开阔，并且不会妨碍到对岸别墅的私密性。另外墙壁也做退台设计，由高度约为

2

1

1. 从2层宴会厅看到的风景。建筑外围墙壁与别墅两侧的墙壁为主要结构体，退台设计的带状墙壁，使承重由上向下传导。由高度约为2米~2.5米、厚度约为25厘米的细长带状混凝土板组合而成。**2.** 别墅的私人露台。别墅分为跃层与平层两种类型。各栋别墅内设计有泳池或温泉池，温泉池位于屋顶之上。别墅内部为无柱空间阳光从上方射入，使上下空间得以连续。 **3.** 剖面设计的线图。左侧为基础构思，右侧为提案方案。设计方案的基本想法是，沿着溪谷地形，每一栋别墅紧凑排列，以此达到控制视线并开阔视野的目的

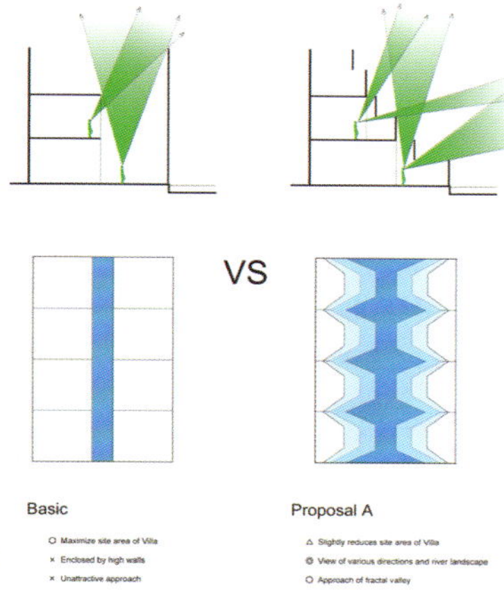

3

二至二点五米的带状墙壁构成，通过不同角度的设计，沿着等高线形成了一个富于变化的空间。这样的空间，让人联想到溪谷。

平田说：『通过单个建筑的占地面积的缩小，反而使视野更加开阔，就像是人与人之间的相互让步，使得整体得到了益处。所谓共享，其本质不就是这样吗。这是城市乃至地球整体共通的一个基本原理。』

通过竞标，接受了设计委托

溪谷的构思来源于当地为温泉地带，是一个与水有着紧密关联的地方。别墅基本上设计为二层，在设计方面有很多变化，每栋别墅中设计有游泳池与温泉池。另外，在中央水路的某些地方设置有瀑布。从上至下，是一个充满了水的环境，溪谷般的形状，让人很容易感受到大自然。

『包括对岸的风景在内，这就像是一个只属于自己的场所，以水为中心的设计，营造出了一张由水构建起来的网。』（平田）

这个方案曾在二〇一一年高雄流行音乐中心的竞标中（参照第一百一十页）获得了二等奖，因此吸引了中国台湾开发商的目光。

关于日本与中国台湾设计师的区别，平田是这样说的：『中国台湾认为统和各方面条件是设计师的责任。相对于此，作为建筑师更被期待的是营造出宏大的视觉效果。日本对于建筑家的关注度也很高，也很尊重。但是，在这里，如果不能设计出很好的视觉效果，建筑家的能力是不被认可的。虽然有些严酷，但正因为这样更有努力的意义。』

项目在建筑家与委托方思想的交互沟通之中，正朝着早日竣工的方向进展。

1层（GL+0）平面图

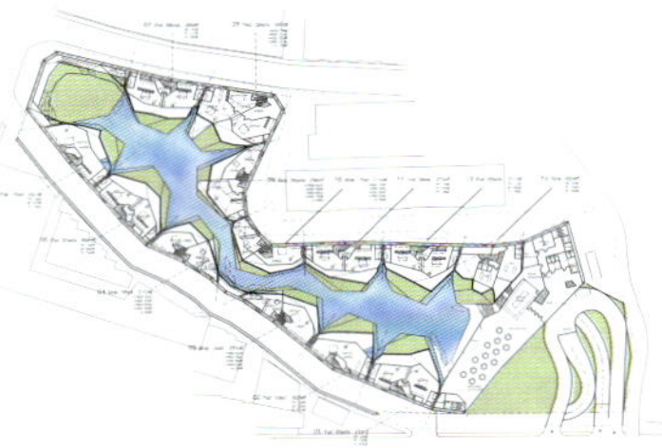

2层（GL+4500mm）平面图

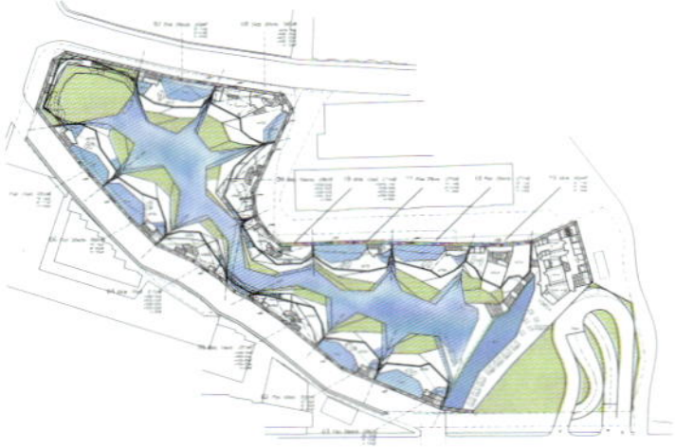

3层（GL+8700mm）平面图

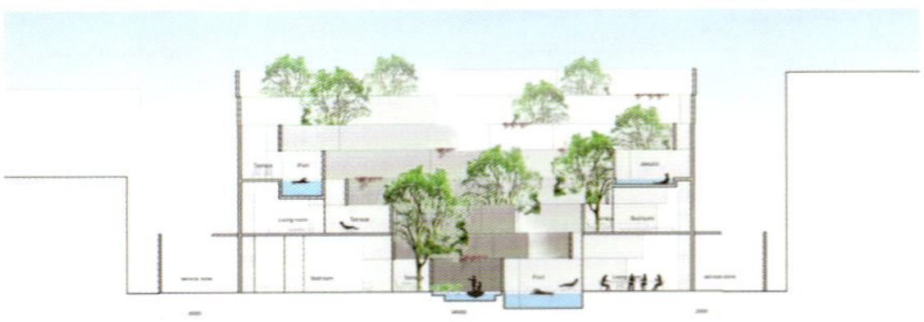

上图：长边方向的断面图。通过水的流动可产生风。**下图：**短边方向的断面图。通过不同的盆栽风景使房间的氛围发生变化

建筑项目数据：

所在地——中国台湾台北县金山乡五段福691—712
用途——假日酒店
委托方——璞园建筑团队
占地面积——7513平方米
结构·层数——RC结构、地下2层、地上4层
竣工时间——2014年（预计）
设计方——平田晃久建筑设计事务所
设计协同——Envision Engineering Consultants（结构）
C.C.LEE & ASSOCIATES HVACR CONSULTING ENGINEERS（设备）
昌瑜建筑师事务所（当地的设计事务所）

设计竞标的胜利就在眼前？

『现在我仍然认为，那是一个最好的方案。』回顾中国台湾高雄的国际竞标，平田有些不甘心地说道。之后，在京都府新综合资料馆的竞标中，平田一直以来作为设计主题的『屋顶』方案也没能拔得头筹，仅获得了二等奖。连续三次出战均以二等奖告终，回顾这三次的竞标方案，平田对于今后的竞标显得志在必得。

1 海洋文化及流行音乐中心（Maritime Culture & Pop Music Center）国际竞标（台湾）

『竞标方案没有传达象征性』

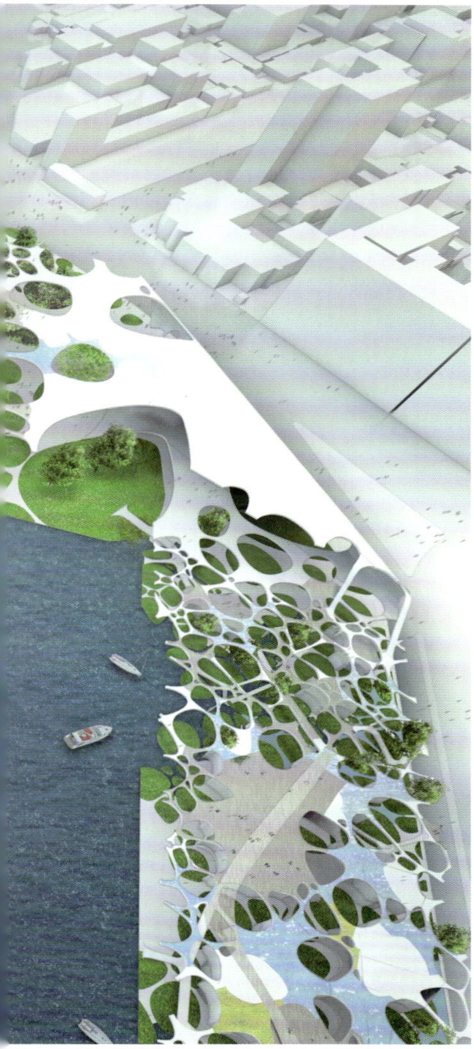

这是中国台湾高雄流行音乐中心的竞标方案。在这里有着令人骄傲的海洋文化，一条小河从市区中心流向海洋，项目基地选定在入海口附近，是一个非常有象征性的地方。虽然是流行音乐中心，但其前方就是陆地与海洋交汇的地方，对于这一象征性不得不考虑在内。

以气泡作为主题，气泡衍生出各种各样的形状，从而形成了各个场所，这个方案就是要描述这样的一个故事。海洋文化是由围海而生的人们传播开来的，如果说高雄是一个传播的中心点的话，那么这个水平式的传播网所拥有的文化象征性，就是这个方案所要实现的东西。

要想表达这一点，塔式建筑物是无法做到的。需要一个与迄今为止完全不同的象征物。因此，摒弃了塔式建筑物，而选取了水平式的象征

以气泡为主题的、巨大的水平象征物

海洋文化及流行音乐中心（Maritime Culture & Pop Music Center）竞标中平田事务所的方案。气泡衍生出各种各样的形状，从而形成了各种场所，这个方案就是要描述这样的一个故事。
［资料：kuramochi+oguma（特辑除外）］

物。在竞标方案的要旨之中，要求部分采取塔式建筑，但在中途更改为巨大的水平象征物，这样，便可成为整个区域的『脐中』一样的场所。其结果是，通过气泡状物体内含的水流，形成一张微风的网络，与周围环境相比气温较低，营造出城市与自然的一个中间地带。

其间分布有礼堂等各种各样的设施。最具象征性的地方，是跨距一百二十五米的桥梁，横跨在河流之上，下面没有桥墩，就像一个个气泡一样的结构。这是利用了造船的技术，采用了钢结构。当时制作了模型，周围有无数个造船工厂。

现在，台北建造中的很多其他建筑家的项目，也都在高雄的造船工厂进行制作。因此本项目的选址从地理位置上来说是有优势的。只需要通过拖船运至工地，再进行简单的组装就可以了。关于建筑的外观，从构思到制作方法，无不与这一区域所蕴含的海洋文化相互关联，这个方案，就是要通过建筑体现出这一点。

在我心里，至今都认为这个方案是竞标方案中最好的。不过，我也能够理解，在政治家们看

来，还是更倾向于塔式建筑。实际上塔式建筑也不是不可以，但如果刚才提到的桥也能够实现的话，一定会产生令人惊讶的效果吧。但是，仅凭模型，是无法传达出这种震撼的。为了在竞标中取胜，创造一个简单易懂的象征物是很有必要的，这一点我一直有所考虑，有时也会觉得是败在了这一点上（笑）。在京都新综合资料馆的竞标中，也可能是败在了标志性的屋顶上面（笑）。不过，这个方案中桥的构思，将来一定要在其他项目中实现。（访谈）

1

3

1. 平田方案中最具有象征性的地方——桥。跨距125米，横跨于下方的河流之上，没有桥墩，类似气泡一样的结构。计划利用造船技术，采用钢结构制作。**2.** 海洋文化及流行音乐中心（Maritime Culture & Pop Music Center）项目的竞标，在2001年年初公布了结果。平田的方案最终获得了二等奖，不过，中国台湾的开发商在看到这一方案之后，便将『Hotel J』的设计委托给了平田。（资料：平田晃久建筑设计事务所）**3.** 礼堂的内景构思图。有3500个座位，包括站位在内可供容纳5000人

大空间与小庭院的风情并存

京都府新综合资料馆竞标项目中平田的方案。
这个方案的构思是，交错的格子像洞穴一样隆起，隆起的格子中间，就是资料馆的庭院。
在该竞标项目中，共收到106个投标方案，其中有19个方案入选，再从其中筛选出5个获奖方案。
2011年9月针对这5个方案进行了公开发表，饭田善彦的方案被选为最优方案，平田获得了优秀奖。

2 京都府新综合资料馆公募型设计竞标

（京都府）

屋顶的象征性遭到了反对

在京都府新综合资料馆的竞标中，我希望能够建造一座只属于京都的建筑。京都，是『花园中的格子之中的花园』。特意选择了被小山环绕的地方作为建筑地，在那里修建格子，可以说是花园中的格子，而这些格子之中又有花园。在上大学住在京都时我就认为，京都是一个浓密的地方。因为密度非常高，就想着通过一种凝缩的方式也好，把这种浓密的感觉非恶意地表现出来。

大大的交错的格子像洞穴一样隆起，格子的中间便是资料馆的庭院。这是内部的庭院，在其外部覆盖着更大的庭院。这类似于外部空间，因此在照明方面只要自然光就足够了，在换气方面加以处理，空气的调节也能达到很好的效果。这个方案的构思，就是要通过这样的结构系统，营造一个类似于外部空间的空间。针对这个方案，也听取了东北大学小野田泰明先生的意见，作为一个计划，解读起来是非常简洁明快的。

图书馆与资料馆交错布局，其上方是大学的文学部。规划中的布局呈交错的格子状，因此可以通过多种途径采光，平田认为这样的方案非常适合于小房间的布局。此外，庭院采取了枯山水的布局

图书馆与资料馆交错在一起，作为运营组织，是非常复杂的，因此就像左脑与右脑一样，做了区分，对资料馆的安全性也做了安排。虽然大学的文学部也加入了进来，但是由于采用了错落的格子状，因此可以有多种途径采光，适用于小房间的布局配置。其上，是枯山水的庭院。（译注：枯山水是缩微式园林景观，多见于小巧、静谧、深邃的禅宗寺院。在其特有的环境气氛中，细细耙制的白砂石铺地、叠放有致的几尊石组，就能对人的心境产生神奇的力量）在我看来，这是只属于京都的方案。迄今为止，这种蕴含着深厚历史的东西，尚未能通过一种形式表达出来，但是我觉得，这种深刻的历史性，通过与庭院的关联，可以将自己对建筑的思考在某些方面结合起来，这是非常有趣的。

此外，对于营造巨大的空间，我也非常感兴趣，意外的是，在京都是存在巨大的空间的。认为京都全都是市民人家，仅有些纤细、狭小的建筑，这种想法是错误的。即便是平安神宫和御所，也颇有一种规模感，若能将这种规模感与小庭院的风情融合在一起，那么在现代的观点看来也是很有趣的。

看了中标方案，我想可能是我在屋顶的象征性方面遭到了质疑，虽然这是一直存在于我脑海之中的一个想法（笑）。在我看来，将京都解读为屋顶，是没有新意的，是流于表面的，但是或许在审查员看来却不是这样的。难道京都只能用矮矮的墙垣来形容吗？若在其他的地方反而是很好的，但在京都却不是这样的，我至今都这么认为。

在京都，基本上是没有巨大的屋顶的。某种类似于庭院的、从外部瞬间涌入的秩序相互交错混杂在一起，在我心里这种凝缩感就代表了京都。不过，对于京都的印象，不同的人会有不同的看法吧（笑）。在这次的竞标中，我可是抱着某种信念去做的（笑）。

3 和水町立菊水小学·中学设计业务公募型方案

（熊本县和泉町）

屋顶为主题、普通学校的氛围

下面是和水町立菊水小学·中学的提案，这个项目的主题是屋顶（笑）。全部为平房，屋顶曲折线的各个分支线设计为学校。周边的森林离建筑地非常近，因此在我的方案中，希望能够将周围的绿色与建筑融合起来，在分支线上设计建筑空间。在一条主屋顶上设置分支线，以便与建筑物外部的空间产生更多的关联性。我希望这里能够成为一个类似于公园的场所，人们愿意来到这里。

另外，自然状态的屋顶，以脊线为特征进行布局，沿着脊线，树立一面脊柱墙，结构上如同脊椎骨，这样便能与人之间产生关联。一棵树与各种各样的事物之间产生关联，是这样一种状态。在制订规划时，脊线的分支线，就按其本来的状态，作为建筑的不同功能的划分。细小的分支部分，作为小学学校的教室，对面是中学，两者之间相交的地带作为交流区，以及被称为室内

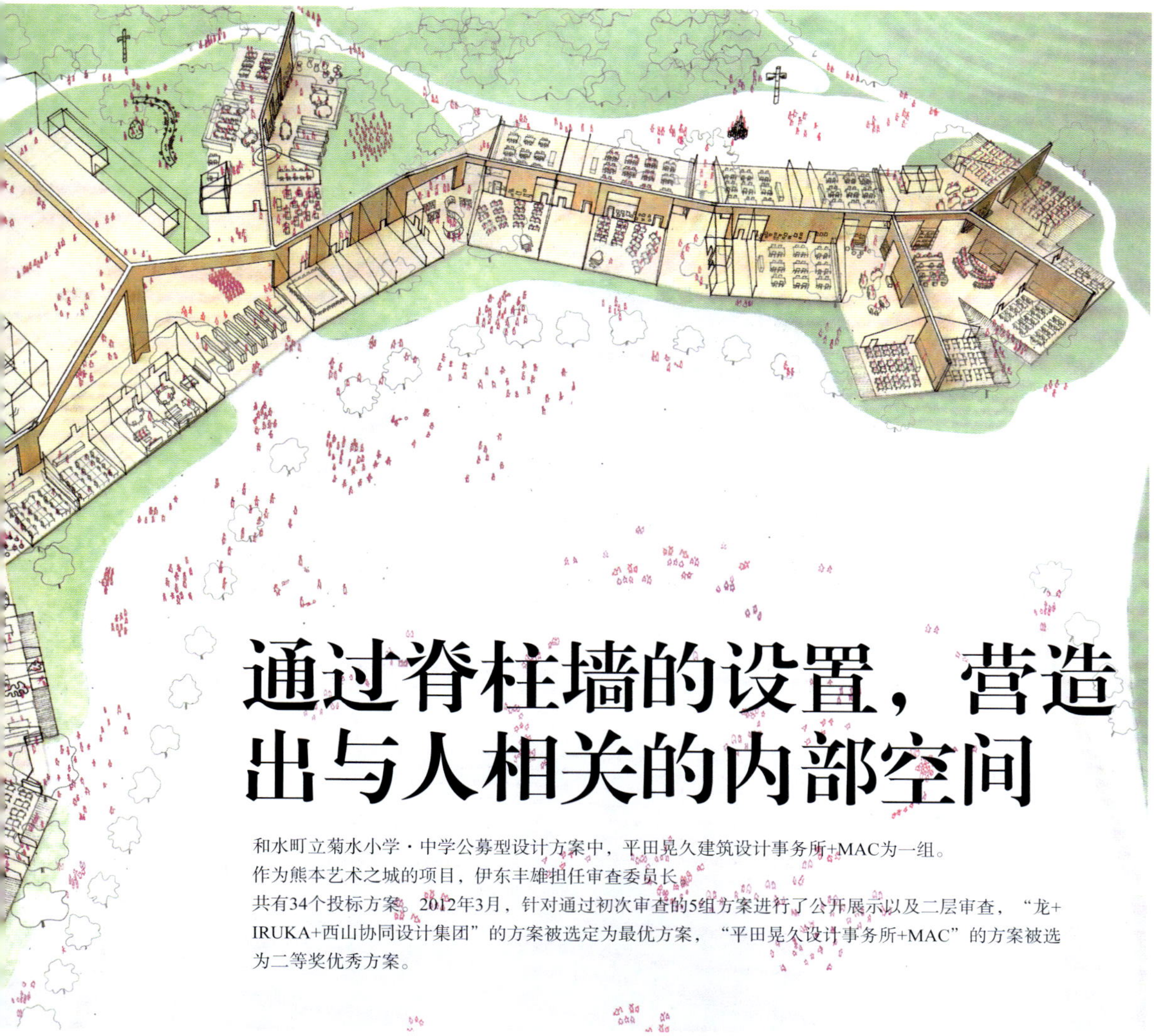

通过脊柱墙的设置，营造出与人相关的内部空间

和水町立菊水小学·中学公募型设计方案中，平田晃久建筑设计事务所+MAC为一组。作为熊本艺术之城的项目，伊东丰雄担任审查委员长。共有34个投标方案。2012年3月，针对通过初次审查的5组方案进行了公开展示以及二层审查，“龙+IRUKA+西山协同设计集团”的方案被选定为最优方案，“平田晃久设计事务所+MAC”的方案被选为二等奖优秀方案。

广场的体育馆，这些不同功能的区分是非常简明的。

这是一所小学、中学合并学校，相互间有着区分的同时，也存在着关联，公用部分设置在中央地带，因此这是一个简洁明快的设计，对周边区域开放的设施也集中在中央位置，以便于管理。小学的教室全部朝南，操场等设施被包围在中间。各区域的交接处，作为不同学年的学生之间的交流区，类似于十字路口一样的地方。另外，屋顶设计了屋檐，在环境方面也做了诸多考虑。

此外，设计中大量地使用了当地生产的建材。通过组合使用当地的杉木木材，建造出一种类似于织物的屋顶结构。市面上流通的材料，除集成材料外，其他材料的长度似乎都不太够。大部分为四米至六米，而小学教室的跨距为八米至十米，因此通常都会使用集成材料。

所以，如果使用这种组合材料制作的类似于织物一样的结构的话，就会产生一种织造的效果，能够打造出一个坚固的屋顶。Arup的金田充弘先生负责结构设计。在最终方案中，仅仅采用了当地的木材，设计出一个非常强有力的空间，使小学和中学得到了统合。孩子们至少要在这里度过九年的时间，用家乡的杉木建造出来的空间，在他们自己的心里一定会变成一个具有象征性的地方，我觉得这是非常好的。在这个方案中，这是一个普通学校的氛围，而通过其中的『脊柱墙』，能够创造出各种各样的空间。（访谈）

获得优秀奖的平田的方案，得到的评价是，作为建筑方案，拥有最强的力度，并且拥有新鲜的理念。不过，在当地主办方看来，对于由长长的梁建造出来的连续空间，抱有不安感，虽然就今后深入利用的可能性等进行了探讨，但最终未能得到审查员的全票赞成（16~17页资料：平田晃久建筑设计事务所）

1. 在英国伦敦的Architecture Foundation，自2012年9月中旬起举办了为期两个月的个展。主题为“Tangling/Loop”

［照片：Courtesy Daniel Hewitt（danielhewitt.com）］

2. 在伊东丰雄先生的指导下，与藤本壮介先生合作参加的威尼斯国际建筑双年展2012日本馆的展览

（照片提供：国际交流基金；照片：畠山直哉）

3. 2012年7月至8月参加的岗村设计空间R企划展“Flow-er”。与塚田有一先生合作，通过“绿”与“水”表现出了里山的风景

（照片：Nacasa & Parters）

第四章

剖析平田晃久

2005年独立之后

鱼卵与海带缠绕，
与海底的岩石相伴相生。
没有直接关联的东西偶然地相遇，
这种重合，形成了眼前的世界。
在平田看来，
这种丰富性被称作“关联性”，是很重要的。
让我们看看，
独立之后的平田，是如何通过一个接一个的项目，
使自己的构思逐渐成熟起来的。

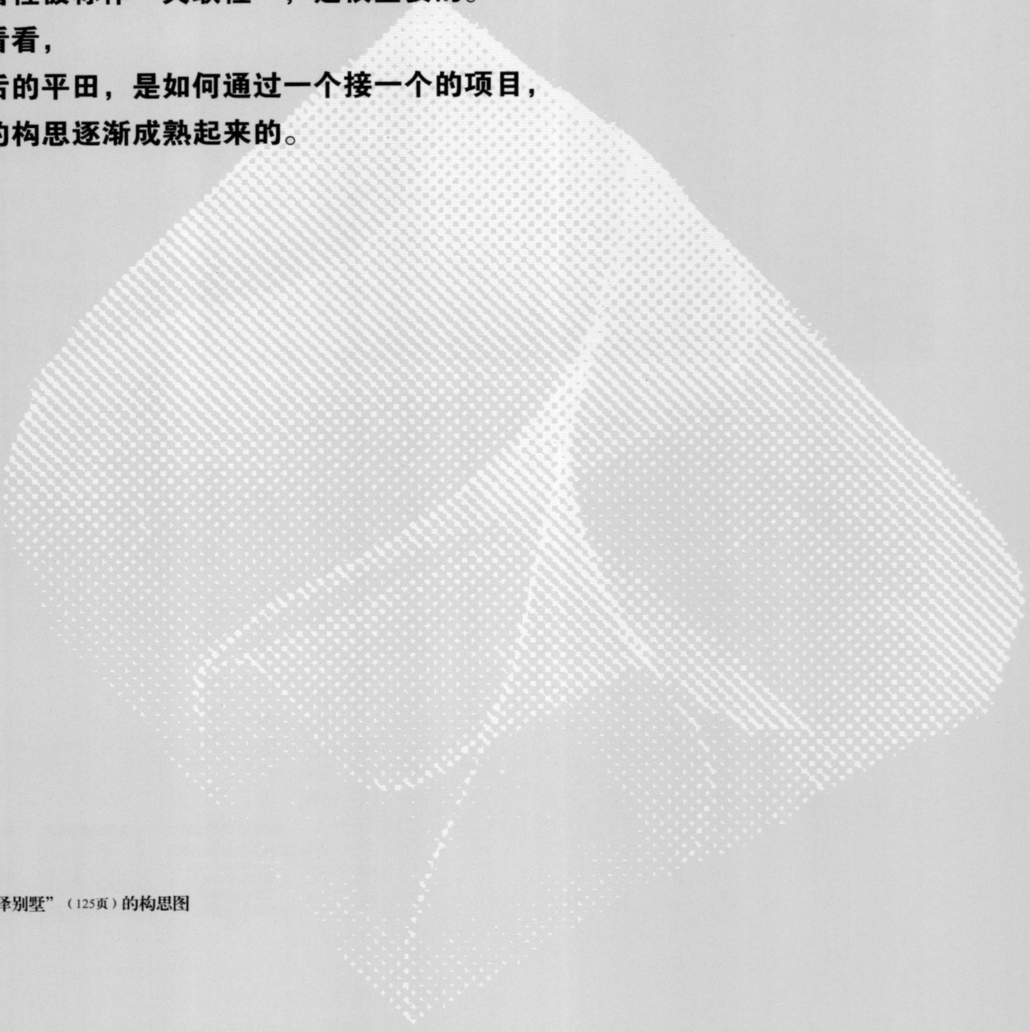

背景为“轻井泽别墅”（125页）的构思图

吉村靖孝聆听平田晃久的核心理念

屋顶、线条、融洽连续的整体——平田流创想

据平田说，在新的建筑中，他将以『生命』『关联性』作为重点。与近代建筑在一开始时就规定了『牛顿式』的做法不同，平田希望以『莱布尼茨式』的方式，通过现象来捕捉空间，从而站在一个更为开阔的视野之上。吉村靖孝切中了平田创想的核心。

—

吉村——伊东事务所可以说是建筑家的孵化器，从那里走出了很多的建筑家。这些建筑家毕业之后的作品，在缩小与伊东先生的距离方面都有一些独特的方法，不过平田你在独立之前，自己的个人活动总有一些自由的意味，是不是可以说，这些活动中凝缩了你当时想做的事情？

平田——是的。首先，伊东先生的思想，在『仙台媒体中心』中也有所体现，一开始就先确定领域，然后再进行取舍，对此我有些不同的想法。回溯到学生时代，当时阅读过原广司先生的著作，以及与之相关的有关空间的书。『莱布尼茨』将空间看成『同时存在的秩序』。总之，把空间看成一个容器，将物品放置在其中，这种思想我认为是不可行的。说到底空间是以现象出现的，不过只是一种关联性。这是一种具有现代性质的观点。

而与此相对，牛顿是主张绝对空间的。绝对空间是不动不变的，物体在空间之中运动。在这一点上，莱布尼茨与牛顿是相对立的，是有争论的。在莱布尼茨的著作中，记载有与克拉克的信件往来。克拉克是牛顿的弟子，他以牛顿的理论为基础，将争论扩展开来。从科学发展的角度看，他通过牛顿式的空间观点，发展出了多个物理学理论。从某个角度来说牛顿是正确的，但我认为莱布尼茨的思想拥有更广的外延，拥有更加多样的可能性。

另外即便从生命世界的角度，相较于抽象的空间，生物存在的同时，环境也是同时存在的，我对莱布尼茨的思想有着更强的认同感。

吉村——与魏克斯库尔的『主体世界』理论有共通之处啊。

平田——从这个意义上说，我开始意识到，当时伊东先生首先确定领域的想法，是非常牛顿式的。相较于牛顿式，可以说更加具有近代化性质。建筑的近代化，也就是以密斯·凡·德·罗为首的一系列的流派，也应该归结为牛顿式。他们都主张在均质的空间中，加入能够自由移动的物体。

相反地，像莱布尼茨一样，仅仅从关联性出发的方法论是否存在呢？在以往的观念中，建筑不过是建造出一种形状，再在其中创造出空间，因此对于这样的疑问，总觉得答案是否定的，在学生时代，对此几乎茫然无知。不过，在伊东事务所工作期间，这种可能性逐渐地萌发了。例如，就像一棵树是在周围的环境中生长一样，能否照此设计建筑物呢？那时我就有了强烈的冲动，觉得与伊东先生首先确定领域的方法不同，另外一种方法也是存在的，我非常想去尝试这样的方法。

吉村——在外界看来，伊东先生留给人的感觉有时似乎是很难跟牛顿式联系起来的，你能再

2003年在安中环境艺术展国际竞标项目中获得佳作一等奖的平田提案［资料：平田晃久建筑设计事务所（特辑除外）］

详细地解释一下吗？

平田——我独立创业的原因也与此相关，当时我无论身心，都更倾向于与扁平形状不同的东西。从根本上说，伊东先生的建筑，地平面是非常稳固的。或许，这与伊东先生的成长环境——诹访湖的风景是相关的。而我，则是在褶皱风景之中长大的（笑），这可能已经融入到了我的身体之中。这两者之间的对立，从某种意义上说就是牛顿式与莱布尼茨式的对立，而我更倾向于莱布尼茨式。

『安中环境艺术国际展』竞标方案，从这个意义上说，并没有完全脱离出来。但是，在这个方案中，我的设想并不仅仅是平面，而是无数个平台与斜面的组合。在平台与斜面组合而构成的基础之上，承载有按照同样的方式制作的屋顶，这样组成的空间，即成为内部空间，这个空间虽然是连续的，但却无法一眼望穿。这是在我独立之前的二○○三年完成的方案。

吉村——MVRDV的雅各布·凡·里斯（Jacob van Rijs）当时担任审查员，我得以看到了结果。

连续但却无法一眼望穿的空间

平田——这个方案的原型，实际上是二○○○年的家具展方案研讨中的一个，当时未被伊东先生采纳。也许还是因为是有褶皱的，所以不被接受（笑）。我强烈地感受到了这种可能性，但伊东先生的兴趣完全不在这里，因此当时只好放弃，不过心里一直想着，要在某一个场合提出这样的方案，因此参加了那次竞标。

在此基础上进一步得到发挥的，是获得SD新人奖的『house H』，这所住宅的灵感来源于卷心菜的菜叶与菜叶之间的空间。那段时间我正在计划着创业，便将老家的新建计划作为提案投稿了，虽然最后未能实际建造出来。最开始时的设计只是供夫妻二人居住的小小的一个房间，只是如果仅限于此的话就成了平面空间，一眼便能看到全部，因此后来采用了曲面设计，创造出了很多的关联性。

比如，从卧室能够看到书房的一角，隔着客厅能够看到外面的景色。将一种巧妙的关联性折叠进了一个地形之中。在我自己看来，这个住宅是从一种关联性之中产生的，从方法上看并不是先确定了空间。在完成这个住宅的设计的过程中，我隐隐意识到这不正是自己想做的吗。这是恰好在独立创业之前的事情。

吉村——是在独立之前啊，伊东先生知道这件事吗？

平田——我请他看了这个设计。他说，『这不

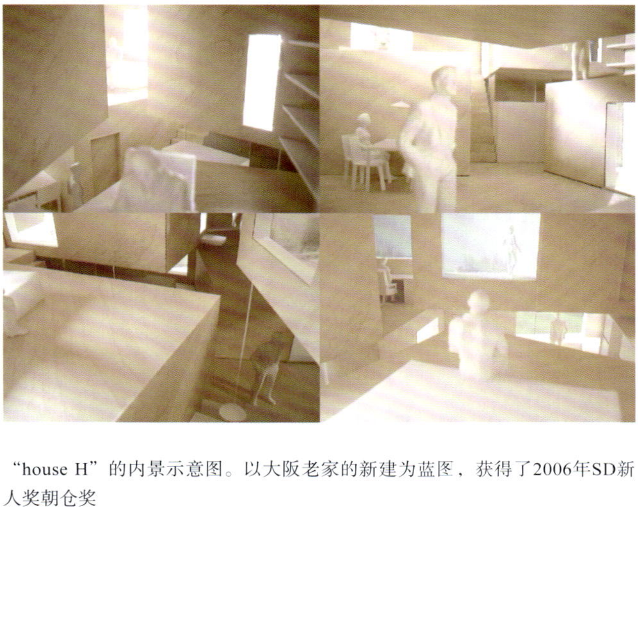

“house H”的内景示意图。以大阪老家的新建为蓝图，获得了2006年SD新人奖朝仓奖

是很有趣吗』，得到了他的鼓励。似乎自己的想法一旦突破了某一条线之后，就能够得到伊东先生的认可了，明白了这一点之后，我鼓起了很大的干劲儿。同时，我也感觉到自己想要离开伊东先生，独立承接设计项目的冲动。

在独立之后，首次完成实际建造的项目，就是『枡屋本店』。在下一个工作完全没有着落的时候从伊东丰雄建筑设计事务所辞职，手头没有工作，每天读书，从白天就开始喝酒，沉浸在一种优越感之中（笑），有一天，无意间在网上看到有一个农机具展示中心的招标项目。

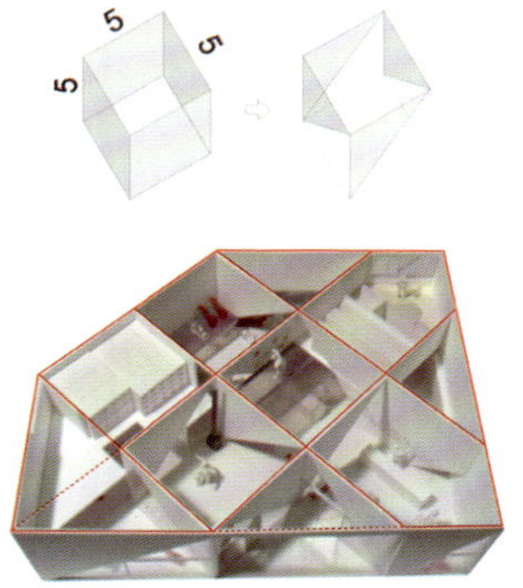

“枡屋本店”的设计方案。基础空间由5米×5米的格子构成

吉村——住宅类的招标网站上，不知为何混入了农机具展示中心的项目。我印象很深。

平田——在伊东事务所时期，我曾经有过店铺建筑的经验，『TOD’S表参道大楼』就是类似的项目，在一眼望穿的空间内，商品是卖不出去的，对于社长的这句话，我印象非常深刻，因此我希望能够在项目中实现这一点。

还有一个人也说过类似的话，那就是塞尔福里奇（Selfridges）百货公司的社长。在这两人的眼里，人类是拥有某种习性的动物，我也是从那个时候开始，产生了『作为动物的人类』这样的意识。针对人类的动物本能，如何营造相应的空间，现在建筑能够在何种程度上应对这个问题呢？

当然，伊东事务所的自然环境为重的建筑手法，也存在着与其相近的一面。比如，『TOD’S表参道大楼』外壁的方案与其方向性完全不同，甚至可以说完全没有抓住要点，因此才没有被采纳。

我想有必要再深入一点儿，因此才有了卷心菜叶之间的空间这一创想，我希望在建筑方面能够得到更大的延伸。

『枡屋本店』项目中，召开了情况介绍会，见到了房主，当时我感觉到这位房主也有着相同的直觉。这位房主同时也担任评审，在竞标中这是一个非常危险的因素。即便是在建筑方面比较有高度的方案，也有可能不被认可。不过我想，作为店铺的拥有者，如果是一个拥有本能直觉的人，我的方案应该是能够通过的，怀着这种乐观的揣测，我提交了一份非常大胆的方案。

吉村——『作为动物的人类』，这是一个充满了勇气的词汇。

购物时人们会产生一种迷失在森林中的感觉

平田——在展示方案时我解释道，如果营造一个类似于珊瑚礁一样的空间，那么人们就会聚集而来。五米见方的格子用墙壁隔开，采用倾斜切割，便形成了一个像珊瑚礁一样内部充满无穷变化的空间。虽然很有几何学的特点，但同时也是一个像云一样的空间，身处其中的人们，在购物的过程中会产生一种迷失在森林之中的感

觉。我在方案展示中提出了营造这样一个空间的可能性，得到的答复是『那就去做吧』，因此这个方案才得以实现。

我有幸遇到了这样的委托方。更加幸运的是，我自立门户是在三月份，而中标的结果公布大约是在七月份，中间的几个月得以悠闲度日。由于得到了这个机会，因此很快便开始了工作。从那时起，一直坚持到了现在。这次机会对我来说有着很重要的意义。

“sarugaku”设计过程中描绘的草图

之后，得益于这个方案，接到了东京南青山大楼的项目委托（R-MINAMIAOYAMA），工作持续进行了下去。

吉村——平田先生你的工作更偏向于商业领域，这也是你的一个特点吧。

平田——是的，也并不是刻意地进行了挑选。在伊东事务所工作期间在商业建筑方面的经验较多，或许与此有关吧。不过，在我自己看来，与其把这些建筑归类为商业建筑，倒不如说是更强烈的动物本能，或者说是现代建筑所拥有的不同的辐射范围，对此我抱有更大的兴趣。

吉村——那一时期的商业建筑，似乎更倾向于平坦的地板和外立面。

平田——是的。基本上办公楼在设计方面都会提出这样的要求。并且，要最大限度地利用到诸如许可容积率等。当然这也无可厚非，但这样做就等同于停留在了外观设计的阶段，我并不喜欢这样做。从营造街景的角度来说，城市的一个功能便在于表面积的增加，由此，植物、车辆、人、乌鸦、猫便能够与城市发生关联。

但是，再仔细思考一下，乌鸦或许非常享受这种状态，猫亦可能如此，那么人呢？人是不能附着在建筑物的表面上的，只能待在建筑的内部，完全无法感受到建筑外表面的乐趣，这成为了一个朴素的问题。这样的建筑不断增加，城市的表面积也同时增加，但却并没有以人的感受为中心。人们无法感受到室外空间带来的乐趣。我认为这些是最根本性的东西，如何才能让其更进一步为人们所了解，对这个问题我逐渐萌生了自己的认识。

人聚集于外部、山谷一样的建筑

即便是商业建筑，能否将这一点融入其中呢？在东京代官山『sarugaku』项目中我做了一次尝试。我无法断言这个项目作为建筑是否可以称得上是

先锐的设计，但作为办公楼，考虑到内部空间的表现性，这个小规模的建筑却有着相应的效果。

从山间有谷这一简单的构思出发，创造出了与迄今为止不同的风景，并且在代官山这个地方，与周围的环境形成了呼应。在我内心之中，这是让我非常踏实的地方。在内部空间方面无可作为的情况下，通过表面积的扩展，使人们聚集于表面，从这个意义上来说，这是一座构思巧妙的商业建筑。

吉村——建成后是竞标时规模的两倍，并且山谷的效果非常明显。在建造的过程中是否利用了地形的特征呢？

平田——是的。到现在我仍然还有这个意识，东京的地形充满了起伏，这一点通过中泽新一所著《Earth Diver》一书中的地图也能看得出，这是褶皱起伏非常明显的地形。这样的地形让我觉得充满了魅力。而东京的风景，在此之上街道更是错落有致，我想如果将此发扬光大，会发生很有意思的事情吧。

不拘泥于条例，积极探究屋顶的可能性

我考虑的另一个方面，是屋顶（笑）。我认为屋顶是一种很不可思议的东西。对于一般人或者说是建筑家之外的人如何看待建筑，我非常感兴趣，如果与人们的兴趣相背离，那就失去了意义。再回到刚才提到的动物的话题，即便人们对于建筑并不那么关心，但是在活动的时候必然会受到空间的影响，这便是人与建筑之间的一种关联性。

再者，建筑家参与的商品住宅，往往是豆腐块一般的房子。虽然这些现代建筑看上去也不错，但回想起我的幼年时期，在普通的住宅区当中偶尔有几座豆腐块一般的房子，大家似乎都会认为那是医生的家。而这种不协调的感受，在我心里竟在不知不觉间消失了。

这样的建筑其实也无可厚非，但是我也逐渐意识到有些地方是不对的，并且绝大多数的商品住宅在屋顶的设计方面都充满了象征性，大家住在其中，郊外的风景也基本上是由此构成。若不探究其本质，那么建筑的意义何在呢？或许，可以称为形状所拥有的力量吧……

吉村——对于平田先生你对屋顶的执着，我也有同感。

平田——在轻井泽别墅（之后的『house S』）这一项目中，按照景观条例，需要建造倾斜屋顶。对于倾斜屋顶，其实也存在几种退路。尽量隐藏不见，或者单向倾斜、在正面外观一侧仅露出一条直线，等等。不过这并不是我喜欢的。

轻井泽别墅概念图

建筑家在接受建造屋顶的要求时，郊外宅基地多为由屋顶象征性构成的绝大多数的住宅。在此情况下建筑家对于有关屋顶的要求，多倾向于隐藏的方向，无意间偏向了现代主义建筑。这难道不是一种逃避吗？因此我想，应对屋顶进行更为深入的、根本性的探究。在这种情况下，我对屋顶的理解是，一条线延伸出的分支。

轻井泽别墅的屋顶是二维曲面，即便设计规划是简单的，也能够营造出不同的空间。屋顶建成之后，形状便由此确定，进而产生了空间，这便是重点。并不是先确定了空间，而是像生物的萌芽一般，通过屋顶的率先成形，进而最终完成建筑物，在这个项目中我初次产生了这些想法。

在接下来的『家之家』项目中，我与吉村先生你一同参加了展览会对吧（笑）。五十岚太郎先生担纲大和HOUSE工业以及研究会领导，他提出让我们思考有屋顶的住宅的原型，这与我内心所想简直如出一辙。建造商品住宅的人

居住于自然屋顶之下

们，对此也抱有疑问，但是另一方面，即便已经有了建筑家们设计的大和House豆腐块之家，也仍然希望探讨有着不同屋顶的住宅，这实在是一个有趣的课题。

细看之下，屋顶与地形是相似的，屋顶的形状一般都有利于雨水的排出，与水流的方向有着很大的关系。也就是说，屋顶是接近于自然地形的。以居住于自然屋顶之中为主题设计出来的家，一定是很有趣的，这就是这个项目的出发点。

以商品住宅的发展延伸为前提条件，在一般性的四边形规划之上载有方形单间，各个单间的上方通过屋顶的谷线进行柔和的切分。我注意到这样做便与『house H』产生了相似的关联性。这样的房屋，适合一家人居住，也适合与朋友居住，同时也适合两代人居住，另外也可用于合租。基于这些构思，本项目作为展亭在二〇〇八年参加了横滨三年展。

实际上当时我非常希望这个项目能成为一所实际的住宅（笑）。作为展亭多少是有些可惜

『家之家』设计之初描绘的外观草图

的。不过，在设计的过程中是抱有作为展示空间的意识的，因此要作为实际住宅还欠缺一步。如果能够进一步以实际住宅为目的去设计的话变会更加贴近实际，也会更有意思。

吉村——作为原型，或许斜率的整备是很有必要的，屋顶与剖面在原来的基础上扩展的话也会很有意思。关于内部空间，实际生活中的景象大可尽情想象。

"one roof apartment"外观草图

平田——之后，作为此项目的延伸，接受了『alp』这一集体住宅的设计委托。这一项目也是抱着相同的意识，偶尔谈到东京赤羽的集体住宅，在宅地的周围也有着很多小屋顶住宅。土地也是充满了起伏，设计的初衷是在土地隆起的地面建造有屋顶的住宅。建造一座小路交错的小村庄似的住宅，这就是当时的设计理念。

与『家之家』相同，内部空间通过谷线柔和切分为具有关联性的此侧与彼侧，即便身处内部，也能够通过形状隐约感知到与外部的关系。虽然窗户并不是很多，但是与外部的关联以及融合，不仅要如文字般透明可见，更要创造出各种各样的关联性。

在与周边屋顶的形状以及土地的情况相匹配的基础上营造内部空间，通过层级结构的建筑与周围产生关联。无论作为毗邻的住宅还是作为景观，这座建筑的出现都应该具备连贯性，只有这样才能在各个角度都产生关联性。

通过连续的褶皱区分私人与公共空间

吉村——在雨水较多的地方，屋顶可以变成一种景观。对这一点我很了解。

平田——此地如果进行挖掘的话，能够出土绳纹时代的土器以及各个时代的文物。过去这一带是海洋，后来变成一片朝南的高地，光照充足，是一个绝佳的位置。人们能居住在这样的好地方，真是不错啊，这都是我的直觉。

另外，在新潟完成的『one roof apartment』，与此相同，也以屋顶为主题。在常降大雪的地方，建造一座大屋顶，中间留出空间，这个空间成为与外部连接的一个房间。到了冬天，周边白茫茫一片，外面的白色世界在建筑内部得到了再一次的反映，同时也可以避雪，经过这个空间，再进入到房间之中。就是这样一个结构。

如果进入建筑后直接就进入房间，就没有了缓冲，就如同国道沿路的风景一般，也会给人这样的感觉。就像汽车高速行驶时，一墙之隔就是饭店。特别是在寒冷的地方尤其如此，

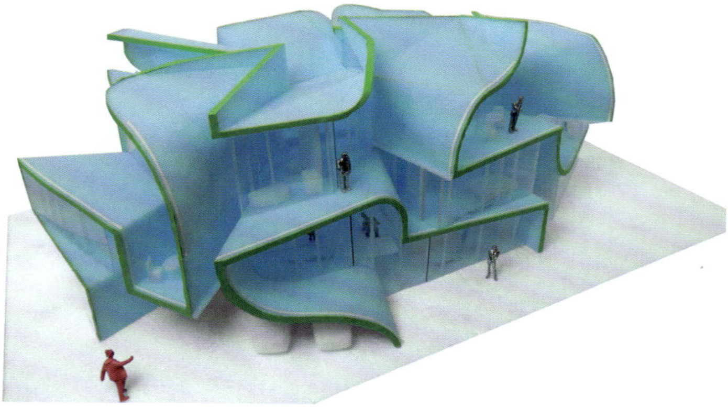

“architecture farm”模型照片

缺少内部与外部的过渡空间，以人为目的建造的空间充满粗放感，我想应该做点儿什么改变这种现象。

这些都是以屋顶为主题开展的项目，除此之外，也有一系列以褶皱为主题的项目。原本是在椅子的设计过程中想到的珊瑚形状的构思。但是在后来我意识到，以同样的原理设计出的形态，与自然界之中，在有限的体积之中创造最大化的表面积有着异曲同工之处。我想这个原理也能够应用在建筑之中。因为建筑也是在有限的土地之上为人们寻求表面积最大化的行为。

这与在伊东事务所时期，将能够无限反复的系统按照土地的需要进行适当取舍的方法完全不同。因为形态的原理就像是种子，能够同时萌生出外观。

位于中国台湾的『architecture farm』项目，当时的想法是，将复杂的构造统合在一个平面之中，将公共空间与私人空间区分开来，以分支的形状形成褶皱。看上去似乎仅仅是致力于形状的设计，实际上房间之间的关联性也同时产生了，很好地解决了这一问题。某种形态的出现必定引起某种现象的产生，如果能够找出这样一种必然的关联性的话，除了形态之外，同时也能够发现、整理出很多事物之间的关联性。对此我非常感兴趣。

吉村——平田先生你的褶皱系建筑，与别的建筑家的折叠建筑，是明显不同的。比如屋顶、地板、墙壁等，这些与建筑有关的各个要素所拥有的意义或者说概念体系绝对不会被放置脑后，而是在这些要素的基础之上加以变化。而折叠建筑系的建筑家们往往忽视建筑与人之间的关系，多流于生成原理。

命名为“csh”的椅子。将形成立体褶皱的内发性生成原理与“坐”这一外在条件相重叠（照片：Nakasa & Parters）

平田——对于简单的折叠，我没什么兴趣，原因在于，其形态原理中存在不连贯之处。现在看来，即便有Grasshopper之类的软件能够实现工艺流程的可视化，在某个工艺流程之中也有可能是不连贯的。乍看上去是重视时间的，实际上是无时间的。最近，我比较喜欢用『关联性』这个词，也是因为时间，或者说是将多个不同的意图、类型融合在一起的丰富性。

比如，我讲到过海带、鱼卵与海底的关系。鱼卵散布在海带上，附着在海底凹凸不平的岩石上。无数个类似这样的事件，构成了这个世界，但鱼卵与海带是没有直接关系的。只是因为机缘巧合，聚集在了一起。偶然间聚集在一起的事物，重合而形成了这个世界，我认为这非常有趣。通过折叠，将全部的流程加以控制，过于注重一贯性，对此我感觉不到任何魅力。

比如说，在一棵树的表面，落下了一颗与其不同的种子，生长出了不同的植物，原先毫无关联的动物也聚集而来，种种不同的生物相生相长。这样的现象，总体来看不是非常具有丰富性吗？我希望能将这种现象运用到建筑之中。虽然如此，但围绕着树能够产生如此丰富的状态，是因为树本身也拥有一种丰富性。我将这种现象称为关联性，有了一个能够产生关联性现象的基础之后，其他物体就会聚集而来……这样类似的无数的连锁事件，便构成了

“Tree-ness house（石井邸）”模型照片

生态系统，从而形成了我们所生活的这个世界的丰富性。

及至建筑方面，我也希望能够建造出这种充满关联性的建筑物。若要作为一个整体充满关联性的魅力所在，那么作为整体之中的一个个体，其自身也必须具有魅力，对个体形态的研究诚然具有很重要的意义，但如果仅仅研究个体的话，最终便会拘泥于个体。这样，就完全失去了趣味性。

吉村——今天能听到这些话真是幸运（笑）。

平田——最近我十分热衷于研究这种『混同』，或者说『共存』。在不久前的项目之中，比如先前的『architecture fam』，依旧是仅以一种方法完成的建筑设计。但是，让不同的物体有机地共存的思想，是否也能够运用到设计的过程之中呢？例如在『Tree-ness house（石井邸）』项目中，通过箱式空间的垒砌营造关联性，之后打开一个褶皱状的开口，使其与人的身体产生关联，另外通过分散的植物营造出一棵树的效果。

形态与事件相互关联

如果没有箱式空间，或者没有褶皱状的开口，又或者没有植物的话，是不会产生整体有机协调的效果的，只用一种方法，是无法实现的。总之，看似毫无关系的事物通过某种关联演变成为更广阔的世界，这样的丰富性是确实存在的。我希望能够营造出这种感觉。虽然作为方法论是不够成熟的，但我仍然希望能够实现这种丰富性。

吉村——平田先生你是否认为，如果一开始在某种程度上掌握了所谓『关联性』的思想之后，就可以自由地加以组合了？

平田——即便最终无法掌握，但是不做任何思考也是不可以的。至少应在某种程度上做好假设。不过，我认为假设是不会完全实现的。即便不会实现，某种程度上，对于假设的事情，有时候会发生不一致的事情，这种状态，也可以看成是一种丰富性，甚至环境以及结构的模拟，也存在类似的地方。例如承重流向，或许从来没有一次是与结构计算相符的。

不过，承重流向的计算模式，在很多案例中意味着安全，我认为这是结构计算的基础。或者，采用一定程度上通风的配置，风向也不一定会与预先设想的相同，即便如此，这样设计出的空间的风的流向，应该是比较理想的。与此相类似，即便无法掌握『关联性』的思想，也可以做到相近似的程度。

不过，比较难的地方在于，在建造一座建筑物的时候，在建造过程之中自己设想好的关联，与建造完成之后形成的关联，是并不相同的。即便如此，也应假定为是相同的，若能将自己的设计建造过程，看成某种分裂症式的组合的话，那么设计建造的状态也可以说是自由的。对于这种感觉我非常感兴趣。

另一方面，存在着另外一种言论倾向，那就是并非对形态，而是对事件的研究之中蕴含着新的建筑的可能性。但我所说的关联与此稍有不同。在我看来，由于形态与事件是相关联的，因此需要强调的是，对形态的思考并不是无意义的。新的形态之中，依旧蕴含着一定的希望。

吉村——对于生产、结构法又是如何看待的

“Bloomberg Pavilion”。建于东京都现代美术馆园地内的展厅，从2011年10月开始的约一年时间中，东京的年轻艺术家们在此展厅内举行了个展或公募展览（照片：太田拓实）

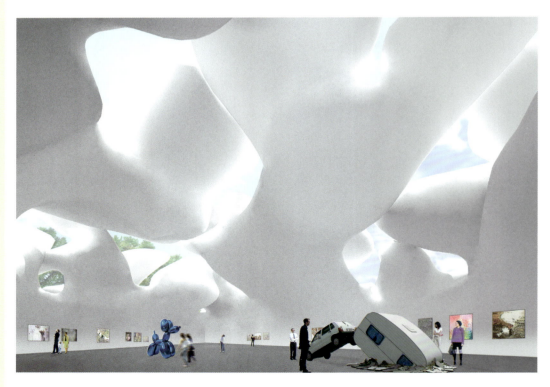

“pleated sky”。针对位于墨西哥的项目提交的方案，上方覆盖着像云一样的屋顶的大空间，用作现代美术的展览

位于中国台湾、正处于设计之中的“Taipei complex”

呢？

平田——虽然如此复杂的形态创造起来有些困难，但是，在『Bloomberg Pavilion』项目中，我意识到，遵循一定原理的形态，反而出人意料的脉络清晰。这里应用了数学家阿原一志先生发现的、命名为『Hyplane（双曲平面）』的几何学原理。若以某个等腰三角形进行平面填充，可以得到一个遵循同等比例弯曲的面，被称为双曲平面，这不正是『褶皱』吗？在『Bloomberg Pavilion』项目中，我利用这个原理，将形状完全相同的三角形反复焊接，就自然而然地形成了一个褶皱。

吉村——如果形状是相同的，那么产品成品率也应该是比较理想的吧？

平田——总的来看，虽然同一产品的反复使用是非常近代式的做法，但仍有可能创造出不同的效果。如果是平面形状，比如以正三角形进行平面填充的话，得到的永远都是一个平直的面，而曲面的集合，在某些情况下能够得到组合。一种曲面的集合，得到一个组合，而组合再次进行集合，又能够再次得到一个新的组合，即可形成复数组合结构。我想，这个过程，其实也是形成有机世界的一个方式。

墨西哥的『pleated sky』项目，有着像云一样的屋顶的大空间，用来举行现代美术展览，是一个稍稍有些荒诞不经的方案。在那时还没有仔细地考虑过之前的做法。比如，如果找出如刚才提到过的图形加以利用的话，相对来说在理论上或许是能够行得通的。当时按照计划需要花费一千日元，但最后或许只需要十日元就可以了。

如果这是可能的，那么也许就没有必要手工特制了。如果稍加推广，使其得到更广泛的应用的话，那么世界或许就能够改变。某些组合，或者褶皱，这些有机的概念便能够实现。从某种程度上说，这些东西如果不能大量出现，城市的风景便无法改变。若城市的风景不发生变化，那么我们就不能明白建筑的种子如何萌芽开花，即便是单个的建筑，也希望它能够成为改变周边大环境的风景的一个契机。

吉村——诸如BIM对电脑的利用之类，你对此有何看法？

平田——对此我也很感兴趣。我想，还是应该多多利用各种技术，创造出新的东西。不过，

这样做的话，一旦出现复杂的问题，就会倾向于使用机器人解决。虽然说这也是一种希望，但是否能够做到完美，我对此尚且抱有疑问。

同一种素材的反复使用是单纯的，也是容易操作的，并且也是有力的。这种单纯往往能够带来惊喜，高度的技术使得机器人的使用变得可能，但即便如此，这种方式是真正伟大的吗？这尚且是一个疑问。再者，我认为建筑如果能够萌发出更多的分支，将是一件非常美好的事情。

吉村——比如在这样的设计过程之中，素材的尺寸在一定程度上已经被设定好，或者受到素材的限制，这样的事情会发生吗？

平田——不同的项目，情况有所不同，这其实跟你想要强调什么有关系。比如，参加米兰家具展的『animated knot』，当时必须折叠起来随身带着去参展，并且经费也很低。这个作品是作为临时设施参展的，因此会有那样的要求，不过这种简单性，在制作实物时，也是一种能够被加以应用的思考形态。即便不一定将全部整体都做得很复杂，以一定程度的复杂性为目的也是可以的。或者，仅将一个部分做得单纯一些，也能够显示建筑所拥有的强度，这是我所中意的。

『Coil』住宅项目基本上没有考虑过经费限制。由于是木质结构，在宅基地的正中间设置了一根柱子，在其周围以螺旋状进行布局，在这种情况下，由于是木质结构，在正中间设置柱子之后，便不必采用很大的跨距，也能够节约经费。根据不同的情况，哪种构思是合理的，对于这种合理性的基础，是否存在有机的事物发展方式，这是我希望在现实之中去思考的。

根据条件的不同，区分使用复杂与简单

熟知平田晃久

以建筑设计师、技术人员、周边领域的设计师等为对象，选取近一年内崭露头角的十组作品进行介绍，题为『引人注目的十人』。这是日经建筑于二〇〇七年开始的策划方案。平田在第一年就入选了。那时，距平田离开伊东事务所自立门户尚不足两年时间。短短的时间内，平田是如何完成飞跃的呢，让我们回顾一下当时的情况。

一

这是一位出生于二十世纪七十年代的建筑家。离开伊东丰雄先生的麾下，于二〇〇五年自立门户，为商业空间带来一股新的风气。二〇〇六年，在竞标中脱颖而出的『桝屋本店』，以及商业设施『R-MINAMIAOYAMA』（与吉原美比古先生共同设计）竣工。目前，中标的集餐饮与购物于一体的商业设施『sarugaku』正在进行当中。

据平田所言，在伊东丰雄建筑设计事务所中承担的『TOD'S表参道大楼』项目，使得平田对于商业空间的设计产生了自己的想法。『TOD'S表参道大楼』是一座将树木式的外观与结构设计融为一体的崭新的商业建筑，在建筑界得到了很高的评价。将原方案提交给委托方时，很顺利地得到了认可。但是，在进入到家具设计阶段，却不得不面对商业界与建筑界在认识上的差别。

『仅有一面墙壁的空间是绝对不行的。希望能够通过家具等的配置，使内部空间具有凹凸之感。』委托方提出了这样的要求。截至原方案提交时，一直以为在内部空间方面意见也是一致的，而实际上却是存在差异的。最终设计出的家具形状像是墙壁内部的延伸，营造出了一眼无法望穿的空间，保持了与建筑理念的协调性。

一

2006年10月，于新潟县上越市完成的“桝屋本店”。设置了死角，激发客人向内部探寻的兴趣（照片：吉田诚）

NA2007年3月19日号刊载

与人的本质相背离的建筑形式是无意义的

在『桝屋本店』项目中，以五米见方的格状空间，与三角形的结构壁相组合，营造出了让人仿佛置身于森林之中的感觉。『R-MINAMIAOYAMA』以及『sarugaku』，也都遵循一定的法则，其设计能够给来访者带来一种在连续之中充满变化的空间体验。

在这里重合了两个要素。一个是在『TOD'S表参道大楼』项目之中学到的『若不在店铺中设置死角以使顾客产生向内探索的兴趣的话，便是不成功的，这种商业界的强大自信』（平田）。这与平田在竞标中屡次中标不无关联。

2006年，商业设施“R-MINAMIAOYAMA”（与吉原美比古先生共同设计）于东京・青山竣工。如下照片也是在这座楼宇附近拍摄的（照片：日经建筑）

另一个要素，是像人一样久存的问题设定。『遵循一定的运算法则，立体的、根据位置的不同所见亦有所不同。人们在那里投射着自己的心情，对活动产生影响，虽如此，却是超然的。那种「自然」的状态。换言之，即便只是均质地板的层叠，也并非是以此原型为前提存在的建筑，这样的建筑如何创造出来』，这是平田的持续发问。『有了本质性的发现，引申出下一个时代的思想。我希望能在这样一个有着最根本性的问题意识的地方工作下去。』

平田认为，在商业与建筑这二者重合的地方，存在着建筑的真正的新意。『在商业方面取得成功的人，对于人们如何形成群落有着直观的感觉。若建筑家希望自身所热衷的建筑的形式性以及协调性，在与人类的这种动物性本能相背离之处开花结果的话，基本上是没有任何意义的。』

不觉间行走于割裂的世界之中的平田，在『消费海洋』之中成长的一代，正踏上一段令人目不暇接的『发现』之旅。

1971—2012年

履历

平田晃久年谱

年份	事件	作品
1971年	- 出生于大阪府大阪市	
1975年	- 私立槙塚台幼儿园入园	
1976年	- 放弃写作小说《暗境中的仙鹤》	
1978年	- 堺市市立槙塚台小学入学	
1981年	- 10岁 - 制作昆虫标本就是在此阶段→P013	
1984年	- 堺市市立晴美台中学入学	
1987年	- 大阪府立三国丘高中入学	
1990年	- 京都大学工学部建筑学专业入学	
1991年	- 20岁	
1993年	- 京都大学工学部建筑学专业毕业（毕业设计获得武田五一奖）	

年份	事件	作品
1995年		Mid-Wales Center for the Art 项目竞标（竹山研究室）
1996年	- Milano Triennale『Public body in crisis』（竹山研究室） - NEG第三届空间设计・竞标金奖→P032	
1997年	- 京都大学研究生院工学研究专业毕业（师从竹山圣） - 伊东丰雄建筑设计事务所入所	
2000年	-『Alchitecture 2000』参展/ GA Gallery	樱上水K邸（东京） →P034
2001年	- 30岁	UNCITY项目（纽约）、与OMA雷姆库哈斯共同设计
2002年		布鲁日展亭（比利时・布鲁日） →P025、P034
2003年		加维亚公园 国际竞标一等奖（西班牙・马德里） →P026 安中环境艺术展 国际竞标一等奖（群马）→P121

布鲁日展亭

年份	事件	作品
2004年	– SD新人朝仓奖（house H）	根特市文化广场指名竞标（德国・根特）、与Andrea Branzi共同设计 →P037 house H（大阪）→P122 TOD'S表参道大楼（东京）→P027
2005年	– 从伊东丰雄建筑设计事务所离职 – GAHOUSES住宅项目2005年展（house H）/ GA Gallery – 京都造型艺术大学非常任讲师（至2009年） – 设立平田晃久建筑设计事务所	
2006年	– 日本大学生产工学部非常任讲师（至2009年） – 东京理科大学非常任讲师（至2008年） – 《天空的样子》专题讲座 / 日本大学生产工学部 – SD新人奖入选（house S） – 专题讲座《sora no katachi（天空的样子）》/ 德绍包豪斯・德国	桝屋本店（新潟）→P042、P123 R-MINAMIAOYAMA（东京）→P135 Project K
2007年	– GAHOUSES住宅项目2007年展（house T）/ GA Gallery – 将事务所由三轩茶屋搬迁至涉谷 – 平田晃久展—animated—（东京） – 第一届里斯本建筑三年展2007 / 里斯本 – 第一届里斯本建筑三年展2007归国展『TOKYO REVOLUTION』/ Living Design Center OZONE – 《This Decade》专题讲座 / 诚品书店、台湾	Hair OORDER（横滨）→P050 sarugaku（东京）→P054、P124 gallery S（东京） sofu / 椅子

年份	事件	作品
2008年	– 第19届2007JIA新人奖（桝屋本店） – GAHOUSES住宅项目2008年展（gallery S）/ GA Gallery – 东京理科大学研究生院非常任讲师（至2012年） – 东北大学非常任讲师（至2009年） – 将事务所由涉谷搬迁至广尾 – 由新建筑社・INAX举行『Phenomenal Resolution / 风景的解像力』展览 – 《全新自然住居》专题讲座 / 横滨三年展 / 信息中心—『家之家』 – 『建筑与植物』（合著、五十岚太郎编辑、INAX出版） – Frieze Art Fair 2008出品（csh）/ 伦敦	architecture farm（台湾）→P128 KODAMA Gallery（东京） csh／椅子→P128 YOKOHAMA TRIENNALE 信息中心-家之家（横滨）→P064、P126
2009年	– 《创意的视角系列『animated』生命般的建筑》（Graphic出版社） – GAHOUSES住宅项目2009年展（archtecture farm）/ GA Gallery – 京都大学非常任讲师 – INAX主办、建筑的力量02《20XX的建筑原理》展 – 《20XX的建筑原理》（合著、INAX出版） – Frieze Art Fair 2009出品（6/1）伦敦 – 『tangling』专题讲座 / 哈弗大学GSD、美国 – 『tangling』专题讲座 / 不列颠哥伦比亚大学、加拿大 – ELLE DECO『Young Japanese Design Talent 2009』（animated knot）	石井邸 Tree-ness house（东京）→P129 米兰家具展2009／animated knot（米兰、东京）→P102 flame frame（东京）

年份	事件	作品
2010年	－GAHOUSES住宅项目2010年展（Tree-ness House）/ GA Gallery －『建筑家的颜色与形状』展（scotopia）/ Turner Gallery －『Akihisa Hirata × SHIMURABROS.』展（6/1）/ Takaishii Gallery京都 －『tangling』专题讲座 / 奥克兰大学、新西兰 －『tangling』专题讲座 / 昆士兰大学、澳大利亚 －Art Basel 2010出品（tangle table）/ 伦敦 －『Fermentea Tokyo』工作室 / 不列颠哥伦比亚大学、温哥华 －Frieze Art Fair 2010出品（tangle table）/ 伦敦 －《建筑家的阅读术》（合著、TOTO出版） －Good Design奖（alp） －东北大学特聘副教授（仙台School of Desig非常任讲师）	one roof apartment（新潟）→P127 alp（东京）→P086 米兰家具展2010 / prism liquid（米兰、东京）→P104 tangle table / 桌子（巴塞尔、伦敦）
2011年	－40岁 －《现代建筑家Concept Series8 平田晃久建筑就是创造一种『关联』》（INAX出版） －GAHOUSES住宅项目2011年展（Coil）/ GA Gallery －UCLA非常任讲师（至2011年） －东京大学非常任讲师 －『Architecture as a piece of nature』展 / 米兰 －『tangling』专题讲座 / Politecnico di Milano、米兰 －『tangling』专题讲座 / 洛杉矶加利福尼亚大学、美国 －『tangling』专题讲座 / 巴特莱特建筑学院、伦敦 －『tangling』专题讲座 / 慕尼黑造型艺术学院、慕尼黑 －『tangling』专题讲座 / 多尼米加共和国・圣多明各	KaohsiungMaritime Cultural&PopularMusic CenterInternational Competition 二等奖（foam form、台湾高雄）→P110 京都府新综合资料馆（暂定名）设计竞赛二等奖 →P114 Yoshioka library（东京） Hotel J（台湾・金山）→P106 Taipei complex（台湾・台北） Bloomberg Pavilion（东京）→P131 Coil（东京）→P094
2012年	－『Learning from Tokyo』展览会 / 瑞士・苏黎世 －『Learning from Tokyo』讲座 / 瑞士・苏黎世 －GAHOUSES住宅项目2012年展（House TT）/ GA Gallery －Elita Design Award（Photosynthesis）/ 米兰 －自然系建筑展览会 / 台湾・台南 －『隐喻的宇宙』展览 / Takaishii Gallery京都 －flow-er / 岗村展览室（与塚田有一氏合作）/ →P118 －第13届威尼斯国际建筑双年展日本馆『在这里，建筑是可能的吗』（与伊东丰雄共同设计）金狮奖 / 意大利 →P029、P118 －个展『tangling』/ Architecture Foundation / 伦敦 →P118 －『tangling』专题讲座 / Bloomberg Auditorium、伦敦	和水町菊水区域中小学一贯型校舍设计公募项目二等奖→P116 米兰家具展2012 / Photosynthesis（米兰）→P100 Tangling / Loop（伦敦）→P118 大家之家（岩手县）、与伊东丰雄、乾久美子、藤本壮介合作 →P029

alp

平田事务所员工名单

2005—2012年
员工

01 | 平田晃久 | Akihisa Hirata
02 | 外木裕子 | Yuko Tonogi
03 | 大场晃平 | Kohei Oba
04 | 井上亮 | Makoto Inoue
05 | 本田司 | Tsukasa Honda
06 | 中岛成隆 | Shigetaka Nakajima
07 | 佐藤桂火 | Keika Sato
08 | 盐谷智树 | Tomoki Shioya
09 | 关口贵人 | Takahito Sekiguchi
10 | 泽田聪 | So Sawada
11 | 须田牧子 | Makiko Suda
12 | 松下彩香 | Ayaka Matsushita
13 | 町田康 | Ko Machida
14 | 古山凉 | Ryo Furuyama
15 | 松井彩香 | Sayaka Matsui
16 | 佐藤雄太 | Yuta Satake
17 | 斧泽未知子 | Michiko Onozawa
18 | Iria DeLaPeña Mendez | Iria DeLaPeña Mendez□
19 | 高田彩实 | Ayami Takada
20 | 荒井亮藏 | Ryozo Arai□
21 | 山田健太朗 | Kentaro Yamada
22 | 西村麻利子 | Mariko Nishimura

目录｜吉村靖孝篇（Yasutaka Yoshimura）

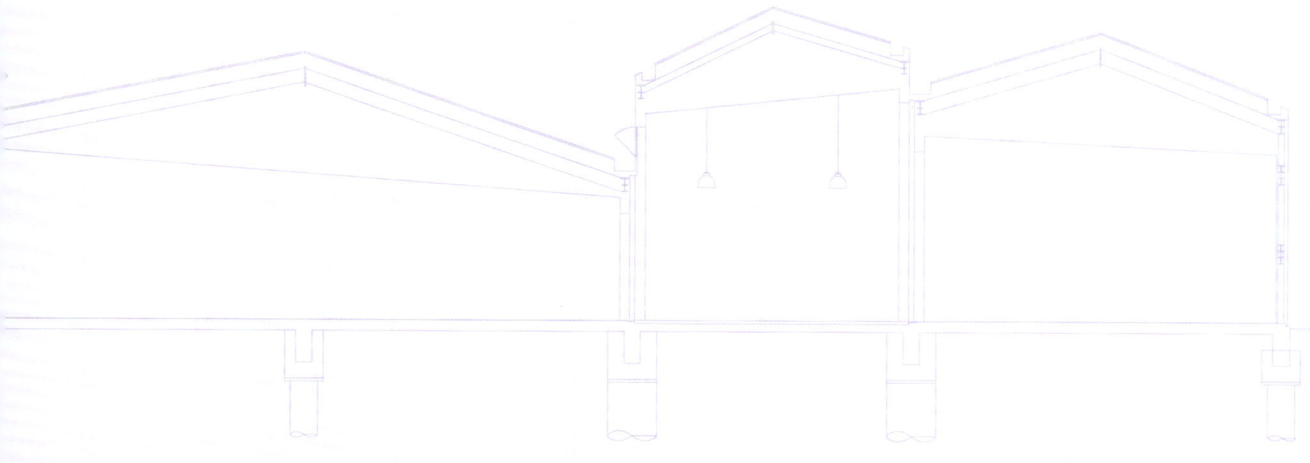

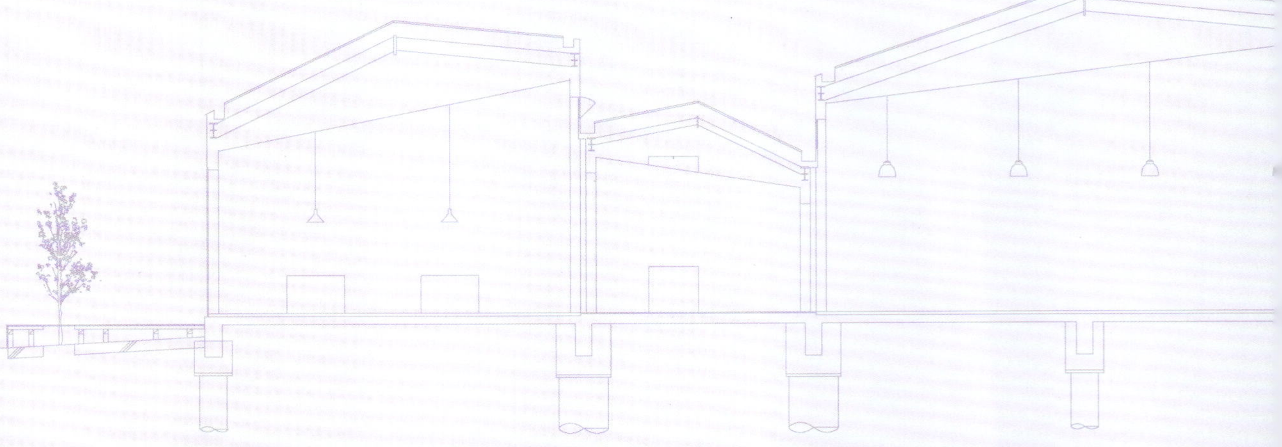

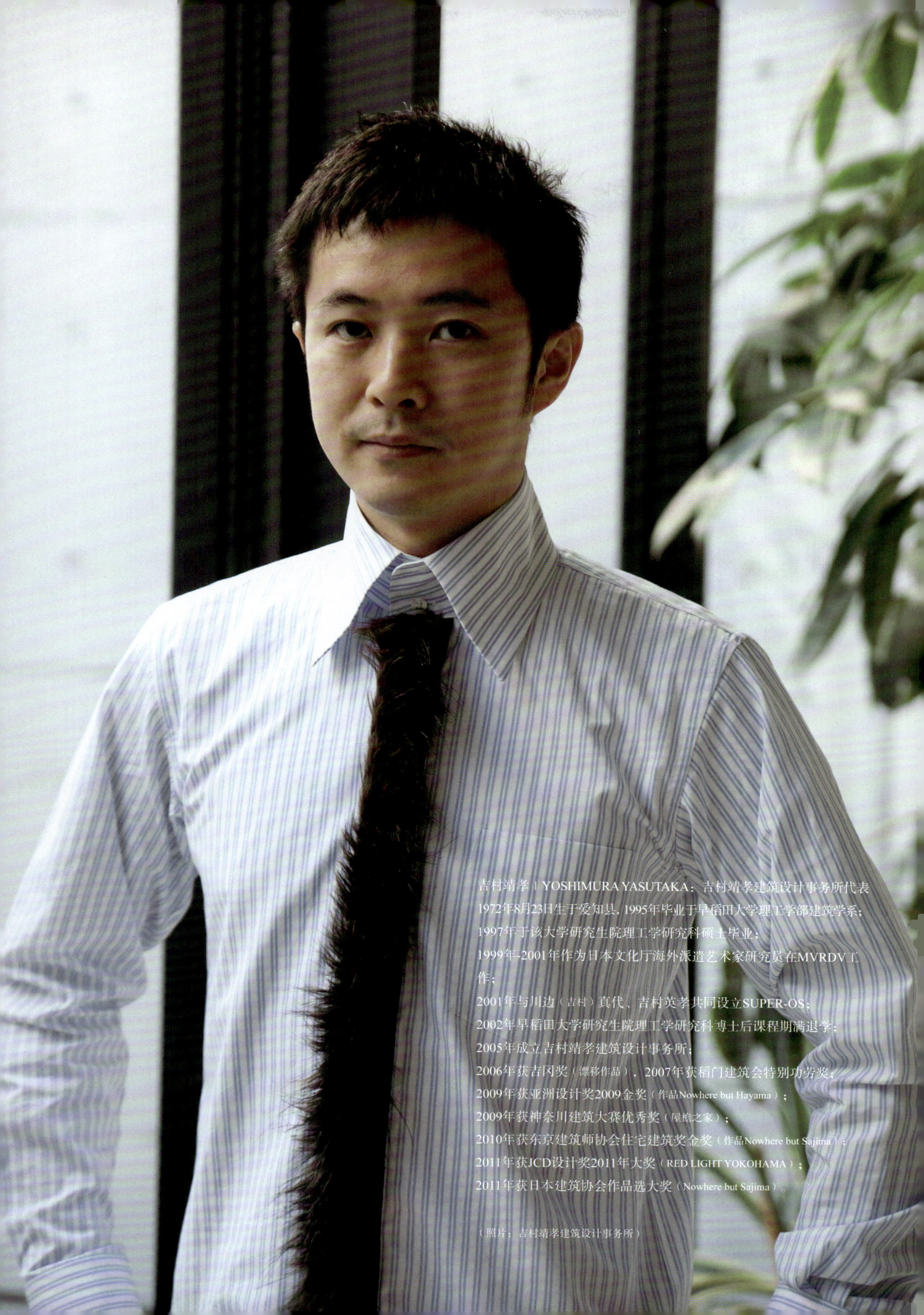

吉村靖孝 | YOSHIMURA YASUTAKA：吉村靖孝建筑设计事务所代表

1972年8月23日生于爱知县，1995年毕业于早稻田大学理工学部建筑学系；

1997年于该大学研究生院理工学研究科硕士毕业；

1999年-2001年作为日本文化厅海外派遣艺术家研究员在MVRDV工作；

2001年与川边（吉村）真代、吉村英孝共同设立SUPER-OS；

2002年早稻田大学研究生院理工学研究科博士后课程期满退学；

2005年成立吉村靖孝建筑设计事务所；

2006年获吉冈奖（漂移作品），2007年获稻门建筑会特别功劳奖；

2009年获亚洲设计奖2009金奖（作品Nowhere but Hayama）；

2009年获神奈川建筑大赛优秀奖（屋檐之家）；

2010年获东京建筑师协会住宅建筑奖金奖（作品Nowhere but Sajima）；

2011年获JCD设计奖2011年大奖（RED LIGHT YOKOHAMA）；

2011年获日本建筑协会作品选大奖（Nowhere but Sajima）。

（照片：吉村靖孝建筑设计事务所）

第一章

吉村靖孝成名之前

1972—2005 年

因受父亲的影响，
吉村从小就与设计十分亲近。
最初志向原在工艺设计，
大学却进入了建筑学系，走上了建筑师的道路。
正如其大学同窗森川嘉一郎所说，“吉村一向以时尚感决胜负”，
不局限于建筑范畴的吉村的创意，自学生时代起就已引人注目。
此篇将跟随其脚步，
了解吉村留学荷兰直至开设自己事务所的历程。

背景为“建筑学生 · 设计大奖’96”中获得一等奖的吉村设计方案（157页）

吉村靖孝选择建筑的理由

成长过程至开办事务所

吉村的父亲是一名汽车引擎工程师，因此他从幼年时代起便立志成为一名设计师，大学进入了建筑学系进行学习。通过『仙台媒体中心』竞标，吉村看到了建筑的可能性。平田晃久向吉村听取了至事务所成立为止的发展历程。

1 高中为止在爱知县度过

吉村在爱知县丰田市丰体汽车企业城下町出生，看着停车场中成排的丰田汽车一天天长大。回忆高中时代，他说自己常常买来设计杂志阅读，成为一个很早便知道妹岛和世的『早熟』少年。

平田——您是在哪里出生的？

吉村——我出生在爱知县一个叫丰田市的地方，旁边就是丰田汽车公司。我家已经搬走一段时间了，所以不知道那里现在情况如何，不过我记得当时田地、工厂和停车场等许多大而粗糙的建筑物分布在四周。这些建筑物之间通过路况很好的道路相互连接，可以说是一片典型的郊外风光。丰田市多亏了丰田公司的税收，道路整修得非常好，不过据说道路一进入周边市境内就变得比较糟糕。我当时上的小学在丰田总公司旁边，校园北边就是汽车测试路线，如此一来就形成了北侧的教学楼不能盖到三层以上这一不成文的规定，因此后来又改建成RC结构建筑的时候也仅仅盖

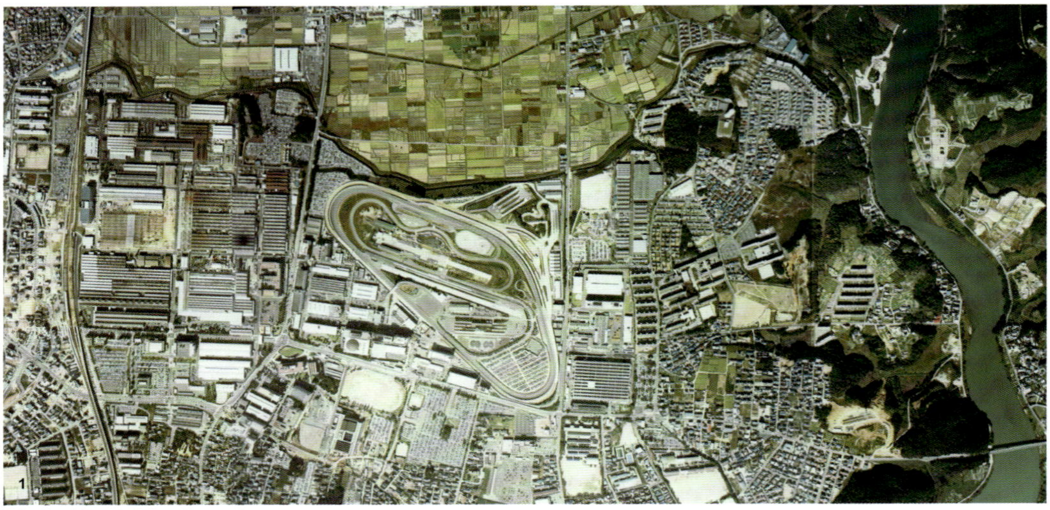

1 爱知县丰田市丰田汽车总公司周边的空中照片（1977年）。吉村所在的前山小学位于中间的丰田汽车测试路线的斜对面（照片中的右下角）（照片：国土图像信息（彩色空中照片）国土交通部3张图片合并而成）｜**2** 吉村1岁时与父亲。父亲为丰田公司的工程师

到两层。

平田——因为能看到汽车测试路线？

吉村——没错，就是因为能看到测试路线（笑）。我们小学是公立的，那时候在乡村里哪有私立小学，不管是丰田创始人一家的小孩儿，还是三代都勤恳劳动的蓝领家庭的孩子，都在同一个地方上学。从社会地位来看，各种家庭来的孩子都有，不过几乎全部都是丰田公司的子弟。

平田——那孩子们之间的关系岂不是会受到相应的影响？

吉村——我觉得小孩子对这些是没有什么意识的，大人们倒是应该挺在意，这么看可能学校这个地方多少还是有点儿复杂。不过对当时还是小孩儿的我来说，丰田市的生活是『统一模式下的洗礼』。比如，停车场上排列着成百上千的花冠等待出厂。本来在街上就很难见到除了丰田以外其他牌子的汽车，百分之九十以上都是丰田车。所以如果你问我来到东京对什么最感到吃惊，那就是没想到东京有这么多种类的车（笑）。我当时对丰田市那种所有东西都很『统一』的状况十分抗拒。

平田——十分抗拒？

吉村——对。不过这种抗拒以奇怪的形式表现了出来，所以我当时应该算是一个奇怪的孩子。我当时特别喜欢惹人注意，不过不是学习方面特别上进或者体育方面很拔尖，而是表现在日常生活中。举个例子说，体操课戴的帽子里面是红色，外面是白色，大家都把白色戴在外面，我偏偏要把红色露在外面。还有，我受不了左右两只脚穿同样颜色的袜子，常常会穿两只颜色不同的袜

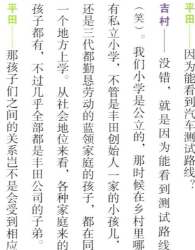

1 小学二年级时的吉村靖孝与其弟英孝（左侧），两人相差3岁。**2** 小学毕业典礼上与母亲的纪念照片（1985年）

子。尽管如此，有的时候还不满意，我还会在外面再加一层袜子，穿成棋盘格样子（笑）。

平田——我还真没见过这样的孩子啊（笑）。你真可以算是一个怪孩子了。

吉村——我觉得那时候别人肯定都没发现（笑）。

平田——你小的时候都喜欢玩些什么呢？

吉村——就像大多数建筑师一样，小的时候非常喜欢画画。我还记得小时候考试提前做完卷子，会在试卷背面乱画一气。老师夸我画得好，结果后来考试时间不够我画了，试卷得分自然就低了（笑）。我想我后来到小学高年级时肯定跟大家说过将来要做漫画家或者设计师之类的。虽然我不喜欢丰田的统一性，但是我还是很憧憬汽车的。因为课本上说，这个城市的人们创造出的卡罗拉，已经越过大海出口到了全世界。我当时特别骄傲，觉得这件事『好厉害』。

丰田市很早就率先经历了现在社会上所说的『郊外问题』，对于当时的丰田市，我是不怎么喜欢的。所以说得稍微浪漫一点儿，我那时候特别期待汽车能够把我带离那个地方。

我父亲是丰田的工程师，他常常会开不同的汽车回家来。有的时候为了测试汽车，他的车上会装配有测量仪器。我父亲开回来的车不仅仅限于丰田牌子的，有时候还会有其他公司的车。因为常常有接触汽车的机会，所以当时的环境可以说的确是让我更容易向往汽车。未必是要成为汽车设计师，当时只是有制作类似东西的一个模糊的梦想。

平田——说到漫画家，你喜欢的是什么漫画？六年级的时候对漫画的追求应该算是比较严肃了吧？

吉村——准确地说不是漫画家，我也就是反复地观看『机动战士高达』，包括重播。我还记得在小伙伴家里一次又一次地重读手冢治虫的漫画。因为在家里除非感冒生病，不然家长是不会让我看漫画的（笑）。那时候看『怪医黑杰克』特别入迷，有的时候看到手术的情节，忍着恶心也要看下去。现在我也会重读手冢治虫

不满意穿统一校服，提交意见书

的作品，他作品中的人物通过『画外音』式的风格讲出台词，这种感觉非常吸引人。我还喜欢他的作品里同样人物的登场贯穿始终，既有叙事诗一般的故事规模，又有无聊的抖包袱。我其实也不知道自己当时到底读懂了多少东西，不过再次拜读的时候会吃惊地发现有些漫画的分格内容我居然都记得一清二楚。

平田——我当时最不喜欢学校的社会课（笑）。你看起来比较擅长于社会课，对吧？

吉村——完全没有。到小学为止我自认为算是个优等生（笑），但是中学入学考试以后我进入了旁边冈崎市的中学，碰到了更多学习很优秀的学生，于是我马上就没有了学习的心气儿，直到高中，所有的科目都成了我不擅长的课程（笑）。

平田——中学入学你是接受的一般地区考试吗？

吉村——也不是。本来我是要去当地的公立中学，规模比我后来去的那所学校大十个级别。爱知县是一个教育管理方面极其严格的地区，如果我按原定计划直接进入当地的公立中学，就不得不穿印有学校名字的统一校服，还得剃光头。我那个时候最讨厌『统一』，所以觉得去公立中学简直糟糕极了。我听说旁边的那个市里有所学校不要求学生剃光头（笑），于是去参加了他们的中学入学考试。

这所中学是国立大学的附属中学，它所在的地块好像横空出世在一个跟学区概念没什么关系的偏远地区，相邻的隔壁地块上还有另外一所公立中学，叫龙海中学，听起来就不像是所好学校（笑）。爱知县当时民风还有些彪悍，突然会飞来石块，校门口会有坏人伏击，这些都是家常便饭。我就在这样一个地方度过了我的中学时代（笑）。

平田——那你没有学坏吗？

吉村——那倒没有。我是迟到的『惯犯』，而且学习成绩也不算好，不过运动会的时候我会当队长，我想我还是可以算是老实认真的学生吧。但是我身上

高中时代逃学

3 在林间学校时的发型（1986年）｜**4** 吉村从小学至高中参加了学校篮球队。图为中学时代比赛时的照片。图中央位置7号为吉村（1987年）

高中时代吉村致力于乐队活动。最左手边持吉他者即为吉村（1990年）

还是有点儿『天邪鬼』（译注：天邪鬼，日本传说中的一种妖怪）的地方，比如修学旅行确定年级标语时，我提议直接使用日文平假名的『あ』（哈哈）。其他的班级都是『学习中制造美好回忆』等合情合理的正常标语，我不知怎么就想出了这么个方案。大家讨论标语时我本来就坐在教室最后一排完全不关心，想到这个方案我就拽着老师非要劝他们用我的主意。

平田——袜子风格上的创新，那时候你是怎么开始的（笑）？

吉村——高中时代我们的校服是西服套装上衣，我有时候会把衬衣领子上的扣子也紧紧扣起来，有时候又戴上细领带。我得再强调一遍，我真没有学坏。有些学生你说他是『不良少年』，但毕竟是学校通过考试录取的学生，没有真正的不良少年。如果学校要查制服着装的情况，他们还是会正经地穿上正常校服来上学。我反而写了篇文章问老师为什么所有人都必须穿同样的制服。为了能够佩戴自己喜欢的领带，我作为一个高中生不厌其烦地提出意见。结果一到午休时间，体育老师就到教室来叫我到教官室对我说教一番，我就说『名古屋的学校据说都不需要穿校服，可以穿自己的衣服啊』，就是想要改变学校的规则。

平田——你喜欢突破规则的这一特点一直持续到了现在（笑）。

吉村——现在的高中生可能都觉得这根本不成问题。时代不同了啊（笑）。

平田——那时候有参加什么体育运动吗？

吉村——我是篮球队的。从小学一直到高中都是篮球队队员。不过因为上学路上就要花掉一个多小时的时间，如果下课后还参加篮球队训练，那我会赶不上回家的电车，所以也就不能有太多参与。爱知县的公路系统比较发达，但轨道交通就差些。我上下学坐的那趟电车是冈多线，它是旧国铁时代日本第二大赤字线路，一天只有十三趟。整个城市三十万人口，铁路就这么一条。早晨九点至中午十二点没有车次，考完试学校早早就放了学，也没有车可以回家。等下一趟车来一般要花一个小时左右，所以那时难免觉得诸事都让人不满意（笑）。

平田——高中也是在爱知县读的吗？

吉村——是的。在我初中学校附近跨过龙海中心的对面，有一所学校叫冈崎高中，我就是在那里读的高中。丰田市是丰田汽车企业的古城中心，冈崎市则是德川家康出生的冈崎城所在的真正的古城中心城区，学校里的同学有百年日式点心老店家的儿子，当地人的职业类型可以说是多种多样，讲的也都是晦涩难懂的方言。当时这里与丰田市相比人口规模基本差不多，所以差距就更明

显。所以我想我当时已经开始理解历史和产业可以在多大程度上改变一个城市的风貌。在我还小的时候就可以对两座城市进行比较思考，这对我来说也许是一个很好的人生经验。但是高中我好像逃课很多。不过不是去游戏厅，我只是喜欢逃课去图书馆。

平田——不是学校的图书馆？

吉村——不是，是冈崎市图书馆。我就在那里一边准备考试，一边和女孩子约会（笑）。

平田——当时你都读些什么书呢？

吉村——没有读什么书。那时候的应试学生没有时间看书的（笑）。不过说起来这也许算是时代特点——我读小说的习惯就是从那时开始养成的，现在也是只要村上春树的新书发布，我就会马上去买。我还记得中学三年级的时候，班上的女同学向我推荐了《挪威的森林》。我读了以后，第一次知道了与教科书中出现的小说完全不同的世界，就像被雷击了一样，受到了很大的冲击。

另外，杂志方面，我定期购买了当时一个叫《Portfolio》的设计类杂志来读，『安藤忠雄』和『妹岛和世』的名字我都已经知道，『勒·柯布西耶』的名字却还没有听说过。那个时候周围没有与我志同道合的人，我都是自己一个人通过杂志自学，所以知识都是碎片式的。当时家附近的书店里并没有建筑方面的杂志，设计方面的杂志也就勉强有那么一两本。《AXIS》之类都是每天去那里站着看完的。

那时候正赶上爱知县大规模举行设计活动，其中之一就是设计博览会。尽管如此，我觉得爱知县的设计环境并没有得到改善。还有就是在丰田市举行的日本文化设计会议。我直接跟老师谈判，请了假去听了这个会议。当时有许多建筑设计师来参加了这个会议。

平田——我觉得你是从小学就开始一直做这些与众不同的事情啊。

吉村——我有一个中学同学，后来成为策展人，与她再会时她提及一件事我也才想起来。在中学时的写生大赛上，大家到冈崎公园写生，目的当然是画冈崎城楼，可是我整张画上却画满了天空，就把作品交了上去（笑）。整个画面只有水蓝色的层次，『这就行了！』，自己还很满意。那时候可真是完全不着调啊。

平田——『不着调』放在你身上就是『酷』的代名词啊。这一点很了不起。如果你的所谓『不着调』再偏离一点儿方向，就会让人感觉奇怪，但是你的分寸掌握得很好，让人羡慕不已啊。

吉村——哪里，在老师的眼里一定觉得我净做怪事，难以管教。我现在当老师，回想起当年的事情，自己都觉得不愿意对当时的自己表示出『这样就很好了』的正面评价，哪里还谈得上『酷』……

平田——吉村先生你是家里的长子吧？所以你说自己『笨拙』什么的都是借口啊。有的时候时机很重要，比如什么时机说什么话。一不小心搞错了，会觉得『哎呀好尴尬』（笑）。话又说回来，因为你本身就对设计很感兴趣，所以后来转向建筑方向也是很自然的吧？

吉村——我一开始是对汽车感兴趣，不过这个兴趣在阅读杂志的过程中扩大到了整个设计领域。最初我对可以被复制的产品抱有极大的兴趣，比如印刷品，不对，应该说我对打印机这个东西感到非常有趣。从小我就对这样的东西感兴趣。所

以很自然地会在意产品设计和平面设计的经历。结果发现在做相关设计的人，有些是出自建筑系，所以我就产生了个认识，认为去建筑学系就可以选择相关的道路。

我并没有为了出路怎么烦恼过。大学入学考试时我第一次访问了早稻田大学的理工学系，当时看到管道显露在外的混凝土结构的校舍而大吃一惊，发誓绝对不到这样的大学来读书。可是最后又没有其他地方可以去（笑）。不过后来做研究生设计作品的时候又把校园作为作品的选地，觉得校舍简直可爱极了。教育可真是厉害（笑）。

2 早稻田大学时代

早稻田大学的建筑学科中有一门与设计制图并列的课程叫『设计演习』。这也是早稻田大学的一门经典课程。据称吉村更擅长短期内制作多项作品的后一门课程。吉村的一部分作品至今都是学生之间争相讨论的对象。

平田——据说早稻田大学从一年级开始就对学生进行严格的教育，是否感觉在突然之间就开始学习设计制图等课程了？

吉村——当时升入二年级之后，就开始正式学习建筑课程。早稻田大学的课题分为长期课题与短期课题两种。以每周或者每两周的频率提交作品，称为设计演习，这是短期课题。另外同时还有大多数大学里都会设置的设计制图之类的长期课题。对我来说设计演习更加擅长一些，设计制图一直有些差强人意。虽然也会动手参与，但是真正要做什么却似乎不太明白。

当时我的老师包括池原一郎先生、穗积信夫先生、石山修武先生。现在看来三位老师之间有着某种连续性，但在当时，却深深地感受到他们评价标准的差别（笑）。我也是很努力的，但是成绩基本上都是A或者A－。上面还有A＋或者A＋＋的评价，因此感觉有些不太明白（笑）。

平田——对于自己参与过的课题，有什么印象深刻的吗？

吉村——设计制图课程中，有一个课题是在晴海码头建造水族馆，我记得当时是受到伯纳德·屈米（BERNARD TSCHUMI）设计的拉维列特公园的启发设计了分散性的水族馆。说是水族馆，不如说是抽拉式水槽（笑）。将一点一点变形的立体水槽进行格状配置，以提高路径的选择性。

在另一个课题中，设计了一个白色箱状建筑，石山老师曾调侃说『回老家继承豆腐房去吧』（笑）。另外，还有类似于『我看到了斋浦尔天文台哦』之类的忠告。总之，得到了很多的金玉良言，至今仍然常常回响于耳畔。

进入早稻田大学时与朋友在日本海的合影，照片中央为吉村

至于设计演习，在三年级时第一个课题是『我喜欢的住宅』，在当时这是一个历经二十多年仍经久不衰的长命课题，要求找到一个自己喜欢的住宅作品，抽取其精髓，进行重新解释、重新构成。我选择了里特维尔德的施罗德住宅，将结构面材及线材全部分解开来放置在板上。可能是受到了当时杂志热捧的解构主义建筑的影响。将这些材料用线系在板上，将板翻转过来就变成了一个吊着的人偶的样子，一瞬间就重现了施罗德住宅。重建的作品在摇摆时的轻盈姿态，让自己觉得十分感动（笑）。

这个课题最初是由古谷诚章先生讲授的，之后成为一个超长命课题，我的这一作品被作为参考介绍给后辈学生们。设计演习课程当时的教师阵容非常强大，小嶋一浩先生也担任非常任讲师，在我研究生时期还有妹岛和世先生，当时我还担任了助教。小嶋先生也对我的施罗德住宅课题印象深刻，常对我说现在的作品中找不到那样的尖锐性。我从荷兰回国之后短期之内没有工作，应邀去东京理工大学担任了非常任讲师，那段经历与之后的『超合法建筑』有着很大的关系。我内心十分感恩。

平田——在后续的课题中也保持了这种尖锐性吗（笑）？

吉村——设计演习一共包括十五个课题，最后一次课题是将全部课题按照顺序进行演示。小嶋先生将我的作品全部看了一遍之后，那个时候才知道这些都是出自同一人之手。因为设计手法完全不同……不过当时我有个想法是贯穿始终的，那就是如何在不建造建筑的情况下创造出空间。正因为有这样一个前提，每次在完成课题时都痛苦万分（笑）。也可以说这是一种在学生身上较为常见的建筑不自信，不过当时正处于泡沫经济崩坏初期，整个业界都弥漫着这样一种气氛。另外，我还曾以漫画的形式提交过课题。想要表达的是格与格之间可隐可现的空间。

平田——设计制图说到底是要将某一想法全部落

到实处，而设计演习却是要提出某种视角。对这一区别我非常感兴趣，这对设计手法的巧妙性要求很高。

吉村——实际上如果两方都能兼顾的话是最好的。我自己更钟情于设计演习。

早稻田大学的氛围是，若要成为建筑家，则须在设计制图方面独树一帜，而我在这方面得到的评价并不是很高。但随着年龄的增长我逐渐意识到，建筑家所需具备的能力之中，类似于设计演习之类的能力的重要性正在逐年增加。特别是看到年龄相近的建筑设计师出色地将家具配置在建筑之中，我会不由自主地自语道：『演习能力不错啊』。

平田——同学大都采用什么样的手法呢？

吉村——同学之中有一位叫森川嘉一郎，现在是明治大学国际日本学部的老师。虽然现在他并不从事设计，但在学生时代是非常优秀的。除了设计非常优秀之外，学习成绩也很好。上课时通常都坐在第一排盯着老师，不过他与那种单纯的优等生并不一样。他导入了御宅族、主题公园等新

受阪神大地震的影响，毕业设计迟迟无法完成

的视角，在老师们那里评价很高。他一直处在很高的水平，我们作为同学，如何缩短与他之间的距离，也成为一个我们不得不思考的问题。他去了石山研究所。我们是一九九五年毕业的。当时泡沫经济的『余香』正在渐渐散去，就业途径非常狭窄，同学之中有很多人都去当了老师。一九九五年正是发生东京地铁沙林事件以及阪神大地震的那年。

平田——是那年做的毕业设计吗？

吉村——是的。提交日是二月三日，因此一月十七日地震发生时正是毕业设计的最终阶段。从电视上得知地震发生之后，不知道该做些什么。很不凑巧的是，我的设计是解构主义建筑。墙壁、地板倾斜，柱子、横梁突兀，这些都与结构无关。地震发生之后，无意之间眼前出现了同样的情景。即便这样，仍然十分茫然。在提交之前，我就已经明白，这是一个失败的设计。

我在大学时期，对于空间形成之前由某种意识而产生出的近似于建筑的情况十分感兴趣。比如，篮球场地的二维线条对人的活动形成的约束，或者漫画每一格的分割、对话框的形状等平面性的信息，对阅读漫画时的时间分配所起的作用。这种在一瞬间成立的空间，使得以前的建筑显得过于夸张、过于静态了。

但是，我也非常清楚，仅凭这样的想法，是没有办法顺利毕业的，毕业设计还是需要创造实际的空间。不过，我觉得可以直接将这种疑问以及不信任感体现在建筑中，因此，夸张一点儿地说，我将建筑的组成要素解体，将这些要素从特定的意义当中解放了出来。但是，正在那时发生了地震，在很大的压力之下完成了毕业设计。同时我也明白了这是毫无意义的。由此受到了很大的打击，就停止了这样的做法……所幸得到大家的帮助，最后才得以顺利毕业。

平田——是在非常时期完成的毕业设计啊。

吉村——那是在提交截止日马上到来之前。刚刚提交之后，仙台媒体中心（下称『媒体中心』）的竞标就开始了。因为毕业设计并不满意，我心里已经想着明年再重新来过，但是学长说服了我，让我先提交上去，甚至提交时都是学长陪我一起

跑去了提交场所（笑）。虽然很狼狈，但是心里想着必须要参加研究室的竞标。

平田——刚才提到了空间形成之前的意识，这与媒体中心的方案似乎有些关联，对此你是怎么看的？

吉村——媒体中心的竞标过程中进行了很多的讨论。建筑这一概念是来自欧洲的舶来品，转移到日本之后的建筑，无论如何都还残留着一些无法捕捉的东西。在作为建筑固定下来之前的类似于空间的征兆，在亚洲的市场之中能够切实地感受到这种丰富性。

在建筑家古谷诚章看来，作为与之前的古谷建筑存在一贯性的设计手法，他的初衷是创造出一个亚洲式空间模型的现代版。而后来出现的却是一个类似于信息机器这样与媒体中心的用途有关的方案，当初在参与竞标的学生们之间发生了非常热烈的讨论。

在那些讨论之中存在着『打倒！伊东丰雄』这样的声音。记忆中不确定是在初审还是复审的时候，说从媒体中心的程序上来看，顺利的话伊东丰雄先生应该会胜出，就像赛马时的比赛结果预测一样，一种充满了旁观者气氛的预测。因此，如何缩短与伊东先生之前提倡的『电脑社会之中的建筑』之间的距离，也成为了一个课题。一厢情愿地将伊东先生作为了假想敌。伊东先生此前可以说与电脑是非常接近的。拥有质量的物质性的空间，通过有电流的较轻的物体置换，在那一时期进行了大量这样的试验。

这是针对泡沫时代消费社会的轻快性与电脑显示屏的明灭相互交织在一起的以一种时代感为目标提出的方案。在泡沫经济崩坏之后建筑界原本似乎会沿袭这种轻快性，但地震的发生打破了

这一切。如果能够设计出这样的方案，就能够胜过伊东先生了，当时的想法非常天真。

当时，网络已经逐渐来到学生们触手可及的地方，信息技术承担着信息的积累、数据库、信息整理等职能，而建筑承担着与此不同领域的功能。所谓不同的领域，比如偶然间到达的未知之处。也就是说，电脑承担着检索功能，而建筑承担着供人们散步的功能。如果做不到这样的明确区分，那么建筑恐怕就会失去其存在的意义。

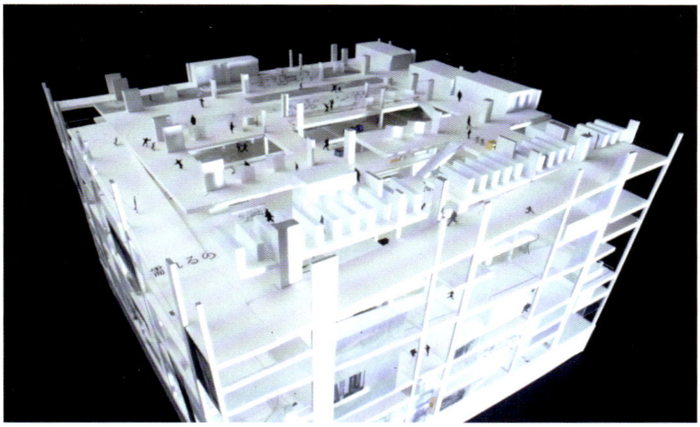

在古谷诚章先生的带领下吉村参加了仙台媒体中心的竞标。古谷先生的方案仅次于伊东先生，获得了优秀奖（照片：早稻田古谷诚章研究室）

平田——我在学生时代曾经来过东京几次，最让我感慨的就是地下空间。地铁的连接非同一般，有着在其他城市体验不到之处。虽然我不清楚是怎样进行连接的，但却能感受到这种连接的高明之处。在古谷先生的方案之中也能感受到与此相似的氛围。我的方向感非常差（笑），但这一方案正是将很差的方向感变成了新的空间。伊东先生给人的感觉，就像在英国举办的『Visions of Japan』，如果单独关注某一点的话，可能不会对伊东先生产生兴趣，但是在媒体中心方案中，给人的印象是很强烈的。

吉村——的确是这样，有着远远超越我们这些平庸之辈的地方。

平田——媒体中心的空间是非常完美的，不过我觉得在某些地方稍微有些近代空间的影子。这是

功能各异的带状空间交错配置

一种能够激发偶然性的、肉眼不可见的感觉，现在想来这种感觉也是可以存在的。这种不均质的感觉能够如此明快地表现出来，我非常感动。我记得在还没有进入伊东事务所之前，就两个方案的优劣对比与朋友进行了激烈的争论。

吉村——为了表现可供散步这一特性，古谷先生在方案中使用了『杜』这个词，而伊东先生则直接将这个词作为形状使之得以实现。

平田——媒体中心竞标中古谷先生的方案，偶然性的发现方式是什么，或者说以什么样的手法，要达到一种什么样的空间方案呢？

吉村——古谷先生的方案是一种带状空间的累积。要求中间的展厅及图书馆以带状散在分布于馆内。沿着细长的通道前行，会出现不同功能区的交叉点。这样，本来只是计划来图书馆的人，也顺便看到了展厅中的展览。这就是其中的一个偶然性。另一个偶然性，是书籍的排列没有一定之规。鼓励读者发挥媒介的作用，将书籍的排列顺序不断地改变下去。只要有了信息终端，想找

的书很容易就能够找到。古谷先生却说，我们不这样做，就无法激发读者寻找原本目标之外的书籍的兴趣，这种偶然性才是建筑所拥有的偶然性的核心。当时信息终端还没有出现，在实际中如何实现空间化其实尚不清楚，不过就在这样的状态下仍然通过了初审。当时并不觉得能够进入复审，所以在初审结束之后就去毕业旅行了（笑）。出发当天的早上听到进入复审的消息，人已经在机场了（笑）。

平田——若要使建筑具备偶然性，应该怎样去实现呢？这一问题必然会涉及。是在怎样的想法之下，得出方案中建筑存在的可能性的判断的呢？

吉村——我想这并不仅仅是形态上的随机性。比如，举个极端的例子，即便是完全整齐划一的空间，初次到访时也能够激起强烈的偶然性。也就是说，这个问题同时也与空间的体验者有关。如何才能设计出能够使体验者在很长的一段时间内持续不断地有新发现的空间，这才是问题所在。我认为这并非是要否定合理性，而是要找出一种另外的合理性。也就是说，从某个角度看是非常合理的，而从另一个角度看，却充满了某种不可预测性。直到现在这仍然是我的一个课题。

平田——极端地说，是存在两种不同立场的。一种是，认为偶然性这种说法是不具体的，应该以某种样态确定下来；另一种是，只有到达一种肉眼不可见的状态，才能体现出建筑本身的强大性。我认为这两种立场是可以得到融合的。对此我非常感兴趣。媒体中心实现了类似森林一样的模型，对此我很想做点儿什么，作为空间或许会被认为是一种样态，是否能够和别的什么东西结合在一起呢？虽然二者可以被很多人所共享，但谈到如何能够确定下来时，就会出现两种不同的立场。

吉村——古谷先生的方案也被称为鲁比克魔方。无论洞穴、森林，在切中主题方面的确是能够共享的。但从装置的角度来讲，有时也希望能够保证偶然性或者可供散步性。比如，位于古董街的COMME des GARÇONS（译注：日本时尚品牌）有一段时间曾将临街的橱窗用与墙壁相同的材料遮挡起来，通过隐藏，唤起人们想要一窥究竟的欲望。从这一点来看或许古谷先生的方案的视野通

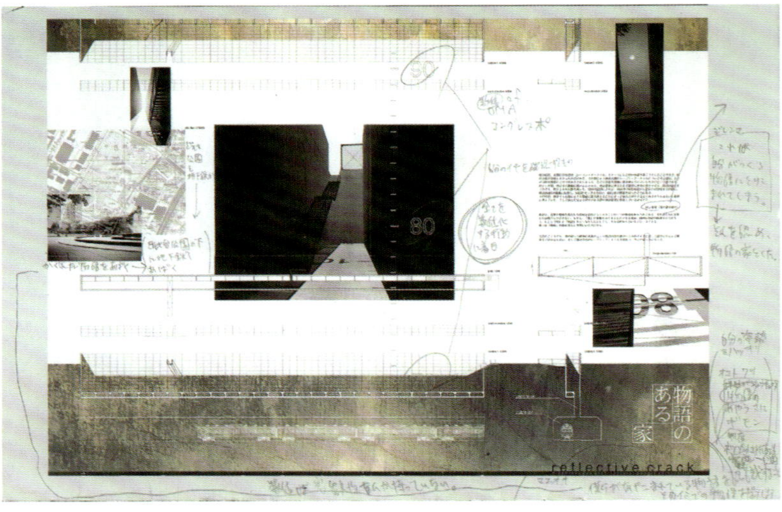

在吉冈文库育英会主办的『建筑学生·设计大奖’96』中吉村（早稻田大学研究生在读期间）通过了初审。在公开审查中获得一等奖。图中手写内容为中村拓志先生做的批注（参照215页）

透性过于好了。

特别是从与伊东先生的方案对比的角度来说，对于行进前方进行隐藏，才能更好地诱发与未知相遇时的宿命般的冲突。在地板与墙壁的界限模糊不清、充满起伏、视线受阻的状态之下通往下一个阶段。

平田——媒体中心竞标举行复审时发生了东京地铁沙林事件。时机也许并不合适，路上急救车不断来往穿梭。竟然与这样一个事件发生的时间重合了，让人无言以对。同时，让我印象深刻的是『大栈桥国际客船航站楼』也是在那一年举行了竞标，在方案中将选择的可能性以某种环境展现了出来。我感觉这两个项目一个是地形模式，另一个是森林模式。当时我产生了一种想法，是否能够超越这两种模式，出现一种新的东西呢？那个时候吉村你去了荷兰对吗？

吉村——去荷兰是之后的事情。提到大栈桥竞标，在那之前，还有一个以将港未来线相邻鱼类市场的优化利用为目的的竞标，名为『横滨环线』（一九九二年），OMA提出的方案，是将一块平板切割或弯曲，各种样态在水平方向时隐时现，创造出一个地形平台。其实当时OMA负责该项目竞标的，正是日后我工作过的MVRDV事务所的韦尼·马斯（WinyMaas）。

去荷兰的直接原因，是研究生时代的毕业旅行。在古谷研究室将要开始对高密度城市进行研究，因此去了欧洲的高密度城市游览。去荷兰时，MVRDV最早期的几个作品尚处于不确定能否实现的时期。问了在那里留学的学长，骑着自行车去看，发现是有内容的。调查后才知道与高密度城市的主题是契合的。当时是利用文化厅的派遣制度，所以花费了一些时间，两年之后才正式开始在那里工作。

3 荷兰留学·创业

—

为完成古谷研究室的调查去往欧洲，对MVRDV产生兴趣的吉村，利用文化厅派遣艺术家在外研修预员制度，去了由三个合伙人创立的MVRDV。通过担任该事务所在日本的项目的负责人，归国之后的吉村，以MVRDV为范本，创立了自己的事务所。

—

平田——MVRDV也是在鹿特丹吧。二〇〇一年我曾经在鹿特丹逗留了一个月左右的时间，我们两人的路线似乎是重合的（笑）。MVRDV具体位置是在哪里？

吉村——现在已经搬走了，当时是在马斯河的源头处，集装箱船就从事务所的旁边穿过。原本是港湾设施，由马斯康特设计，应该是被非法侵占了，是不太正规的利用方式。我去的时候，事务所只有十二个员工。

平田——在那里工作了多长时间呢？

吉村——两年。两年后事务所的员工已经增加到六十人，那段时间正是事务所急剧扩张的时期。我对MVRDV产生兴趣，去跟古谷先生说想去这个事务所，一开始古谷先生因为没有听说过所以并不理解我。其间恰好西班牙建筑杂志《EL CROQUIS》刊登了专访，把杂志拿给古谷先生

1 松代雪国农耕文化村中心“农舞台”。建于铁路线与河流之间。桥的设计充分留意到了与周边道路的衔接。事业主是新潟县松代町役场。基础设计由MVRDV担当，从荷兰归国的吉村以SUPER-OS的名义进行协助。（照片：吉田诚）| **2** Plaza（露天剧场）。被大自然包围的半露天的活动空间。设备配置充足，可用于多种用途

看，才得到了他的同意（笑）。

平田——在MVRDV期间，负责了哪些项目呢？

吉村——属于外国人团队，因此第一年主要负责海外竞标。Mobiloskop主题公园、BMW竞标、IKEA调查项目等。第二年开始新潟・松代的项目逐渐进入日程，因此主要以这一项目为中心。

与MVRDV合伙人之一韦尼・马斯的合影。2002年因AICA工业现代建筑讲座来到日本时到访京都

文化厅的派遣制度设置了两年的时间限制，到期之后当时很想继续待一段时间，但是松代的项目也已经进入实施设计阶段，他们给我施加了压力，说『你回日本去吧』（笑）。回国之后的两年时间都在为这一项目做辅助工作，因此在他们的指导下一共工作了四年时间。

平田——MVRDV的三位合伙人的工作方式是怎样的？

吉村——在每个人看来职责分担都是很明确的，但是一谈到这一点却都没有好脸色（笑）。或许这是事务所的一种战略，在我看来这也是合伙人的一种方式，在这里我就不评价了。不过，从专业以及出身的不同，应该能够想象他们之间的职责分工。相较于他们三人之间的协作，在事务所整体架构方面，能够学习的东西很多。

平田——每天都要工作到很晚吗？

吉村——没有，不是这样。他们说与被称为不夜城的OMA工作方式完全不同，工作时间很短。我连续一段时间都会工作到晚上八点，同事们都对我说，『你这样做的话劳动单价就降低了，别再加班了』（笑）。别人都是工作到下午六点，最晚七点就回家了。荷兰当时正积极推进工作分担等制度，处于景气恢复的时期，有些人每周只工作四天。工作方式也很特别，基本不会绘制图纸。在我印象中更像是一个提供创意的类似于智库一样的事务所。在某次获奖时，为了制作展板需要一些图纸，但找来找去连一张图纸都没有找到（笑）。

平田——话虽如此，不过设计某些建筑时，在初始阶段似乎还是需要画图纸的吧……

吉村——多数情况是使用Adobe illustrator软件制图。事务所里有城市规划方面的专家，承接了城市总体规划的工作。这种工作于建筑工作的分界点是很难区分的，从一开始直到最后也没有绘图，这让我也感到十分惊讶。制作模型以及CG都采用外包方式，除了荷兰国内的小型项目之外，大多都有协作方，由他们绘图。荷兰建筑家的设计展示给人的感觉都差不多，就是因为是同一家外包公司制作的。

平田——这种荷兰模式是否引入现在的事务所

了呢？

吉村——在工作时间方面完全没有（笑）。一开始的计划是工作至晚上八点，通常都会延迟一两个小时（笑）。

平田——欧洲人有很好的集中力啊。

吉村——是的，工作时间短，但是工作时非常专注。没有人会看着日程表工作。因为需要的内容都在脑子里，所以没有必要看。事务所被看成一个需要完全发挥技术的地方，说起来这一点是理所当然的，但是对于我们来说却很难做到。如果我们能具备这种集中力的话就好了。

平田——这种工作方式令人憧憬啊。

吉村——我也想这样做。但是最近发现在建筑设计方面花的时间比例很高……

平田——后来就回国创业了是吗？

吉村——回到日本之后，一开始是作为MVRDV的窗口，负责松代项目。同时成立了三人事务所SUPER-OS，开始承接展览会以及小型住宅项目。三个人的组合，很清晰地将MVRDV模式作为范本，实验性地开设了事务所。另外两人是我的弟弟以及后来的我的妻子。但是实际开设事务所后的感受是，东京工业大学出身的人与早稻田大学出身的人共同完成设计是不可能的（笑）。相比家庭环境，大学的不同，影响至关重要。

平田——最早的作品是什么？

吉村——是位于京都的住宅『Drift』。是在左京区的深山之中一个叫广河原的地方，在那里设计的别墅。各个房间相互错位又相互连接，没有走廊，有着MVRDV的影子。当时很多人对组合派团队的设计心存疑虑，但是看到MVRDV的工作方式，我认为三个人的合作，也就是说在设计的过程中有别的人介入，对我来说是很重要的。只有这样，才能将建筑生成的过程直接记录下来。

参考MVRDV，在日本开设合伙制事务所

由三位合伙人创立的事务所SUPER-OS成立后初次完成的项目“Drift”，是一所位于京都市左京区的别墅（照片：小林浩志）

对话 | **师徒对话**

挑战规划不可规划之难题

古谷诚章×吉村靖孝

Nobuaki Furuya × Yasutaka Yoshimura

对于吉村来说，从大学直至研究生毕业，在古谷诚章研究室度过的日子，与之后以建筑家身份开展的活动之间有着莫大的关联。从一九九五年参加『仙台媒体中心』竞标开始的思考与实践。电脑与建筑这一宏大的主题，也代表了现实中加速发展的这个时代。

古谷——初次见到吉村时，我还在广岛的近畿大学任教，仅仅在早稻田大学以非常任讲师的身份讲授『设计演习』课程。

吉村——是我大学三年级的那一年。

古谷——每两周一节课，完成短期课题，即便是早稻田大学有名的设计课题，吉村也能提交一些特别的、别人无法模仿的作品，因此从那个时候开始就已引人注目了。我回到早稻田大学是一九九四年四月。吉村要在我的研究室完成毕业论文，从那个时候才开始有了正式的交往。

吉村——马上就已经二十年了。当时您正是我现在的年龄。

古谷——回到早稻田大学之初，对于学生还不

是很了解。我想，如果研究室整体参加一次竞标，是否能够加深相互之间的了解呢。首次竞标是『横滨港大栈桥国际客船航站楼』（二〇〇二年完工，设计：Alejandro Zaera Polo、Farshid Moussavi）。这是一项国际竞标项目，审查员是矶崎新先生，因此决定一定要参加，以研究室整体参与的形式。

吉村——当时对此充满了热情。

—

精疲力竭之际参加『仙台媒体中心』竞标

—

古谷——当时大家也应该并不了解我，通过这次竞标之后才发现，这是个有趣的家伙。竞标结束之后，就进入了毕业设计、研究生计划等的集中阶段。横滨港竞标项目在十二月完成，在精疲力竭之际，『仙台媒体中心』（以下简称『媒体中心』）的竞标开始了。那时我在东京也开设了事务所，『面包超人博物馆』（一九九六年）等项目正在进行之中，以及世界城市博览会入口设施等比较大的项目也在开展，事务所已经处于十分忙碌的状态。但是在看到媒体中心竞标概要的一瞬间，我就决定一定要参加这次竞标。

审查委员长矶崎新先生来信邀我参加，写道，『这是一个难得的将图书馆、媒体中心、市民展馆融为一体的设施，我希望能看到一个方案，将这些组合在一起，创造一种新的建筑形式』。我欣然同意，摩拳擦掌，但刚刚结束『大栈桥』的竞标，忙于毕业设计等，疲惫不堪的学生们反应却并不热情。事务所方面，也认为在这么忙碌的时候为什么还要做这个（笑）。

吉村——的确是这样。

古谷——没办法，只好与昭和女子大学的杉浦久子，加上手头没有工作的人，一起参加竞标。早稻田大学这边大家一开始并没有很热情地帮忙。当然也做了一些辅助工作，但感觉并不十分认真，或许只是觉得有意思而顺便帮帮忙，总是很疲惫的感觉。

吉村——媒体中心的竞标团队是研究生学长们，大学在读的只有我一人。虽然没有参加『大栈桥』的竞标，但当时我因为毕业设计的事也是十分疲惫。而且毕业设计进展得并不顺利。在周围的人看来也许已经丧失自信到了令人心痛的程度（笑）。学长们把我拉入团队，也许是想要为我『疗伤』。在初审中我也非常拼命。不过今天听您说起来似乎并不是这样啊（笑）。

古谷——后来有一天早上正在家里吃早饭，突然接到一个来自仙台的电话，说『您的作品已经入选最终三人之列，一周之后将举行意见听取会，请来参加吧』。我很惊讶。因为初审结束之后并没有继续关注。希望入选最终三人的参与者，会去参加现场评审，而我们疲惫困倦，连这个也没有参加。却突然被告知下周去参加意见听取会，并且还说，『你的方案中图纸不足，有些地方不是很清楚，如果可以的话请带着容易理解的模型或者其他的东西来』。这在现在看来是很少见的。大部分情况下，提案内容并不接受后续

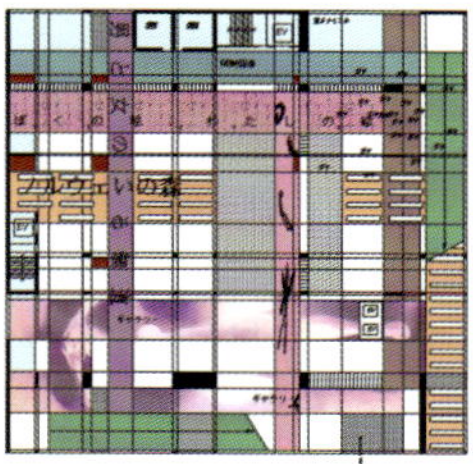

10层平面图

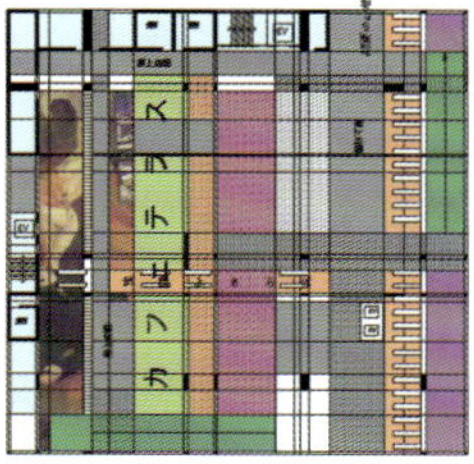

6层平面图

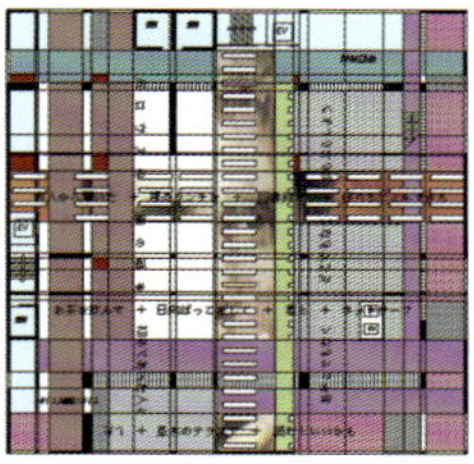

5层平面图

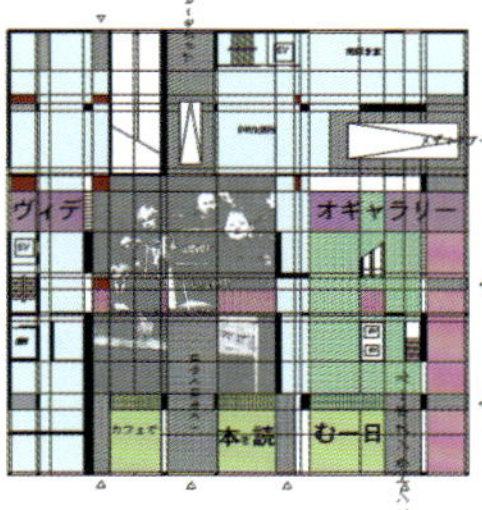

1层平面图

古谷诚章提交的仙台媒体中心方案。每一层设置有不同的功能，呈带状交错配置。在某些位置书架的旁边可能设计有咖啡厅（资料・照片：早稻田大学古谷诚章研究室）

古谷方案模型照片。共同设计者为杉浦久子、藤本寿德。吉村作为设计协助者中的一员参与了竞标

追加。那次电话里却说希望带着追加内容来。『一周后对吗，明白了』，我做出这样回复的瞬间，忽然想起，吉村他们正准备去中国香港完成毕业旅行，哎呀，这如何是好。是知道结果之后去旅行的吗？

吉村——是出发那天的早上，在机场听说这个消息的（笑）。

古谷——是吗，是知道了之后出发的啊。在当地想到了些什么呢？

吉村——在调查亚洲的新的城市空间的同时（笑），给定的一周时间之中，在中国香港待了三天。

建筑应发挥供市民散步这一性能

古谷——吉村他们回来之后的四天之中，几乎没有怎么休息，一直在帮忙。在初审阶段没有期待过我们的方案能够走多远，却突然告知我们进入了最终阶段。得知入选之后的一周是非常拼命的。因为知道对手是伊东丰雄先生。马马虎虎提交的话，一定是不行的。重新对方案

进行了讨论、学习、修改，并且召集了新的合作者。同时为了应对最终阶段的方案展示，采用了集中作业的方式，重新制作了模型。在那一周之内制作的内容，占到了最后展示内容的一半以上。当然，还是以原先提交的方案为基础。

吉村——现在想来，一九九五年竞标的那一年，在历史上是比较特殊的一年。我的毕业设计中止的直接原因，就是阪神大地震。提交截止日期是二月三日，地震发生的日期是一月十七日，正好在截止日期之前。原本继续完成毕业设计就好了，但是有一天晚上彻夜赶工，次日早晨脑袋晕晕沉沉的时候打开电视，看到了崩塌的高速路、燃烧的建筑物的画面，我惊呆了。之前所有的无力感在那一瞬间全部涌现了出来。

那个时候恰好刚刚开始了对奥姆真理教的批判，三月份发生了东京地铁沙林毒气事件。在这一年，灾害与建筑、宗教与建筑，这一前提得到了较大程度的刷新。

另一个比较特殊的地方在于电脑的急速普及。当时在事务所中使用CAD的人并不多，反而在学生之中擅长CAD、CG的人比较多。这一时期似乎仅仅只有那么一瞬间。我在大学时就一直使用电脑制图，因此工作中可以直接成为『实战部队』。从那年起到第二年，网络也得到了爆发式的普及。电脑的存在，对于竞标方案也是至关重要的。

古谷——竞标方案是从对媒体中心的认知的思考开始的。我最初的想法，是将各种功能融合在一个类似于鲁比克魔方一样的物体之中。当时的草图现在还保留着。将图书馆、媒体中心、市民展厅融合在一起如何呢？通常，计划去图书馆的人就只会去图书馆，计划去展厅的人也只会去展厅，目的完成之后便打道回府，这些人不会混杂在一起而相互影响。

如果有意识地使这些功能融合在一起，那么人们就会路过原本并不在计划之中的地方。信息技术的进步，使得人们并不需要亲临现场就能够得到需要的信息。在这样的时代，实际空间的意义在于，能够让那些有着不同的趣味、想法的人们之间产生相遇的机会以及擦肩而过的场所。以此为基本的主题，对空间的构成进行了思考。

吉村——电脑以及网络带来的崭新世界中，就像忽明忽暗的电子装饰物，虚拟信息掩盖了现实，无论是前景光明的未来，还是肮脏现实主义的未来，都被局限于印象论的讨论范围之内。大部分人认为，随着信息化社会的到来，建筑将逐渐轻量化，建筑的存在也将变得更为稀少。

但是古谷先生的方案却并不认同这一点，他提出了这样一个问题，即在现实中可随身携带的信息终端握在手中时，其与建筑空间之间如何进行功能划分。在这一方案中，如果说电脑保证了信息检索的功能，那么建筑则应发挥供市民散步这一特性。这一想法新颖、超群，有着正确把握未来的预感。在那一瞬间，电脑与建筑这一前提被刷新了。从这个意义上说，

古谷先生的方案可以被称为三大事件之一。

以前的建筑，如图书馆，采用日本十进制分类法进行空间设置，如果不将书籍整齐排列，就无法保证检索功能，而在媒体中心，出现了摆脱这一限制的一种可能性。这种可能性的出现，对我来说有着重要的意义。

古谷——特别有趣的是，在大家的讨论之中，虽然我也并不是那么明确，不过，为了使这种融合得以成立，比如加入一些白色的『模糊』部分，即不属于任何一个功能分区的部分，如果不这样，公共区域，如通道就无法保证了。

但是研究室的成员在讨论过后认为，如果这样做，理念就会变得暧昧起来。不去设置这些白色部分，在图书馆与展厅之间没有『模糊』区域，而是直接相接，对于图书馆的人们来说，展厅区域就是通道，而对于参观展览的人们来说，书架前或者阅览区就是休息区。相互间的功能，就像是天与地的关系，哪一方都可以作为对方的后援。对此进行了种种讨论，最终去掉了白色的媒介区域。从一开始就决定采用混合这一方案，对混合方式进行了很多讨论。

—

即便电子邮件也仅是一部分人在使用

—

古谷——现在回想起来，当时真是非常的艰难。现在对方案做出解释时，每个人都能够理解，但当时的背景是，虽然手机已经有人开始使用，但移动网络尚未投入使用。即便个人电脑上的电子邮件，也并不像现在这样，每个人每天都会用到。因此在提案中，使用的是自己思考并命名的终端，就像现在可随身携带的iPhone一样。

吉村——当时的苹果公司还只是一家随时可能倒闭的电脑制造商。当时的时代，即便想要学习电脑，也找不到可用的学习资料。眼睛盯着电脑和手机，心里想，这些东西以后会变成什么样子呢（笑）？讨论十分激烈，很多都是我们不懂的东西。

古谷——诚实地说，对初审时提交的方案并不满意。图纸也是匆忙之间皱皱巴巴地贴在纸板上，没想到能够被矶崎新先生选中。

吉村——团队中的学生们，似乎也并没有正式参加竞标的经验。

古谷——后来我问矶崎新先生，他说似乎能够从我的文字之中感受到什么，在说明内容之中提到了功能的融合，电子技术进步之后，在现实空间不必改变的前提下也能掌握电子技术之类的构思。进入最终阶段后得到了相应的反馈，有些突然却也并不突然。

吉村——我没有经验因此并没有反馈这类的感觉，但因为在完成一个新的任务，那种实感一

直留在了记忆之中。当时心里有一种盲目的自信，觉得只要有人能够理解，就一定能够通过初审。

—

与其说是混沌，不如说是动态

—

古谷——我第一次正式参加竞标，是『第二国立剧场（现为新国立剧场）』（一九九七年，设计：柳泽孝彦）以及『湘南台文化中心』（一九九〇年，设计：长谷川逸子）这两个项目，其实融合的想法在当时已经产生了，只不过后来回想起来我才明白过来。新国立剧场包括歌剧厅、流行音乐厅以及实验剧场，三个剧场的顾客群体与类型完全不同，如何能够恰当地融合在一起呢？歌剧爱好者与实验演剧爱好者并不相同，在设计规划中，我希望能将这些顾客超越各自的爱好而融合在一起。

『湘南台文化中心』也一样，包括妈妈排球体育馆（译注：妈妈排球起源于日本名古屋，因参加者多为孩子的妈妈而得名）、天文馆、剧场、儿童馆。我在提交的方案中对儿童馆进行了断片化设计，散在分布于整体之中，所有的设施之间没有分界线。当时获得了第九名，前八名都被评为优秀，而只有我没有得到奖金，心里觉得非常落寞（笑）。这两次竞标都是在一九八六年。

仔细想来，从那个时候开始，我已经意识到不同事物的偶然碰撞是建筑空间、特别是公共设施的重要使命。因此在媒体中心项目中，摒弃了以往井然有序的图书馆设计，而是通过电子技术使实际空间处于混沌状态，与其说是混沌，用动态一词其实更为贴切，也就是日日变化的状态。

促使这种变化发生的，就是到访图书馆的客人。大家在各自喜欢的地方轻松地借阅，阅读完毕之后随手将书归还至某个位置。书逐渐混合在一起，喜欢某一类书的人在无意间便会聚集在一起，实现同类书的收集。对于这种日日变化的动态状况，由个人移动终端提供支持。

吉村——对于我来说，媒体中心竞标经历，让我看到了建筑的可能性，在这方面的收获是无可计量的。未经规划的小路尽头或者荒地充满着魅力，而已规划的地方却总是让人呼吸困难，这样的话，设计这一行为本身就失去了希望。这种时候，即便执着于规划无规划之地，也像难题一样，最后可能仍然是无法实现的。但是古谷先生的方案的出现，似乎让我看到了实现这种规划的一种可能性。

因为有了这次经历，我才能够抱着希望在建筑家的道路上继续走下去。从媒体中心竞标之前开始，提到有关偶然性的问题时会认为，电脑虽然重要，但确保偶然性的人的存在才是

最重要的。电脑与建筑相互弥补对方的缺点，可以说这是一种幸福的结合。

不过最近，我感觉电脑中的空间相比之前视野更加开阔了。以前是只能看到自己想看的东西，迅速朝着自己想看的东西而去，完全没有顺路逗留的地方，是一种单纯的系统。而现在，在某种程度上，能够在电脑中重现近似于顺路逗留的体验。电脑与建筑或许已经不再像以前那样相互对立。对此您是怎么看的呢？

古谷——我无法给出直接的答案，不过，我们希望在媒体中心竞标中实现的，是建筑并非作为建筑而是作为一个城市的样态出现。人们无法看到一个城市的全貌，城市也并非是由一个人建造出来的，而是由居住在其中或者出现在那里的人们逐渐建造完成的。从根本上讲是动态的。

但是在以前，建筑似乎轻易地就能够被一个人所控制，这种错觉一直持续存在，今后，不特定大多数人使用的设施，即便只是一个小小的盒子，我想也应理解为一个城市比较好。

在城市之中，有些人漫无目的地徘徊，有些人在某人的引导下前行，有些人边走边看地图，这些不同类型的人，在建筑之内似乎也是可以同时存在的。建筑是城市的一个缩影，或者说是城市的一个部分。此时电子设备可以从各个方面提供支持。

媒体中心竞标至今已经过去很多年，当时方案中的设想已经现实化，变得司空见惯。人们无法看到城市的全貌，因此从正上方看并且理解是不可能的，而且在城市中行走时也只能看到自己前方的风景。但是，城市中的所有人都在通过导航、评论、SNS等各种手段接收或发出信息，从而决定自己前行的方向。在城市之中这些现象的发生是必然的。但是在建筑内部却并非如此，虽然口头上提出建筑内部应像城市一样处于自由变幻的动态变化之中，但现实中却尚未进步到这一程度。

—建筑的聚集造就了城市—

吉村——我最近正在思考马克·格兰诺维特（Mark Granovetter）于二十世纪七十年代提出的令人瞩目的『弱关系的强大力量』这一理论。他认为，所谓强关系，类似于古老的部落共同体，与这种血缘、地缘等相比，来自于并不熟悉的人们，也就是弱关系的信息才是有用的。从自己所属的团体之外得到的知识、智慧，这种弱关系实际上有着强大的力量。电脑上出现的SNS，就可以看成是一种弱关系，实际中并未谋面，仅凭画面相知，这样的人正不断增多，几十年前他提出的理论如今再次变得引人注目。

在创建弱关系这一方面，建筑并不适宜。在没有距离概念的信息空间之中，弱关系可以向无限远处延伸，而对于建筑来说一旦成为邻居就将是永久的邻居，邻居间的关系可能好也可能不好。无法挑选邻居这一点，给人们带来烦恼、麻烦。那么是像以前一样进行简单的功能划分即可，还是有别的方法可选呢？在我看来，建筑可以不必回归单纯的传统团体，而是可以成为某个通风良好的社区的媒介。

我常常想，如果能够很好地实现融合的话就

好了。在仙台媒体中心方案中，对电脑与建筑的关系进行了梳理，使二者步调一致，功能分担在相互区分的基础上实现相互融合，描绘出了这种关联的示意图，对于我来说这是非常重要的。

古谷——另一方面，在信息空间，也就是网络空间之中，会锁定最先搜索的对象，寻找最为合理便捷的路径。电脑最根本的能力在于对庞大的数据进行瞬间演算，通过这种能力能够实现人类无法达到的搜索功能。因此电脑能够在一瞬之间统计出大家爱读的书、爱去的饭店。

虽然如此，随着最近信息技术的进一步发展，不光是搜索目标，连与搜索目标相关的信息也能够一并搜索出来。如同『买了这本书的人同时也在看这样的书』，或许这就是我们所期待的『顺路』。

这是通过统计技术进行的处理，购买A书的人相对来说存在阅读B书的可能性，或者购买A书、B书的人光顾C饭店的可能性较高，这是在庞大的数据演算的基础上做出的推测，仅限于一种最大的可能性。当然也可以输入『随机组合』这一命令，如果这样的话，我们能否做到在『媒体错综的森林』中与人们擦肩而过呢？

信息技术的不断进步，使人们能够不必去往实体店即可在亚马逊等网站上购物，无论信息还是物品，鼠标一点即可到手，在这一背景之下，建筑的实际空间还能起到什么作用呢，这个问题值得思考。

其中一个作用，就是我之前反复提到的，创造出与不特定的各种各样的人们擦肩而过的关联性，这是建筑拥有的潜能。因为城市是由建筑构成的。城市原本并不存在，是由建筑的不断积聚，才形成了城市，其中也需要并非固定不变的单体建筑，特别是可供不同类型的人们相聚集的类似于社区设施、文化设施之类的场所，更有这个必要。

—

高度复合状态带来的可能性

—

吉村——对于研究室以及老师您个人来说，媒体中心竞标的意义是什么？

古谷——进入终审，使我们意识到了自己思考的问题的重要性。对于提交方案的内容，从除了直觉以外的各个方面进行了验证。简单来说，就是对我为何从第二国立剧场以及湘南台的竞标时就开始对融合产生兴趣进行了一次回顾。

之后，对于高度复合状态的兴趣有增无减。在亚洲的城市中高密度、混沌也常常被提及，然而只有高度复合的状态才能带来可能性。有些东西，如不是高度地、高密度地将多样性的事物复合在一起，是无法实现的。我们展开了这方面的研究。

我开始意识到，世间从未像现在这样对亚洲抱有如此之高的关心，欧美近代传统城市所不具有的、如同中国香港一般在混乱中隐藏的秩序，是在何种机制下形成的。那时恰好《复杂系》开始在书店流行起来，是一九九六年。而竞标是在一九九五年。之前只是在数学家、经济学家的圈内流传，那时却在突然间普及开来。

复杂系即复合系统，似乎与我们关注的内

容有所关联。数学、物理或者经济学中的复合系统的机制，在城市中能够发挥同样的作用，并且能够改变建筑的某些方面。我感觉到它可能能够使实体建筑变得不再那么重要。人与人之间以某种方式相遇、错过，建筑不再是必需的角色，而是仅有一个恰当的时机即可。

反之，能够将大家聚集在一起的地方，在地形或是空间方面，都具备某种基本的次元在发挥作用，无论斜面状还是钵状，只要空间具备一个契机，人们就会聚集而来。因聚集而产生正向反馈，那么这个地方就将成为另一种意义上的『麦加』。我希望能对此进行研究。恰好当时受托展开『高层建筑研究』，那是在媒体中心竞标之前就开始的研究。

委员会旨在研究未来建造高度超过一千米的超高层建筑时我们能够有什么作为，邀请了我和妹岛和世先生。一见到妹岛先生，我问他说，『妹岛先生，你在建筑中设置过避雷针吗』？他回答道：『没有』。而我也没有这方面经验。按照规定高度超过二十米的建筑就须安装避雷针，所以当时我们两个人都没有设计过高度超过二十米的建筑（笑）。那么为什么我们会出现在一千米以上超高层建筑研究委员会之中呢？这正是当时在建设部的良苦用心之下，由日本建筑中心主持召开的十分重要的研究会，召集了结构、电梯、空调系统等各个领域的研究者。

研究会的最终成果，是由雷姆·库哈斯、保罗·索莱里以及我们三方各自制作方案，召开国际性的研讨会，这就是『HyperSpiral（高度螺旋）』项目的由来。在媒体中心竞标之后我开始思考城市与建筑。无论建筑还是城市，都已经不再那样界限分明。非常立体的建筑也明显有着城市的规模感。

—

『我们是第三代』，这令人骄傲

—

古谷——我从内心里觉得吉村很了不起，是在方案临近提交时的讨论中。他向我展示了近似于最终方案的一个小模型，并对我说，『是这种感觉吧』。让我感到吃惊的是，在那之前我们认为所谓超超高层就只是超高层的延伸而已，但吉村的模型与此完全不同。

动态的超超高层是一种成长的感觉，最初的设想为多轴结构，几列超高层横向连接在一起，根据需要可以伸缩，吉村用一种简明易懂的形式展现出来，又说『似乎也不是这样的』。『如果某些地方直接相接或者直接相邻，不是整齐的攀登架，而是在突兀的、不同的地方相连接。』这个模型与听到过的构想完全一致，之前尚不确定实际制造出来效果如何，后来就制作了这个海绵状的模型。

吉村——突然间想到的话会觉得有新鲜感，中间可能也经历了好几个阶段。从空间方面来说纵轴更有优势，不过反而是在横向桥接的部分渐渐膨大，最终纵轴只是起到结构与通道的作用。超高层最大的问题在于相邻楼层之间的关系。比如，二十三层与二十四层在物理上是非常接近的，然而连接点只有一个那就是电梯，出于安全保障的考虑如果不通过一层就不能往

来。但是如果设计为横向延伸的斜面状，那么相邻楼层之间便能够构建起一种关系。

古谷——总的来说，从已有的地面基线不断向上延伸，并且为了这种延伸提供支撑，脚部相互连接，才能够继续延伸。建筑的这种接地性，也就是与既有城市的连接性，是我们当时面临的课题。

实际上出人意料的简单，超高层建筑在垂直方向是无法扩建的。如果要在顶端增加新的负重，就必须重新建造与之相应的地基，而无法像树木一样地生长。但吉村制作的模型，是一个像蛇一样伸展的系统。

最终，保罗·索莱里的方案是一个轴状物，是一座具有生态独立性的单塔。雷姆·库哈斯则认为在欧洲高层建筑是没有存在意义的，因此将选址定在泰国曼谷的湄南河畔，方案为横跨于河流两岸的多轴延伸建筑。而我们的方案则与这两位都不同，这多亏了吉村啊，特别好。说起来，保罗·索莱里是第一代，雷姆·库哈斯是第二代，我们就是第三代，这很让人骄傲啊（笑）。

超高层建筑只有电梯的话是不正常的

1 古谷诚章+早稻田大学古谷诚章研究室+NASCA开展的"HyperSpiral"项目。通过双轴状的架构，实现高度1000米、占地面积1000公顷、寿命1000年的构想。｜**2** "HyperSpiral"项目内景概念图。该项目由日本建筑中心超高建筑研究会发出委托。｜**3** 从该项目上空俯瞰的概念图。采用脚部相连接、逐渐以轴状延伸的结构

古谷诚章（Nobuaki Furuya）：1955年生于东京都，1980年早稻田大学研究生院博士前期课程毕业，1986年起任近畿大学工学部讲师，同年作为文化厅艺术家在外研修员，赴瑞士马里奥·博塔（MARIOBOTTA）建筑事务所工作，1994年与八木佐千子共同创立NASCA，1994年任早稻田大学理工学部副教授，1997年任教授。

吉村——内部据说会导入类似于KTV一样按时间收费的租赁系统，这就是Nowhere resort的灵感来源。特别是内部结构，与媒体中心以及之前的项目都有关联。

古谷——最终这一项目也像媒体中心一样，内部并没有对办公区、宾馆、住宅设置清晰的界限。就像城市之中有些地方是商业区，有些地方是住宅区，有些地方正在建设，而有些地方一片荒凉一样，『HyperSpiral』的内部也是这样。

在有需要时，或许能够创造出一个群落，又或者在下部的人想要去往上部生活，也可以与上部的人相互替换。为了赚取维持这一『城市』整体的运转费用，可以安装一部由上至下的过山车，似乎会很有趣，并且设置在东京站的上方，旅游者每人乘坐一次，收益也相当可观。一旦来到东京，不坐一次就不能尽兴（笑）。

吉村——同时也制作了电车与过山车的路线图。当时是在东京站的正上方，与既有交通系统为无缝连接关系，这一方案从初期阶段就已存在了。就像是主干线与支线的关系。虽然不是私营铁路的沿线开发，但我认为这个项目旨在通过建设作为主干的交通线路，同时使其与地方交通网组合搭配以提高周边地区的附加价值。这相当于沿线开发的一个立体版本。这种方案似乎现在也可运用于站内的开发。

古谷——研究会本身就是跨领域多角度探讨的会议，比如关于普通的绳索式电梯，研究会教给我们，当扬程超过六百米时，绳索由于自重便会断掉。如此一来，大家便会自然而然地考虑到比如此时需要取而代之的交通系统，比如可以缓缓升起的磁悬浮式，还有高速电梯，直接下到地下便可以直通地铁，等等。虽然只有一栋楼，快速式或者慢速式，又或缩短耗时的贡多拉等，这个建筑会融入各种不同的交通系统。

吉村——由于新的交通系统的出现，城市会如何扩张，某种意义上这是一个普遍的课题。当马车出现时，当汽车出现时，当新干线出现时，既有城市成立的要素均发生了变化。电子

计算机也许是城市扩张工具的一种极限形式。

古谷——将此方案扩展以后，大家在竞标会上拿出了在海湾沿岸的多层集合住宅方案。后来在新加坡唐人街那样的大型再开发项目竞标时提出的方案，也是这一方案的修订版，其后也不断重复出现了类似的思考方法。

当时还出现了很多古怪的学生，其中还有学生将何处租金该如何进行计算、超高层建筑物内如何确定各层的价格作为主题在毕业论文中进行研究。将东京二十三区以地铁站为基点进行沃罗诺伊分割，在各个车站的沃罗诺伊分割圈中再以不同的颜色标记夜间人口、日间人口、流动人口等，这一切会让东京看起来非常的有趣。学生们有时搞搞这样的研究，也会派生出不少想法。当然，在那之后也有很多在竞标中落败的经验……不过大家每次都会进行类似的研究讨论。

吉村——我当时还参与其中的那段时期，常常在竞标中获得失败的经验。自从我毕业以后，队伍开始在各种竞标中获胜而崭露头角。唉，都怨我（笑）。

—

好恶上的直觉带来创意

—

古谷——之后之所以能获得好成绩，我想是因为得益于之前的各种充分的研究讨论。

吉村——若是如此那当然最好了。就我自身而言，当年在研究室进行的讨论，对我之后活动的方向产生了比较大的影响。能够去MVRDV，也是由于我在Housing&community财团的赞助之下完成的高密度城市研究项目。在这项赞助的支持下我去欧洲的高密度城市进行调查时，偶然在荷兰看到了MVRDV的初期作品。那之后，我又了解到他们也在以『高密度城市中人类如何居住』为主题开展研究，这引起了我极大的兴趣，结果最后开始在他们那里工作。

古谷——我以前能去马里奥·博塔那里工作，是因为国家文化厅有一个外派制度。所以后来我还会跟学生讲『你们可以有效利用这个制度』。我们那个时候整个建筑领域争取到一个名额都是不大容易的事情，后来名额就多了起来。当时古谷诚章研究所的学生们都会想：我的老师可以去，也许我也可以？他们就尝试去报名，结果有不少人都通过了申请。不过现在机会变得非常少，很遗憾。

吉村——外派制度非常好，的确让人感到遗憾。我那时正在读博士学位，为了出去工作向学校申请了休学。回来后直到毕业的半年间一直都在校，不过已经在校外开始了设计和展会等自己的工作，学校的讲座什么的也很少参加了。我回来以后，您觉得我哪里发生了变化吗？

古谷——你会讲英语了（笑）。

吉村——这也可以算一个大进步（笑）。不过我想你刚才讲的荷兰可能不是唯一的原因，今天最一开始您讲了三年级时候的故事，跟当时相比我觉得自己的思考方式已经变得非常外部化。三年级的时候我更多的是企图从日常生活中发掘出创意，在空间中寻找细小的突破口。英语，我当时更是一点儿都不行。后来通过研究室的活动，我变得外向了。

我最近将设计程序上的内部性和外部性分别称为行为和规则。学生时期，由于OMA的影响开始流行起程序这样的切入口，通过开始着手程序，从后现代主义这样的一切皆有可能的状态又逐渐修正为功能主义，不过基于用途的分区和方案使分辨率得到了提升。功能性给人的印象是静态而具有理想主义的色彩，但是具有活力的设计则给人动态而带有现实主义要素的印象。

我认为由此而生出了两派：分辨率更高，并对态度与氛围加以重视的行为派，和连接程序的、处在更上位的、重视一致性的规则派。而我希望能够捕捉并利用这两派的特征，这一点我想也是因为您有类似的倾向。

古谷——我觉得你的变化不是瞬时发生的剧变，而是一个缓慢的渐变过程。最初产生螺旋式的设计创意也是如此，你有一种『总觉得有什么地方不舒服，我想再这样改进一下』的好恶感。这种好恶感在学生时代的比较单纯的概念设计课题中，时不时会得到很好的效果，但是建筑是一个更具综合性的东西，设计时必须将自己的好恶与建筑设计进行合理的结合，否则难以达到某些特定的效果。

不过这种直觉性的好恶感所产生的创意，为使其成立，会自然而然地给人带来逻辑感或者说是探索精神，并使之强化，从单纯的好恶出发，在某种意义上却带上了有趣的现实感，从而提出更好的方案。独立以后的吉村你的活动，比如说使用了集装箱的设施，Nowhere resort设施的想法、利用时间的方式、分享生活的方式等，这些都与建筑这一硬件的设计相得益彰，组合成为一个设计的整体，极具说服力。我觉得这正是你成功的法宝。我非常期待你今后更加精彩的表现。

第二章

解读吉村靖孝（上篇）

2005—2009年

吉村成功的代表性作品为“Nowhere resort”系列。
作为租赁式别墅可按周为单位出租，
位置也十分便利，位于离东京市市中心一小时车程的近郊。
曾在荷兰的设计事务所 MVRDV 工作两年的吉村，
可以根据市场与选址条件，
打造出顺应新需求的建筑空间。

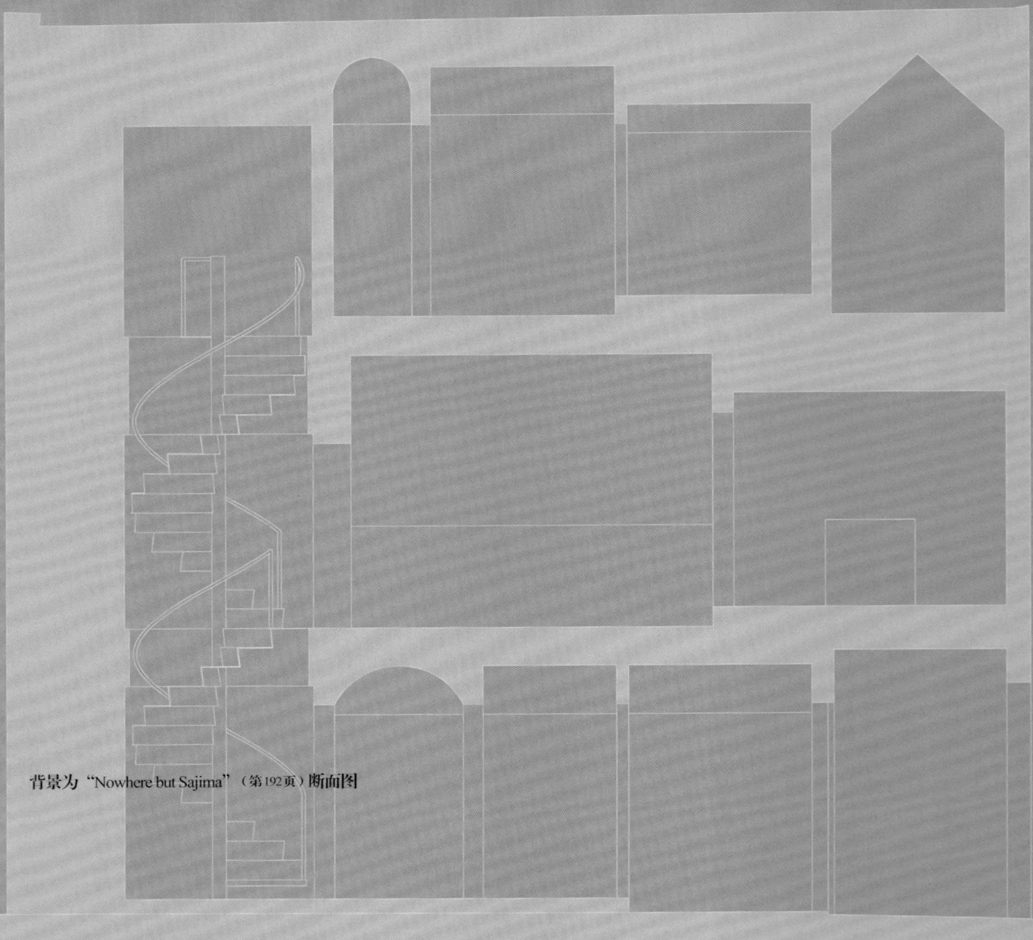

背景为“Nowhere but Sajima”（第192页）断面图

2008年

建筑作品
01

屋檐之家

神奈川县箱根町

融入箱根自然味道的深檐

图为屋檐外伸的建筑西侧外观。屋檐高度7200毫米，伸出部分至少长3600毫米。屋檐天井反射南侧的日光，投向北侧院中（照片：除特别标记外均为吉村靖孝提供）

这座建筑有着四角形的大小窗户和稍显夸张的屋檐，令人印象深刻，称为屋檐之家。这是一座位于神奈川县箱根的别墅。

由于建筑位于自然公园法规定的特别区域，对于屋檐的长度和屋顶的角度均有较为严格的规定。设计师扬长避短，有效地利用法规，在严苛的环境中打造出了舒适的空间。当地气候多变，深深的屋檐下打造出一个避雨空间，可以发挥第二客厅的作用。

夏天，深深的屋檐下又有清凉的庇荫。由下而上的清风穿堂而过，建筑物中央空间南北贯通，屋檐内侧发挥反光板的作用，将南侧的日光投向北侧的空间。夜里，它又将室内的灯光温和而华美地反射出来。

屋檐内侧使用的是硅酸钙板，表面涂有银色的天然漆涂层。设计时因担心裂缝的出现加入了圬工砌缝，但是工匠施工失误未将其加入。以后如出现裂缝将请工匠进行修补为条件，没有要求其返工。目前没有出现任何

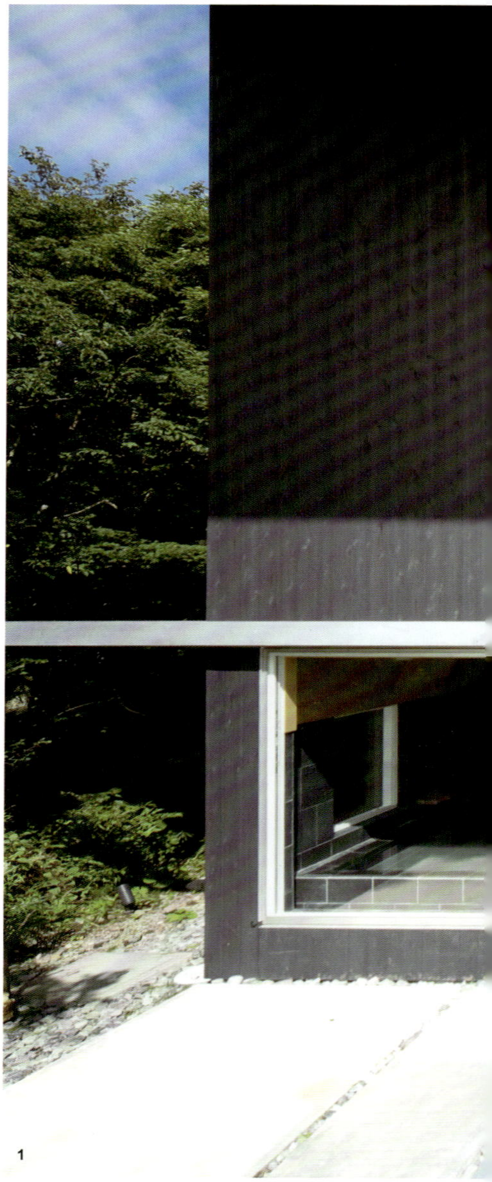

1 图为建筑物西面的北侧部分。一层角落部分为浴室，中间隔着土间，右侧为客厅。外壁使用了厚度12毫米、宽113.8毫米的杉木板，表面涂装两层木材保护着色剂。 | **2** 图为顶部为天井的一层大厅

问题。如同贴了银箔一般的一张大板，与黑色的外壁相得益彰，端庄而威严。

虽非分栋但功能有别

此建筑为由大断面集成材料制成的两层木结构房屋。外壁使用杉木板并进行涂装。负责结构设计的铃木启（ASA）为了调整一层与二层的规模煞费苦心。为支撑大面积的屋檐需要相应的承重墙，方案定为将四角形空间以雁行阵形式进行排列。

每个空间并非物理性分栋设置，不过功能区分清楚，分别为接待馆、洗浴馆、单间等。其内部有两座楼梯，内部设计可区分为主楼和客用楼的形式。考虑到运营公司的员工也会使用部分空间，建筑空间划分为一层的公共区域和二层的私人区域。

窗户数量较多，可远眺富士山以及四季分明的箱根美景。

从室内可以通过窗框取景观赏。透过窗户，光线随着时间的

1

2

变化而转移，凉风穿过屋檐传送到屋内。同时为避免一切遮挡，窗户的开关也下了一番功夫。一层中央的客厅和浴室的窗户设有滑轨，横向拉动可实现空间的全面开放。

由于对室内设计本就不擅长，再加上住宅为私人领域，设计就更加有难度。作为设计师，我们必须与非专业人士的客户在语言所不能表达的领域中进行沟通，获得认可。

『屋檐之家』也根据委托人的要求，地面以石材进行铺设。最初我们提出了不同素材的方案，可惜无法得到客户的共鸣，中途只好按客户要求开始选择石材。配合外壁的设计选择了黑色石材后，地面将室外的绿色反射向室内，室内也变成了一片绿意盎然。看到这个情景，最终我们也很满意。

从那以后，在住宅项目上我似乎也不会太过积极地对材料提建议。也许是因为一定程度上我有了可以接受任何要求进行设计的自信，又或是我认为通过集思广益，更多的意见会带来丰富性，使自己的意识有了变化。

（访谈）

1 一层客厅的情况。地板为天然大理石打磨而成。（照片：与图2同为阿野太一提供）| **2** 从外部看到的客厅情况。单独一面巨大的玻璃窗（Kimado公司产品）可滑动使室内外一体化。| **3** 二层过道2。从一层大厅上楼后的相应位置。| **4** 图3中登上左侧楼梯后的过桥，横跨大厅上部

从南面看到的西侧外观。屋檐天井为厚度6毫米的硅酸钙板，表面涂装银色天然漆

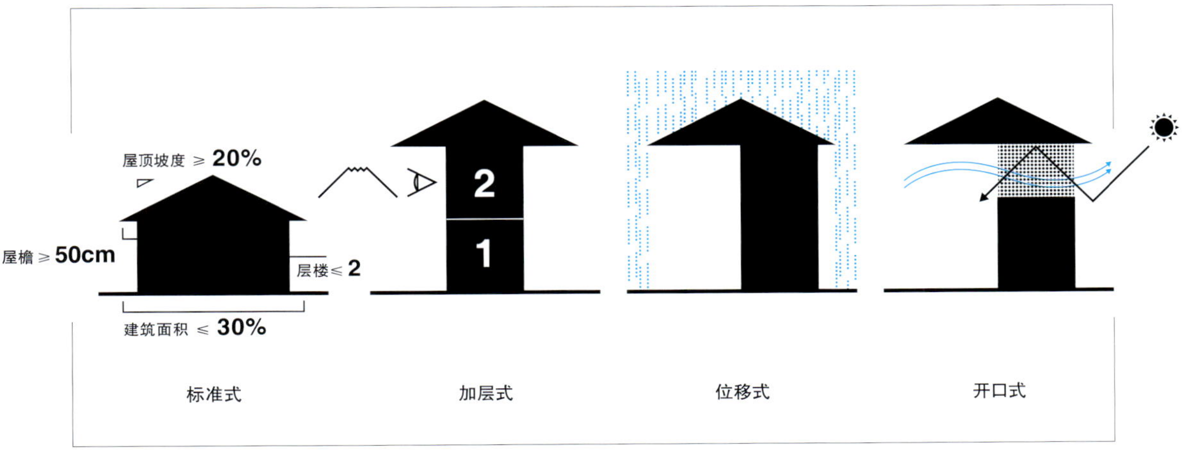

示意图

断面图 1/1200

建筑项目数据：

所在地——神奈川县足柄下郡箱根町
主要用途——住宅
地域・地区——第二类低层住宅专用地区、法22条地区
自然公园法特别地区B区域
建蔽率：10.43%（允许范围40%）
容积率：14.62%（允许范围80%）

使用面积——1701.37平方米
占地面积——177.46平方米
建筑面积——248.77平方米
结构・层数——木结构、地上2层
委托方——个人
设计・监理——吉村靖孝建筑设计事务所

设计协同——铃木启/ASA（结构）
施工——ARTHOME湘南
施工期——2008年3—12月

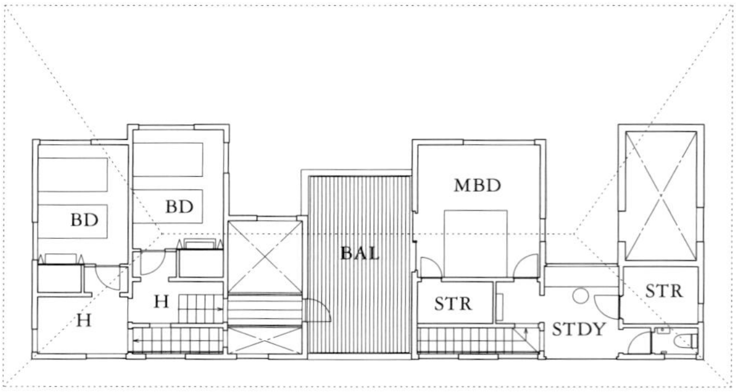

2层平面图

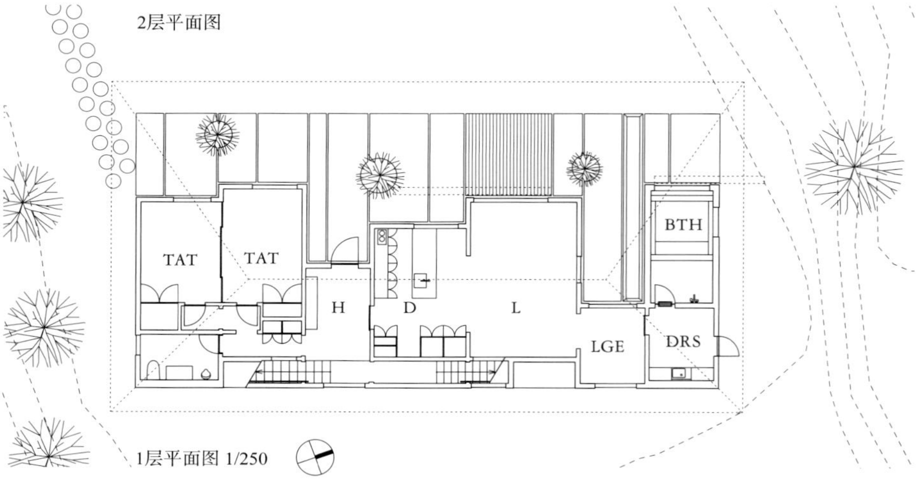

1层平面图 1/250

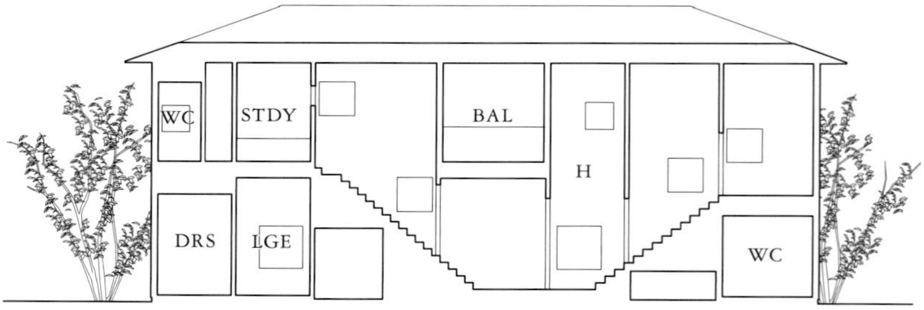

断面图

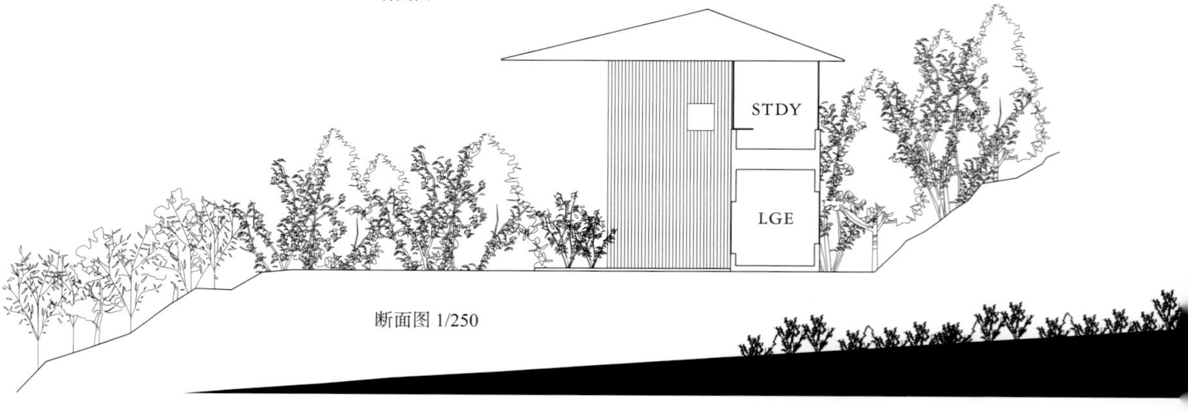

断面图 1/250

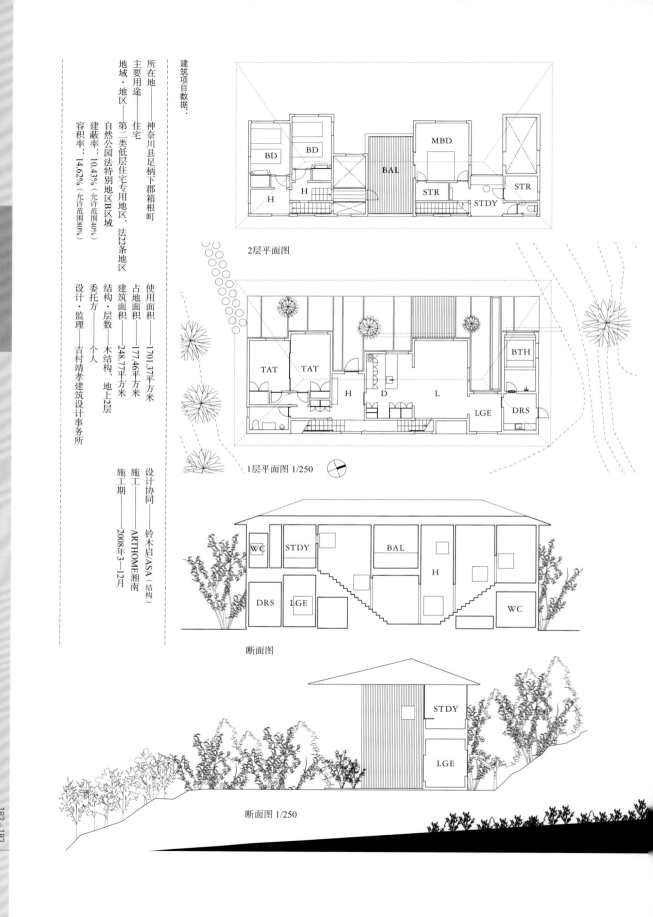

2008年

建筑作品
02

Nowhere but Hayama

神奈川县叶山町

NA2009年5月25日号刊载

建筑年龄超过80年的日本老屋作为短期租赁住宅重生

建筑年龄八十年以上的日本老屋作为可按周出租的“短期租赁住宅”重生。
照片为从楼梯望向入口处的样子。
楼梯踏板使用的是压缩小径间伐材后制成的材料。
上页图片为回望楼梯的情景（照片：除特别标记以外均为安川千秋提供）

可远望相模湾的神奈川县叶山町的一块住宅地上，建筑年龄超过八十年的一座日式老屋得到了重生。经吉村靖孝建筑事务所着手改建，这座老宅作为租赁住宅于二〇〇九年二月投入使用，租期以周为单位。

走入通往海滨沙滩的小路，即可看到歇山顶式的日本老屋。虽经改装，其外观并没有太大的变化。这也是必然结果，因为设计师和委托人一致认为不应『改变道路边的景观』为宗旨进行改建。

设计师吉村靖孝这样考虑是有其原因的。这座宅子本身留有几次改建的痕迹，但是相关资料却没有留下来，因此难以掌握房子的原形。能够确定的最久远的一次大改建，也不过是在二十几年以前。

这次大改建破坏掉一部分歇山顶式瓦片屋顶，在相应部分增建使用了砂浆的二层部分。『手法比较粗犷，这样在屋顶西侧的部分增建后，从东侧的小路看来就不会觉得变动太过明显。我想也是为了保护歇山顶式屋顶景观吧。』（吉村）

得到保护的建筑物在路边的东侧和以粗犷式手法改建后的地块西侧，吉村设计了使这两面体现出明确对比的改建计划。

该设计对面向路面的外观和门窗以及日式房间的受损部分进行了补修和清洗。另一方面，留有改建痕迹的一层房间和二层部分包括空间设计都进行了全面的修改。

当然这方面还有另外一种处理方法，也就是撤掉二层部分，尽量接近建筑物的原形。不过吉村否定了这个方案。『我觉得不如这一次将二层保留下来，延长这座宅子的历史轨迹。』

室内使用双层墙壁提高抗震能力

由于并未对外观进行加工设计，因此改建工作由建筑物内部开始进行。同时，加强了建筑物本身的结构强度，以符合现行法规规定的抗震性标准。

在加强结构强度时，在已有的墙壁的基础上，在室内一侧再新建

配置图 1/3000

建筑物南侧外观。歇山顶式单层建筑的西侧于二十多年前增建了二层部分。此次改建原样保留了一层部分，而对二层进行了全面的改建

一堵墙，形成双层墙壁（请参考第一百九十页上部图）。

除了门窗所在的南侧部分，将处在建筑三个方向的角落部分的房间加工成为双层墙，形成强度很高的『抗震核』。

这一建筑物内侧结构巩固所产生的套娃似的构成上，部分设计具有象征性意义，即三角形屋顶凸出于地板的二层主卧的设计。楼梯间的一层部分的结构巩固墙面向上延伸，表现出『屋中屋』的形式。

这次提出短期租赁住宅这一形式的，是经营方的Nowhere resort（东京都涩谷区）。该公司负责策划运营度假区的别墅租赁等。该公司法人代表同时为吉村妻子的真代女士这样说道：『这个项目所在地离首都中心不远，我们希望这个项目可以打造为处于酒店和别墅之间的适合亲友暂时居住的地方。』

这座住宅所具备的功能与普通的住宅并无二致。作为短期住宅，使用者在其中所能感受到的与日常

1 东侧正面外观。当地居民已经熟悉的道路沿线景观并无变动，原样保留。二层部分在楼层的另一侧，因此并不十分惹眼。| **2** 图为从一层日式房间看到的卧室。面向路面的门窗和房屋内部，其木质结构均加以清洗处理，重新利用。| **3** 一层的浴室为过去作为储藏所用的空间。自然石材的浴盆为新安装的，天花板使用的是原有设施。| **4** 具有怀旧氛围的小块瓷砖打造的洗脸池为将他处设施转移而来

仅保留已有的柱梁而全面进行改建的二层主卧。松木质地的三角形屋顶部分为楼梯间的屋顶

一层的餐厅部分安装了地暖及IH供暖等现代化的设备。支撑桌子的是既存的两根柱子。撤掉的部分之中二层的托梁保留了原样

生活最大的不同，是眼前一望无际的海景，还保留着过去别墅山庄的古老风貌。

因此，真代也回顾道，『留有往昔岁月的风貌的这座老宅，我们实在不想破坏它的原形』。她对设计师吉村提出要求，希望仅仅在老宅中加入现代生活不可或缺的功能性设备，但建筑物本身不要有大的改动。

从明治时代到昭和时代，叶山的别墅庄园在顶盛时期曾有百余座，而如今其数量却在逐渐减少。『我希望这一次的改建能够给留存下来的其他别墅以及日本式房屋起到一定的灵活运用的范本作用。』Nowhere resort的真代女士对这座老宅的重生寄托了这样的期望。

左：设置在厨房正面的棚子所用的玻璃回收利用了改建前的旧玻璃 **右**：二层南侧可看到海景的屋子改为了阳台

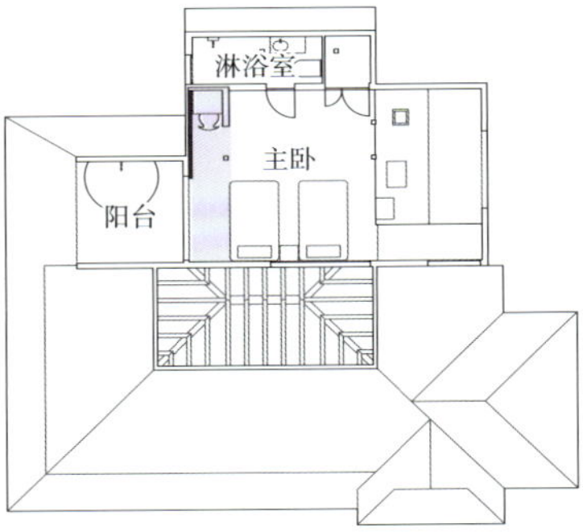

2层平面图

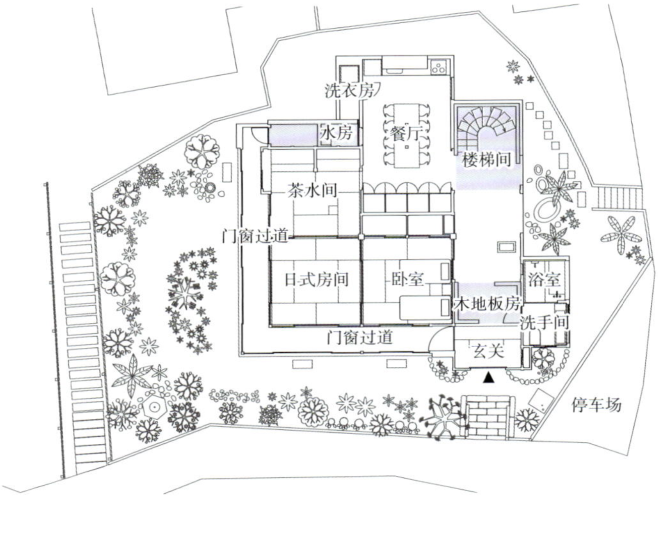

结构加强部分

1层平面图 1/300

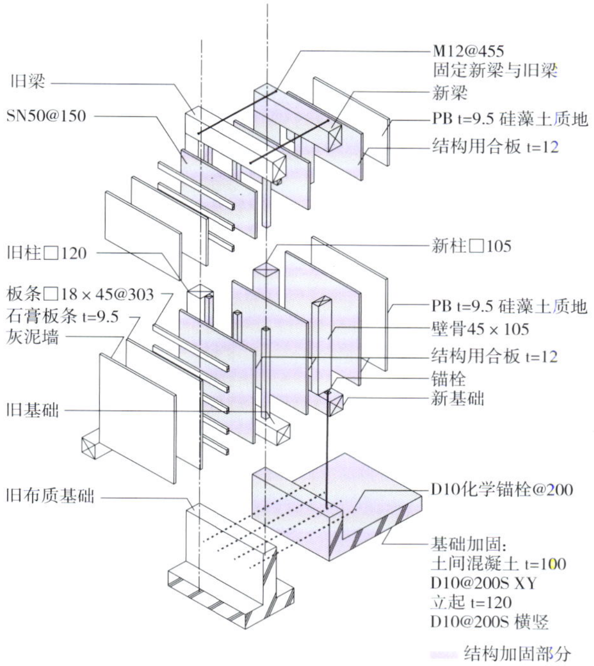

建筑物内侧结构加固概念图

南侧外观的夜间情况。建筑物整体使用了隔热材料，不过门窗等开口处等更重视沿用原有材料，留用了缝隙较多的木质结构

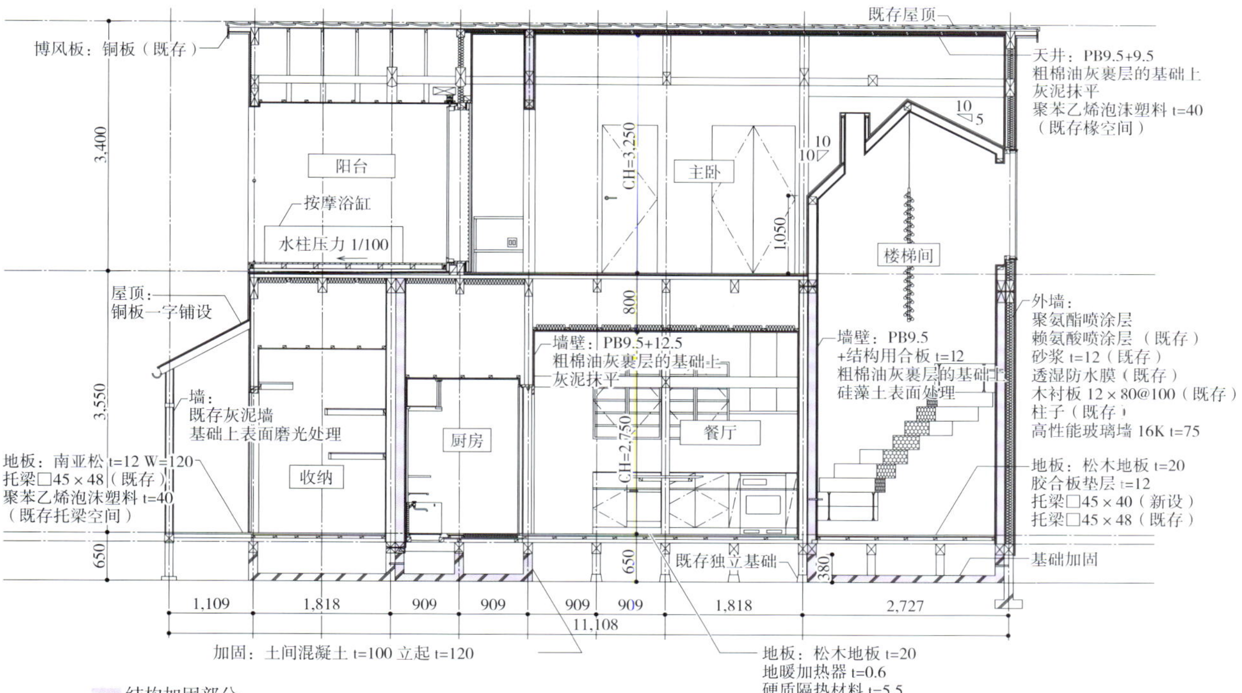

结构加固部分

纵向断面图 1/100

建筑物改建后的情况。既存开口部分保留在原来的位置上，结构加固时增加的内侧墙壁的开口部分设在与其错开的位置上

建筑物改建前的北侧外观。二十多年前增建2层部分时，其正下方的1层部分也被进行了改建（照片：吉村靖孝建筑设计事务所提供）

餐厅与楼梯间的分界处，可以看到三种墙壁的重叠。从楼梯间一侧按顺序分别是：结构加固墙、旧有墙壁、分区改变后的餐厅的白色墙面。设计时特意将端部错开，来表现各个墙壁的意义

建筑项目数据：

所在地——神奈川县三浦郡叶山町
主要用途——住宅
地域·地区——
建蔽率：49.08%（许可范围50%）
容积率：66.56%（许可范围80%）
占地面积——251.35平方米
建筑面积——123.52平方米
使用面积——167.51平方米
结构·层数——木结构·地上2层
委托人·运营方——Nowhere resort
设计·监理——吉村靖孝建筑设计事务所（吉村靖孝）
设计协同——结构：ASA（铃木启）
植栽：YARD（梅津收一）
备品家具：LANDSCAPE PRODUCTS（中原慎一郎）
施工——ARTHOME湘南（佐藤浩之）
施工协同——空调·电气：TOYU电气
卫生：鸭志田工业
设计期——2008年3—8月
施工期——2008年9—12月

2009年

建筑作品
03

Nowhere but Sajima

神奈川县横须贺市

NA2010年8月9日号刊载

与大海融为一体的以周为单位出租的独栋住宅

图为以周为单位出租的租赁住宅（Nowhere but Sajima）的客厅（照片：吉村靖孝）

1 白色墙壁的建筑为Nowhere but Sajima。开口部分面向大海。（至196页为止的照片：除特别标记以外均为安川千秋提供）| **2** 书房空间。由于住宅本身面向西北，为从三层进行采光，屋顶设有采光洞。| **3** 位于二层的餐厅厨房。提供的设备可以保证一周生活所需

『Nowhere but Sajima』的房间构成为：客厅、两间卧室、餐厅厨房、书房及浴室等，与一般住宅没有区别。使用者预约后，运营者会将密码等信息提前邮寄给使用者。当地并没有安排工作人员，因此使用者可以利用钥匙自行进入住宅。使用时间原则上为周五至第二周周四。使用者可以根据指定的时间开退房间。使用者退房后，会有工作人员进入进行清扫，以便迎接下一位客人。建筑物面积约为一百八十平方米，为三层建筑，六晚住宿费为二十三万七千日元起。

同时，该住宅还注意经营与周边的良好关系。业主与当地的餐厅建立关系，使其提供『外烩』式的服务供客人选择，同时在住宅的使用上还特意设定特定期限，以便当地居民举办活动时利用，这些都得到了好评。

『Nowhere but Sajima』的运营方Nowhere resort（东京都涩谷区）并不是第一次尝试以周为单位的住宅租赁项目。位于神奈川县逗子市的度假公寓的一个房间经改造成为『Nowhere but Zushi808』，还有神奈川县叶山町改建的『Nowhere but Hayama』（二〇〇九年三月开放，参照第一百八十四页内容），这一次的项目已经是第三次实践了。这三个项目均为吉村靖孝设计。现在『Nowhere but Zushi808』项目已不再运营。

发挥地块的面海优势

在设计这个项目时，吉村的目标是将其打造成为与大海融为一体的空间。『我希望它既具有住宅的日常功能，同时又能使租客感受到日常所难有的独特氛围』，吉村如是说。

而达成这一效果的方法，并未仅限于可见大海的客厅的设计，吉村将卧室及浴室的开口部分设计为透明玻璃形式，这样从这两处也可以眺望大海。同时开口部分则设计为细长管状空间的重叠，斜对大海。这样，附近的道路和其他度假公寓便不会看到公寓内部，只能看到被细小分割的空间中的墙面。

由于住宅所在地块同时为护岸工程的一部分，因此为了不给护岸基础增加负担，建筑物后退了三米。如果就这样沿海以四角形平面建起建筑，重心将无法保持平衡。吉村通过将其改为三角形平面而避免了这一点。

2

3

图为1层的卧室。整面落地玻璃窗让人感到与大海的亲近。床侧的玻璃为开闭式（照片：吉村靖孝提供）

玄关部分的外观

从书房空间看到的客厅。客厅地面略高，因此也可作为活动举办时的舞台来使用

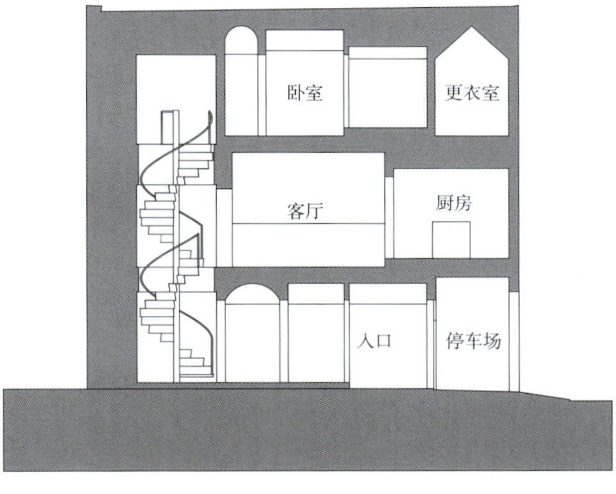

断面图 1/200

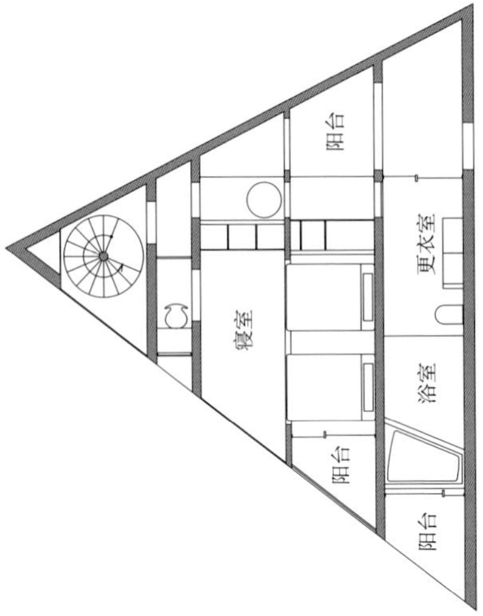

3层平面图

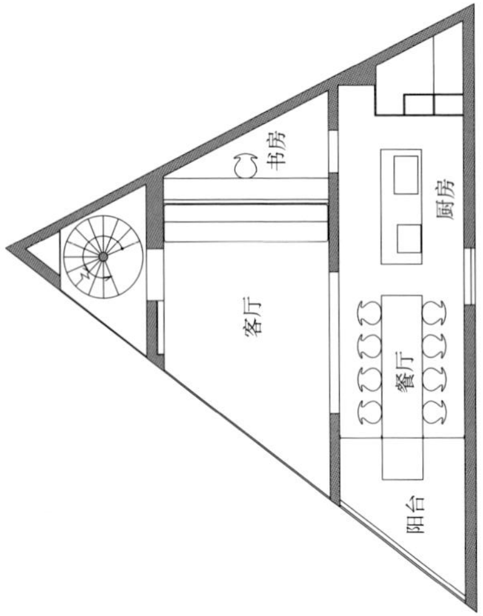

2层平面图

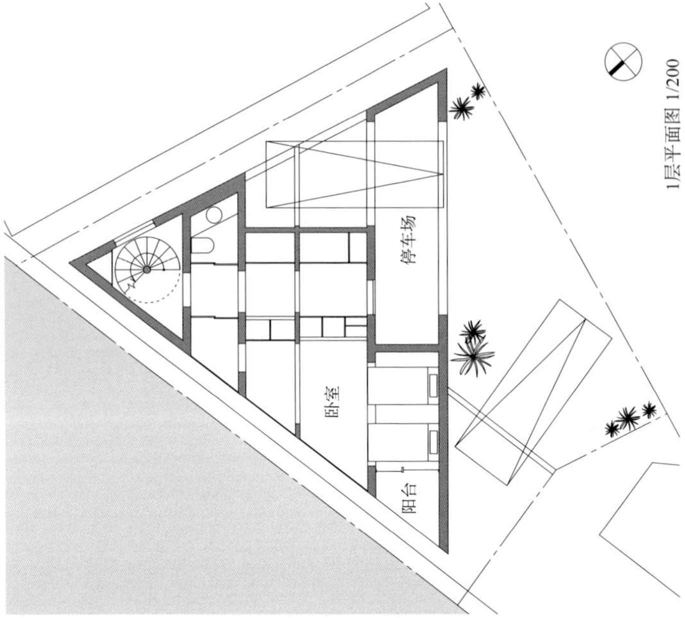

1层平面图 1/200

建筑项目数据：

所在地——神奈川县横须贺市佐岛
主要用途——住宅
地域·地区——第二类中高层居住专用地区、准防火地区、第一种高度地区
建蔽率：48.36%（许可范围60%）
容积率：130.94%（许可范围200%）

占地面积——132.09平方米
建筑面积——63.88平方米
使用面积——172.96平方米
结构——RC结构
层数——地上3层
委托人·运营方——Nowhere resort

设计者——吉村靖孝建筑设计事务所（吉村靖孝）
设计协同——结构：铃木启/ASA、设备（机械）：EOS plus（山下直久）、设备（电气）：Comodo设备规划（小宅尊）
监理——吉村靖孝建筑设计事务所（吉村靖孝）
施工——平成建设（八桥佳昭）

施工协同——空调·卫生：石井设备工业、电气：岩泽电机商会、家具：Landscape products（中原慎一郎）
设计期——2007年4月—2008年8月
施工期——2008年9月—2009年6月

2009年

建

滨海国际酒店

市金泽区

在泰国制造后运输至横滨的集装箱型酒店

复式结构的客房楼外观、
由24栋复式结构的建筑与7栋单层结构的建筑共同构成该酒店（照片：吉村靖孝）

细长的箱子连排站立，就像面向大海聚集而来的群众。这些都是酒店的客房，使用海运集装箱规格的材料搭建两层而成。预计二〇〇九年年末竣工的『横滨滨海国际酒店』，位于横滨市工业地带的中心——白帆港。除此以外，旁边还有奥特莱斯购物中心，这一带已被作为横滨市商业化规划的一部分。

委托人要求『海外制造』

这个项目的所有者通过酒店建设的竞标而取得了这块土地。由于横滨距东京较近，究竟酒店的客人能达到什么数量，未知要素较多，总之委托方将该项目的设计委托给吉村时，希望能够尽量控制初期投资。

日本国内建材的建设成本在世界范围内都非常之高。因此业主希望建筑能够在海外建造而后运到日本来。这时想到的便是集装箱。如果是『海外制造』，必然需要运输手段将其运回日本。

1 西北侧景象。每栋楼都注意避开对方的视线，同时保证了海景视野和采光。所在地块面向横滨市金泽区的根岸湾。 | **2** 北侧道路看到的情况。北侧道路高于地面600毫米

如果能做成集装箱大小，这样就可以在其已完成的状态下使用集装箱将其运回，运输成本也十分低廉。集装箱不仅运输费低廉，在中国等地制造的成本也很低。

但是，日本的建筑基准法中规定集装箱必须达到JIS规格方可使用，因此将ISO规格的集装箱拿来使用是不可行的。因此，设计又更改为不是制造集装箱并运输回来，而是仅制造框架，使其大小与集装箱相同。

分为数栋楼以解决噪声问题

在泰国找到JIS规格的制造商后向其委托了业务，接着用船将成品运送至本牧的港口，从那里再经陆路直接运送至建筑地。当然最理想的是将成品直接海运至白帆港，但是由于该港口较小，无法接受承载集装箱的大船。没有办法只能通过陆地运输，导致日本境内的运输费竟高过了从泰国到日本的运输费。

将集装箱规格的箱子每两个

进行重叠，形成了复式和单式两种形式的客房。一栋即为一所客房。为了避免出现噪声问题，箱子并没有横向连排，而是分别独立成栋。集装箱如果横向紧密排列，声音会通过两者间的缝隙向下传送，这一点通过试验得到了证实。

如为解决这个问题而加厚墙壁，由于框架外形已经固定，这样一来室内的使用面积就不得不减少。箱子宽度仅两千四百二十八毫米，墙壁必须尽量轻薄。于是，最终通过分栋建造，利用距离来解决噪声的问题。当然如果要在楼间穿梭，就必须要走到室外，这也未尝不是件令人惬意的事情。

同时，作为所有客房的共同规则，开口部分一律面朝大海，且方向不一致，各自朝向不同的方向。由于近处即是海滨公园，为确保隐私，这样的设计是十分必要的。

—来自世界各地的关心—

该酒店完成后，关于这个集装箱大小的单元建筑，许多来自其他国家的人们都来咨询项目信息。俄罗斯、阿拉伯联合酋长国、以色列、韩国……

1 图为复式客房楼间的空间。由40英尺集装箱大小的、约为12米×2.6米的单元双层叠加而成。 | **2** 复式客房楼的南侧外观。复式客房总计24栋，上下两层通过螺栓和螺母连接固定。 | **3** 从侧面入口看到的大厅。其后为餐厅部分

复式客房的内部。天花板高4635毫米。
从铁骨楼梯、设备机器到内装及附属设备均在泰国完成组装后通过集装箱船运至国内。

虽然这么多人都来咨询，不过并没有听说有类似的项目落成。吉村猜想，他们恐怕已经开始悄悄在着手了吧。

集装箱本是用来运输货物的箱子，由于需要人进入到其中去作业，因此其大小被控制在作为建筑结构可用的范围内。世上的物品中，它恐怕是运输形式上可被运送的最大货物。也正因此，将它作为可运输和移动的建筑物材料，其可能性是多样的。（访谈）

1 在泰国工厂组装建筑单元的情况。| 2 之后通过海运到达日本的建筑单元通过拖车运送至建筑现场。| 3 现场搭建的情况。| 4 每个建筑单元利用螺栓和螺母进行接合固定

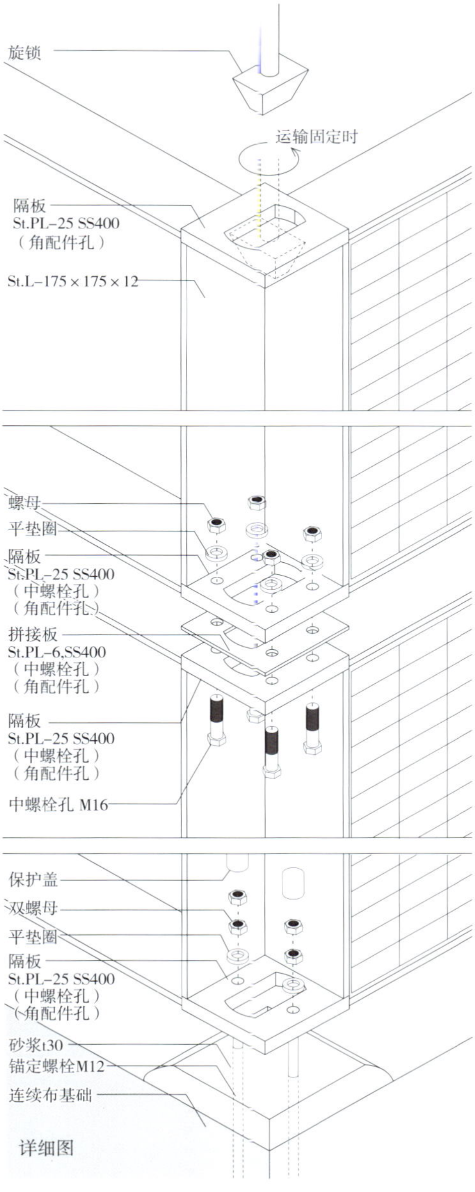

详细图

建筑项目数据：

所在地——神奈川县横滨市金泽区白帆6-1
主要用途——酒店
地域·地区——准工业地域、准防火地区、第五类高度地区
建蔽率：23.16%（许可范围：70%）
容积率：28.11%（许可范围：200%）

占地面积——7426.39平方米
建筑面积——1720.17平方米
使用面积——2087.37平方米
结构·层数——S结构、地上2层
委托方——横滨湾边度假村（横滨bayside resort）

设计·监理——吉村靖孝建筑设计事务所
设计协同——佐藤淳结构设计事务所（结构）、环境工程设计（设备）、城市住宅都市建筑研究所、全球景观设计顾问（景观）

施工方——狭间
施工期——2009年1—12月

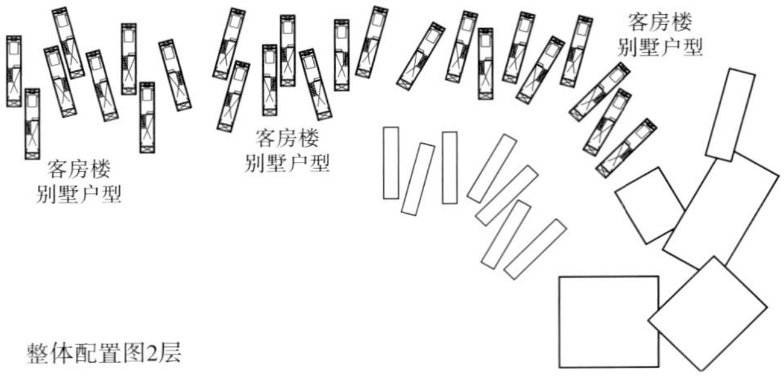

整体配置图2层

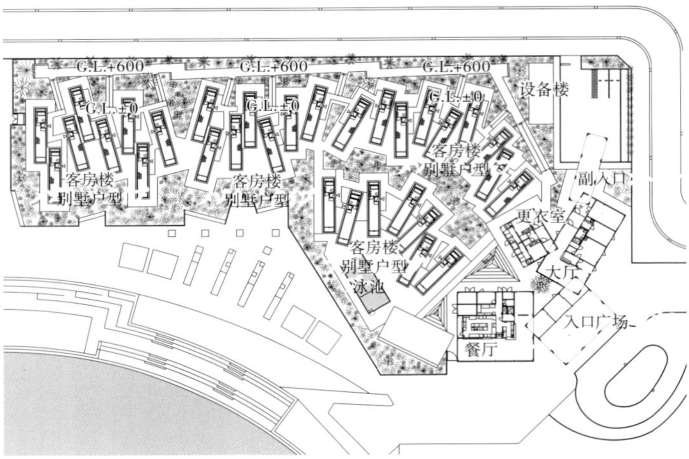

整体配置图1层 1/1600

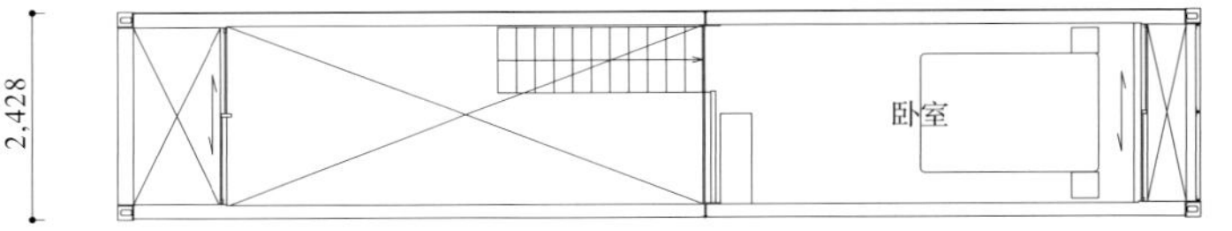

别墅户型平面图2层

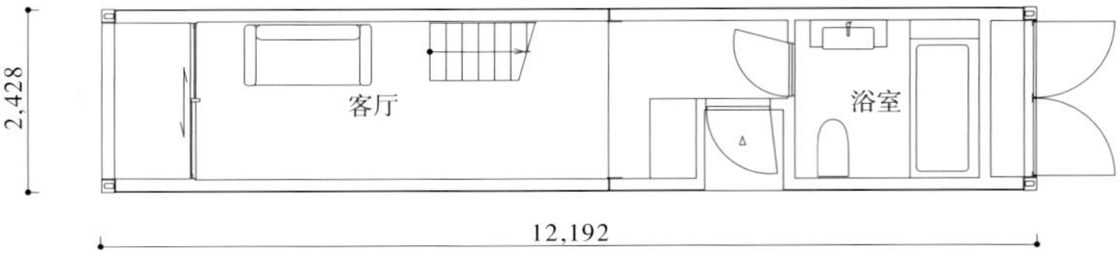

别墅户型平面图1层 1/150

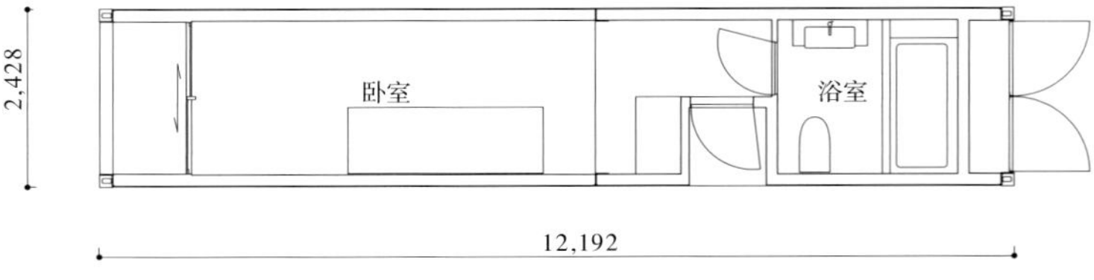

平板户型平面图 1/150

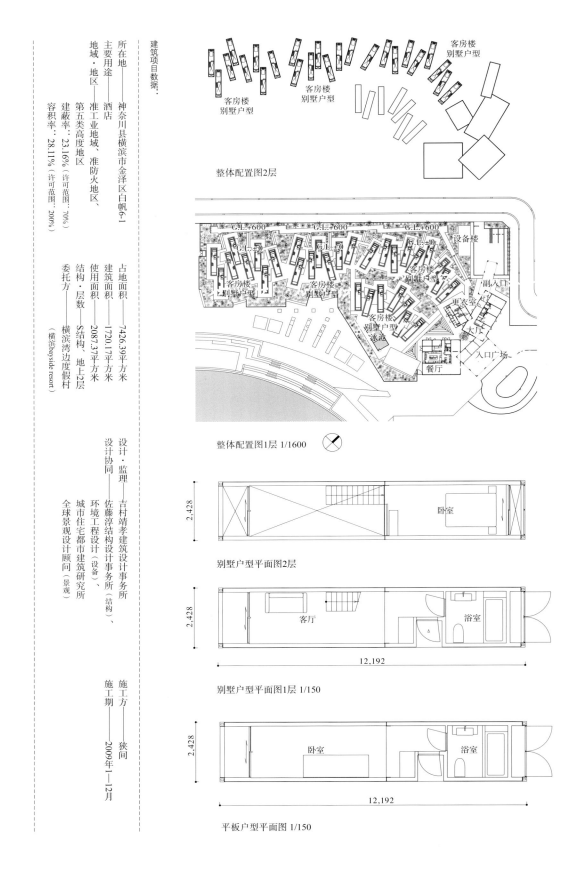

街道散步中产生的《超合法建筑图鉴》

在荷兰MVRDV工作两年回到日本后，吉村从街景中感到了不协调。于是他开始思考，是什么样的法规造就了如今的街景。他在指导毕业生论文的同时开始着手调研，其成果就是『超合法建筑图鉴』一书的诞生。

二〇〇六年五月出版的『超合法建筑图鉴』（彰国社）中，收集了许多由于法规限制而与周围格格不入的建筑的照片，并解读了隐藏其中的法规。书中将建筑照片绘成插图，并添加辅助线加以说明。深入浅出地说明了遵循怎样的法规而形成如今的街景。这本书正是吉村靖孝（吉村靖孝建筑设计事务所）在进行的大量实地考察的基础上产生的。

吉村从一九九九年起，在荷兰的MVRDV工作了约两年的时间。『从国外回到日本时，不知为何，总感觉本该熟悉的街景显得不协调』。回国后，吉村于二〇〇二年接到了『Gallery·间』举行的『未来建筑』展览的邀请，当时便萌生了将不协调的街景作为出展作品的想法，于是开始了实地调查。

吉村走上街道调查，很快就发现了一栋建筑，它因受法规限制使得造型如同复杂的雕像。吉村见此，更加注意观察法规与街景的关系。『那时刚好是一级建筑师的考试期间，正好可以将建筑法规知识与现实中的建筑对应起来，是个验证的好机会。』

与理科大的学生进一步扩大调查，将四年成果汇总成书

吉村带着相机在街上漫步，一旦发现与周围不协调的建筑就拍下来，分析其中包含着怎样的法规限制，并且将这些凸出于街景的建筑合称为『超合法建筑』。将解读都市法规的实地调查方法命名为『解码（the code）』，并在展览会上发布了成果。

二〇〇三年，吉村到东京的小嶋一浩研究室为毕业生指导论文，并与学生一同开展了『解码』调查。论文指导持续了两年的时间，第一年研究了建筑角度和层数、宽度等数据，由此倒推法规。第二年，为了验证法规是否能用于建筑设计，以建筑操作为标准进行了分类。之后，从长达四年的『解码』调研中选出了七十七个『超合法建筑』，将它们进行了简单明确的分类，集结成书。

至于实际建造建筑与实地考察的关系是什么，吉村说道：『从学生时代就对规范建筑的条条框框很感兴趣，法规就是其中之一。我想

NA2006年12月11日号
（Next-A）刊载

认真对待这些法规，从积极的角度重新解释。实地考察也不仅仅是解读城市的工具，我希望它能够成为有利于城市和建筑设计的积极因素。」

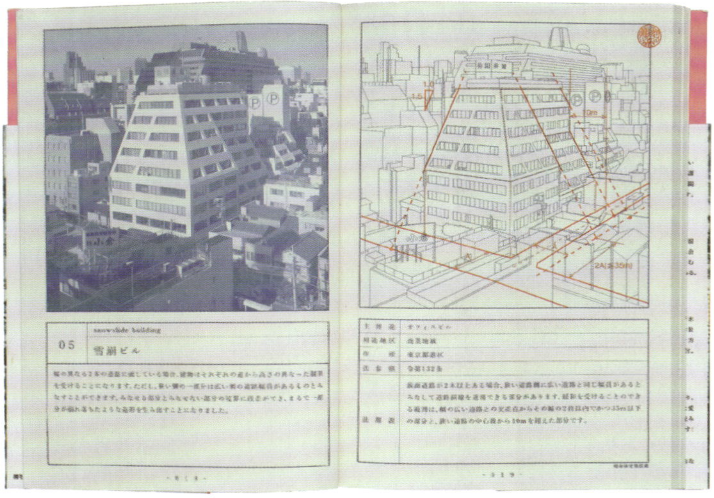

“雪崩大楼”。根据道路斜线缓和规定，建筑斜面的一部分（照片后侧）呈现出崩塌的形状。在九种分类中，本事例被列为“雕刻系”。拍摄照片时为了方便画辅助线，着重拍摄出水平和垂直方向

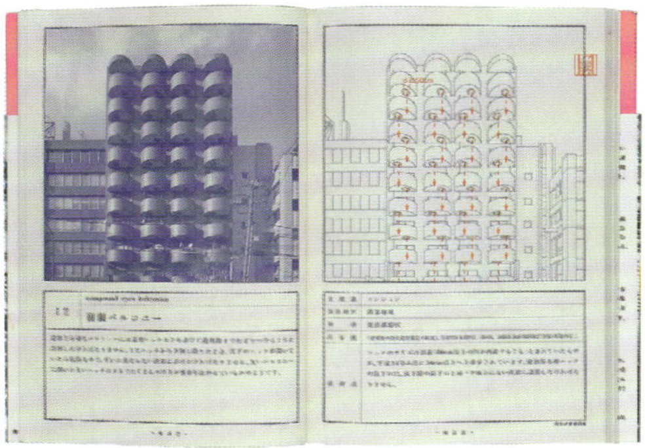

“复眼阳台”。根据建筑物防火避难规定，阳台的逃生口不能重合，本案例逃生口设计为左右错位

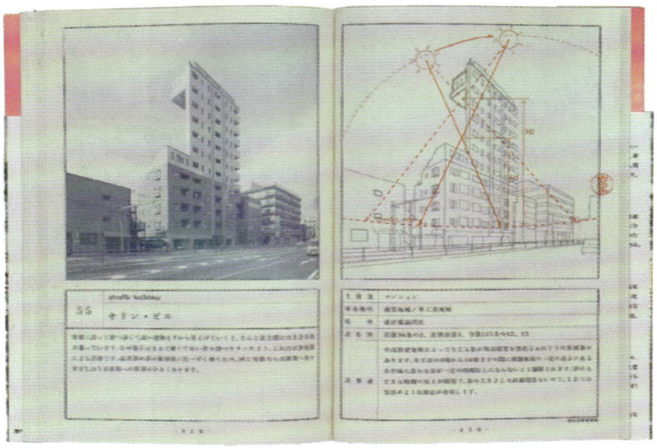

“长颈鹿大楼”。根据采光相关规定，大楼的顶端设计为箱形，酷似长颈鹿的头部

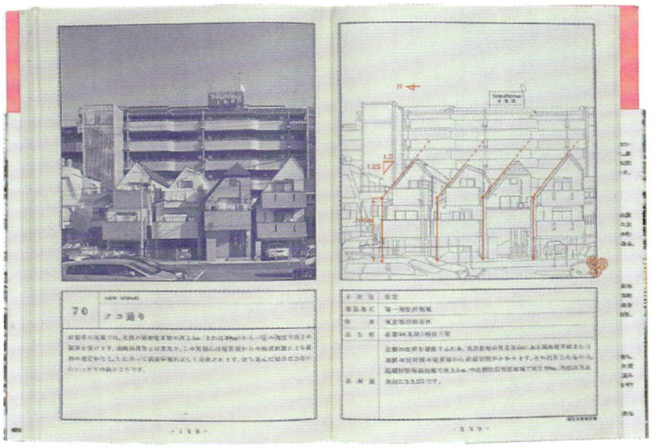

“锯齿之路”。为了保障北侧的采光，需限制阴影斜线，因此同样角度的屋顶锯齿般排列在一起

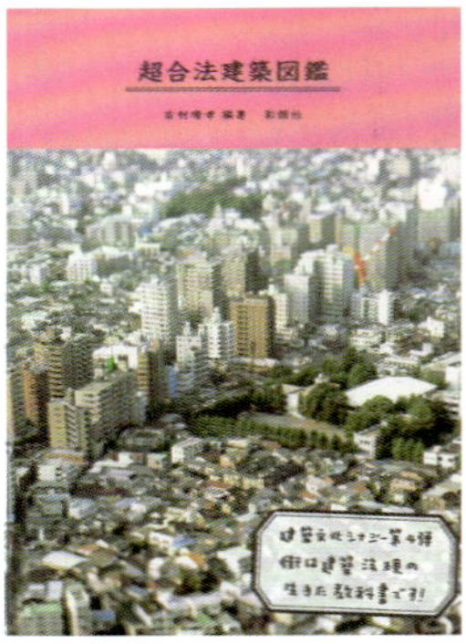

《建筑文化协同效应超合法建筑图鉴》（吉村靖孝编著彰国社）。定价2000日元。封面照片由本城直季提供

专栏

学长、同学、学弟口中的吉村靖孝

吉村在早稻田大学和许多人有交集，还在博士退学前创立了人生第一个事务所。他在『设计演习』课上将著名住宅重新演绎、制作的模型，现在仍被奉为传说。我们采访了吉村在校时的学长、同学、学弟以及他最初的合作伙伴——弟弟英孝。

01 吉村英孝

日本工业大学助教、吉村英孝建筑设计事务所

吉村英孝：1975年生于爱知县，1998年东京工业大学毕业，2001年共同设立SUPER-OS，2005年东京工业大学研究生院博士后期课程满分退学，创立吉村英孝建筑设计事务所，2010年起担任日本东京工业大学助教（除第214页之外的头像照片均由日经建筑提供）。

深切感受到设计方式的不同

小时候，身为汽车工程师的父亲会让我们『设计一下未来的汽车』，在我家那儿是很平常的，我们兄弟也把那当成游戏。不知是因为年龄的差距还是才能的差异，哥哥画了一辆浮在空中、只靠操纵杆操控的梦幻汽车，而我却画了厨房、卧室，最后画了一大片田地，脑海中的汽车越变越大，最后变成了一个大房子。那时候我虽然很小，却觉得哥哥设计的车子很酷。

上小学时哥哥比较瘦小，我刚上小学时总觉得周围的人都在欺负他，其实大家或许都是善意。我当时比较高大，曾为此与哥哥的同学针锋相对，反被他们收拾了一顿（笑）。由于我们体形不同，自然而然的，我更喜欢运动，而哥哥则在绘画上投入了更多的精力，常常为演奏会绘制海报。我们也算是各有所长。

我和哥哥相差三岁，所以升入初高中后就没有了在学校碰面的机会。有件事令我印象深刻，那时哥哥开始学吉他，我们经常一起看一档名叫『时尚乐队天国』的深夜电视节目，并点评各个乐队的优劣直到天亮。我们还一起组过乐队（笑）。

后来我们一起搞设计，我清楚地感觉到我们的不同，我曾经热爱体育锻炼，所以更重视身体感觉到的东西，更多考虑由实体包围构成的『空间』。相反，曾经着意于绘画的哥哥更重视构成空间的『实体』，如墙壁等。可能因为这个想法的不同，我们很少意见一致。

第一次共同设计的药店顺利完成

—

我考上大学来到东京，在祖母家中和哥哥一起生活。那时哥哥上大学四年级，隶属于早稻田大学古谷诚章研究室，很少回家。我则在东京工业大学读大一，还没开始上建筑课程，尽管如此，我还是帮助哥哥完成了毕业设计。

在那之前，我在家中看到许多他的作品，形态都比较简单，但都表现了将建筑从建筑制度、重力等束缚中解放出来的灵活想法。但是毕业设计要先设计形态复杂的模型，将模型拍成照片后转换成平面图或CG等，需要很复杂的技巧。恐怕是哥哥在与森川嘉一郎等同学的竞争中，发现了与传统方法不同的可能性，并大胆地进行了尝试。

之后，在我研究生一年级的时候，接受了为好友家的药店做设计的任务。那件名叫『双面店铺』（一九九九年，参照下页）的作品，是我和哥哥一起完成的第一个作品。由于是两人的首次共同设计，我们一致认为，应该设定某种条件，在此基础上确定作品的形态。这与我现在的研究也有联系，我从沿路的空间、也就是外部因素开始着手，哥哥从制度和构造等内部因素开始着手，共同探索满足双方的规则和条件。就这样，我们在流程和想法上互补，比较顺利地完成了任务。

唤醒的深层框架和作品的偏离

—

那之后有一段时期，我们组建了SUPER-OS，共同工作了一段时间。我成为东京工业大学塚本由晴研究室的初代成员，在博士课程的第一年赴法国巴黎进行了调查研究，并制作了指导手册。我在法国停留了约一个月的时间，那时在荷兰鹿特丹MVRDV工作的哥哥联系我，邀请我一起建立事务所。

正如OS这个名字所表现的，我们事务所的中心概念就是：事务所像操作系统，而每个人都是应用软件。二十世纪九十年代『组合派』逐渐抬头，同时更多人关注、讨论设计的流程，组织形态被频繁提及，基于此产生的作品『平凡乏味』。我们想通过我们的工作室，创造冷酷却又充满英雄色彩的作品，打破设计平凡的僵局。

SUPER-OS很少协商决定设计，虽然我们也互提方案，但各自有各自负责的部分，总是在商议的过程中自然而然就达成了一致。我们像是两个独立的应用程序，通过沟通提高彼此的互换性和合作性。

现在回想起来，姑且不提那时的作品，只从我们个人来看，因为我们在设计领域中是十分类似的应用软件，所以用户根据喜好能够很明确地选择我们其中之一，因此我们各自的能力并没有提升整个事务所的价值。在这个层面上，事务所的结构存在缺陷，导致难以共存。

二〇〇五年解散了SUPER-OS后，再回头看哥哥的设计，能发现他总能够唤醒作品深处隐藏的制度和体系，将作品的框架纳入作品设计之中，这是他设计的基本态度。但是，他唤醒的框架与作品，仍是条件与结果、基础与上层建筑的关系，仍旧是分离的，透出不协调的感觉。我认为，建筑与框架斩不断的关系十分耐人寻味，对这一点在理解上的差异，今后也会鲜明地体现在彼此的作品中吧。

“双面店铺”外观。店铺外墙采用锯齿状的玻璃铺成。设计者为吉村靖孝+吉村英孝+渡边佐和子，采用MOM方式，位于大分县宇佐市，于1999年完成（照片：浅川敏）

“双面店铺”内部。店铺中兼有药房与药妆店，玻璃一侧用白色字体大幅书写着店名

02 森川嘉一郎

明治大学国际日本学部副教授

森川嘉一郎：生于1971年，1995年毕业于早稻田大学理工系建筑学科，1997年于同大学研究生毕业，2004年担任威尼斯国际建筑双年展日本馆专员，2008年起担任明治大学国际日本学部副教授。

用讨巧的想法取胜

吉村和我是同一所大学的建筑学科的同窗。我们大学的设计演习也和多数大学一样，需要在完成课题的过程中，每周提交进展报告，教授和助教会从中选出优秀的报告，让学生到台前介绍，再由教授们进行点评。

在这个过程中，总会有几个学生逐渐地固定下来，这也是各大学司空见惯的情况。在我们年级，有五个人经常上台做介绍，吉村和我就在其中。我想介绍一下这五人各自的特点，更有利于说明吉村在五人当中的特殊之处。

非建筑领域的创想非常出色

首先说说我们之外三人的特点。其中一人是各学校各年级都会有的硬汉型，特点是强硬。另一人则靠诗人般的感受力与格调取胜。最后一位是女同学，她在设计上也拥有诗人般的感受力，同时她非常善于领导他人，她经常让学弟学妹帮忙，还曾经让学长帮她做过模型。

我则是个忠诚地反映老师教导内容的学生。老师如果要求有特点的设计我就会照做，如果是规划学的老师留的作业，我就会着重体现规划学的内容，像这样根据课业的不同，我的风格也随之变化。某种意义上，我与诗人型的学生是正好相反的类型。

吉村和刚才列举的四人都不同，靠匠心独特取胜。说好听些是机灵讨巧，说不好听些就是要小聪明。他的想法很多时候来源于建筑领域之外。所以有些老师们常批评他：『建筑不是脑筋急转弯。』

但是他的想法真的很讨巧，尤其适用于变数多的课题设计。从他现在的设计中，也能隐隐看到当时的影子。

我们大学除设计演习外，很重视非建筑领域的构思，有一门课是专门让学生画概念性的插图，吉村的思维模式与这门课完全吻合，课堂上他总是能创作出优秀的作品。

无论是当时还是现在，我都觉得吉村的想法与传统的建筑学不尽相同。但实际看他的建筑设计作品，又能感受到极强的感受力，而不完全是概念性的创新，感觉他的想法与他的作品存在差异。这一点在建筑家当中也是很常见的。

03 小嶋一浩

横滨国立大学研究生院Y-GSA教授、CAt合作伙伴

小嶋一浩：1958年生于大阪府，1982年毕业于京都大学工学系建筑学科，1984年从东京大学研究生院毕业并取得硕士学位，1986年在该大学研究生院攻读博士学位时，与伊藤恭行等7人共同创立了『空棘鱼』工作室。1988年修满博士课程未取得学位退学。2005年将CA改组为CAn，后在东京理科大学担任教授，2011年起担任横滨国立大学研究生院Y-GSA教授。

给大家带来幸福和成果

我现在仍清楚记得学生时代的吉村。那时我作为早稻田大学的兼职教师，教授本科三年级的『设计演习D/E』课程。给吉村上课的那一年正是我在早稻田任教的第一年。吉村和他的同学森川嘉一郎，在同年级的学生中十分突出。

那门课程每两周会出一次作业，很多都要求学生在三十厘米规格的稿纸上做设计，而且并非平面设计而是立体的设计。由三个兼职教师和一个客座教师出题，要求学生两周后提交作品。

老师们会为作品投票打分。能获得全部四票的都是非常突出的优秀作品，一般只有一个作品能获得四票，很多时候一个都没有。获得三票的是相当优秀的作品，每个年级大概有十人。评分高的学生会在课上介绍自己的作品并接受点评。

将纸板反转过来，空中就出现了那所著名住宅

那时几乎每次作品介绍中都有吉村与森川的身影。森川的作品风格稳定，评审时总能认出他的作品。相反，如果将吉村的作品放在一起，完全不像出于同一人之手。当我们把全年的优秀作品收编成册时，发现那样风格迥异的作品竟出自同一人的设计，都感到十分诧异。

吉村有一件作品令我印象深刻。那次作业的题目是著名住宅建筑，吉村设计了施罗德住宅。这个设计要求不仅要做模型，还有其他附加条件。吉村的作品是在三十厘米的纸板上，散放着施罗德楼著名的三原色的纸板，模型并未立起来，但是到处能看到绳子头。当我把纸板反转过来时，那些互不相连的素材垂下来，构成了施罗德住宅。

里特费尔德设计的这座住宅，的确具有纸板的性质，所以这种表现手法并非适应所有建筑，而『只适用于这座建筑』。而且吉村比较完整地还原了原建筑，所以素材的数量很多，但是翻转纸板后这些素材并没有发生缠绕，垂下后十分利落，这都令我印象十分深刻。他并没有将建筑的各个部分简化成形状，而是比较细致地还原了建筑各部分原有的样子，即使如此，当素材倒立着构成建筑时，彼此之间还能准确地衔接。

了解本质并直面挑战

我现在也和当时一样，关注作品而非作者。对于以前教过的学生，只要提起他的毕业设计，我就能记起他，可如果只看脸，反而想不起来。

每次我看到吉村的作品，都觉得这个作者

很厉害，但是我自己也不明白，为什么看不出那些都是他的作品。但这并不是说他的人容易被忽视。吉村曾问过我：『您真的没看出是我做的吗』？可见他并非有意，而是因为我将全部注意力放在了作品上。

我感觉，他是了解了本质后再从周边着手的类型。他并非有意绕过本质，而是想从正面进行挑战。他关于施罗德住宅的设计，毫不敷衍，也不是为了博取赞赏，只是用这种方式无声地解说：『它就是这样的建筑。』

吉村总是在不同的课上提交风格迥异的作品，常让人感叹三年级的学生怎么能做出这种事。我同时也在东京大学做助手，也在其他学校兼职授课，从没见过其他像吉村一样的学生。

吉村同年级的学生中还有一些其他有意思的学生，但全年都很引人注目的，只有他和森川两个人。在那之后我接任的班级中也有许多有意思的学生，但在我初入早稻田大学的第一年，他们两个是最突出的。

吉村拥有很强的观察力。若非如此，决不能每次都那样敏锐迅速。设计演习考验学生的爆发力，只要稍有犹豫，就赶不上提交日期。但是，我并没有见过他耗时一个月或一个半月的普通设计，也没见过他的毕业设计，我知道的只有他在设计演习课上的表现，所以对他的了解可能并不全面。

期待他的大规模公共项目设计

吉村关于《超合法建筑图鉴》的基本想法，是在他担任东京理科大学兼职教师的时候，作为毕业论文候选题目提出的，并在指导毕业生论文的过程中进行整理，最终成书出版。在我以前工作过的东京理科大学理工系，在学生进入研究室的时候，教师需要给学生一些毕业论文的题目选项，让学生选一个去写论文。我一人没办法每年想到那么多题目，于是就拜托大家：『如果谁有题目想要收集数据，或者想和学生组成团队搞研究的，请把题目分享出来。』

其中吉村就提出，想对『法规造就的怪异建筑』进行采样，可以将之作为毕业论文的题目。之后，他以出书为目的建立了团队，四处奔波，终于著成了一本图文并茂的优秀书籍。

还有许多人为我提供了想法，但是最终成书的只有吉村。将努力的时间化为成果问世，这作为作家十分了不起。作为他指导的学生，努力能够变成书出版想必很有成就感。这样既令他人幸福，又让自己做出成绩，这是吉村一贯的风格。

如果将吉村比喻成棒球选手，他并非以快球强球见长，而是以犀利取胜。但他也并非是技术派，而是自然纯朴的感觉。他是会微笑着上场，认真思考力所能及的事情。并且比一般人能够打出更多的好球。

至于日后对吉村的期待，想必我不说什么，他也会出色优秀。他巨大的器量已超越建筑，在建筑与其他领域的分界线上也发挥了能力。如果一定要说，我希望看到建筑本身的力量。希望他能在大型公共项目中实现。比如他如果设计学校，恐怕能在我们所熟悉的学校中完全注意不到的地方突发奇想，设计出全新的学校。希望他可以涉猎这样的领域。

04 马场正尊

OpenA代表、东北艺术工科大学副教授

马场正尊：1968年生于佐贺县，1994年早稻田大学研究生院毕业并取得硕士学位。历经博报堂、早稻田大学研究生院博士课程、杂志《A》总编之后，于2002年设立Open A。2008年起担任东北艺术工科大学副教授（照片：柳生贵也）。

具有村野藤吾遗风并极具服务精神

我与吉村最初的相遇是在一个名为『Architect café Cyber Metric』的网站，当时年轻的建筑家都在上面写博客，我和吉村都写过文章。另外，早稻田大学有一本杂志叫《早稻田建筑学报》，曾办过一个策划，请吉村和森川嘉一郎和我三人在一起做论坛，那是我第一次和吉村说话。吉村和森川都是同年级的明星级人物，我满怀兴致地看吉村和风格迥异的森川对话，至今记忆犹新。

在那之前，我就从吉村的言行和作品中感到，吉村是自村野藤吾之后继承了早稻田大学的美学精髓，实际和他交谈后，更是这样觉得。同时，我是石山修武研究室出来的学生，这个研究室是今和次郎、吉阪隆正和石山修武的大本营，是『野兽派』的系统。

而吉村出自古谷诚章研究室，又去荷兰的MVRDV工作过，虽和我们流派不同，却很值得信赖。我那时时常感叹天造英才，才华难得。二〇〇三年左右，就是吉村从MVRDV回来不久的时候，他接手了一个项目。

近距离感受他对细节的追求

那时他开始着手于集装箱的项目，我不由得十分惊讶。我一直觉得，他素来是避开从这个角度谈建筑的。会谈及集装箱什么的，不应是他而该是我。石山研究室本就擅长流通、成本等领域，我就是从石山研究室出来的。我一直经济，那本是我们擅长的，怎么却由吉村侃侃而谈？（笑）

我也为吉村编著的《超合法建筑图鉴》写过书评，可以说吉村沿着村野藤吾的路线，完成了很完美的作品。虽然这种从社会性角度剖析城市的做法是野兽派的拿手好戏……希望他给我们留碗饭吃（笑）。年轻时就可看出吉村意欲清晰地表现对社会的立场，从超合法建筑中也可看出他超越建筑领域之外的器量，或者称为多面性的素质。

吉村总是有意识地将结论落在建筑学的造型上。但我却不执着于此，也可着落在别的媒体上，也可着落在城市现象上。这点区别正是吉村的特点。我既觉得可靠，又觉得羡慕。

从二〇一〇年到二〇一一年，我在东北艺术工科大学的研究室和吉村的事务所一起合作了旅馆『龟屋』的翻修工程。我得以近距离观察他的工作态度，很是震惊。

首先，我感到了他对细节的执着追求。比如，旅馆的每个房间只有三米左右的宽度但他总是追求完美直到毫米。

对材料的渊博也令人称道。作为一个恋物癖，如果发现了新的材料或是技法，总会特别高兴。吉村就在工程中极其自然地使用便宜的木丝水泥板，看上去就像洞石一样。他总在重要的地方使用出人意料的材料，将便宜的材料运用得典雅高贵。每当看到他这样的设计，都感到他是与村野一脉相承的天才，在旅馆『龟屋』的工程中，我尤其这样感觉。

直面大众，坦荡帅气

他虽然具有村野的风格，但却极其信奉大众，我私下里觉得，在这一点上我们是相同的。他不会欺瞒大众，或者说他直面大众的姿态，非常坦荡帅气。他也敢打扮时髦地上杂志，或者说是积极相信大众的表现。这种态度与他作品的风格虽然不同，却十分可嘉。

至于今后的吉村，想必他会一如既往。感觉他的风格从很久以前就已固定，不动如山至今。在长期的工作实践中，他一直保持初心，不曾动摇。他虽在材料和外观上追求完美，却不拘泥于吹毛求疵。对于合作过的人来说，都能感到他深切的服务精神。我觉得这也是信赖大众的表现。而且无论他做出多么美轮美奂的作品，也绝不自我陶醉其中。

05 中村拓志

NAP建筑设计事务所代表

中村拓志：1974年生于东京都，1999年明治大学研究生院理工学研究科博士前期课程毕业，进入隈研吾建筑都市设计事务所。2002年设立NAP建筑设计事务所。研究生院时代作为研修生在早稻田大学古谷诚章研究所学习。

向往吉村先生将机制纳入设计的才情

大学四年级的春天，我突然喜欢上了参加竞标。我那时将过去十年的参赛作品都找来看，发现很多获奖作品都来自早稻田大学的古谷诚章研究所，也看到了吉村先生的作品。我看到他的设计和介绍，很受影响。

『建筑学生·设计大奖』竞标项目通过现场评审的方式产生冠军。在评审现场，由十名选手进行作品介绍，当场角逐冠军。吉村先生的介绍，我至今记忆犹新。他的设计主题是『有故事的房子』，他在犀利剖析现代故事的虚假性的同时，从积极的角度设计出一座极具故事性的房子。吉村先生像是在质疑主题，或是说质疑主题的煽情，同时用更高的视野，构建了更大的框架。

那次竞标中，吉村先生以这一作品拔得头筹。我不甘于后，第二年也赢得了冠军。吉村先生一直是我的偶像。其他还有一家人可以互换的房子等，很多从根本上改变竞标形式的设计。他以工业化为前提，在肯定这一前提的基础上提出新颖设计。他这种冷静的姿态一直延

续到现在的集装箱项目中。

但是我觉得，吉村先生的冷静背后，隐藏着感性的部分。

也许我有些不自量力，不过我觉得我与吉村先生的问题意识很接近，或者说我们有共同感兴趣的部分。这并不是说我们都爱设计好看的造型，而是我们都爱在经济机制的基础上去做设计，这一点十分有趣。我觉得像吉村先生那样，将机制一并纳入自己的设计之中，真的是非常了不起的。而且他看上去乐在其中，让人不禁向往。

—以身体感觉为中心进行设计是我们的共同点—

另外，像『RedLight・横滨』一样，在观察人的感觉认知后抽象为设计的做法，带给我极大共鸣。

我一直希望能设计出在大众和社会之间通用的作品。作为其中重要的因素，一是要有经济机制的设计，二是要包含人的感觉认知。我不希望所有设计都出于自己的审美，而是希望能从经济和感知等因素出发。

离开研究所之后，我和吉村先生各自作为事务所的经营者，也作为建筑家，经常有见面的机会，每次见面都有许多话说。比如我们曾经热烈地讨论过，当今设计事务所最需要的设计师，不是擅长理论和哲学的人，而是能够敏锐察觉并坦诚面对自己的身体感觉，并将这种感觉体现于设计中的人。

当今社会，失去了能让所有人分享的大故事，人应该怎样去分享身边的真实感受？在明知一切都是虚构的基础上，应怎样在建筑中具现那仅有的真实和仅有的可供分享的事物，从而去构建另一种意义上的社会，或说是一个整体。我认为我们都有这种问题意识。

在这样一个时代，大家都比较能在来源于身体的感觉上找到共鸣。我认为，以人的动物本能，也就是身体侧面为中心进行设计，是我们这一代年轻人应该关注的问题。在这一点上，我与吉村先生是一致的。

对于吉村先生的期待，是像『CC House』这样的项目。抛弃迄今为止建筑家们视如性命的版权，或许有些玩世不恭，但换个角度来看，这也是无比的乐观，我觉得这正是吉村先生的魅力。

—期待吉村先生挑战体系构建领域—

对于那些未纳入经济体系中的住宅设计师，吉村先生一直抱有讽刺的视线。设计师首先要摆脱作家属性，以建立在社会中能够成立的系统为己任，才能成为真正的住宅设计师。

这种想法真的很有趣。但是我实际能够看到住在房间里的人，也能见到建筑地的风土文化，看到了太多东西反而不能坚定。我认为就算是按照客户要求做设计，也应对社会性需求给予足够关注。

近代以来的建筑家，似乎都梦想着能借助工业社会批量生产的东风，却一一败下阵来。

我衷心希望今后吉村先生能实现这个梦想，他已经实现了一部分。我认为他具备实现这一梦想的头脑与魄力。

第三章

解读吉村靖孝（下篇）

2010—2012年

在吉村眼中，建筑并不是表现建筑家内心世界的舞台，
而是既有条件促成的事物。
他想要将他对众多市民的好感运用在设计中。
他的这些想法，造就了作品简明易懂的造型和新潮时尚的色彩搭配。

背景为“RedLight · 横滨”（第226页）的断面详细图

2010年

建筑作品
05

中川政七商店新社屋

奈良市

HA2010年[illegible]月10日号刊载
HA特别编辑版《环境新时代
[illegible]屋顶2010》刊载
[illegible]选本《屋顶的实践技
巧》刊载

连绵起伏的六栋人字形屋顶与街道相互呼应

从北侧看到的景色。右手边是与仓库直接相连的理货处。
外壁是用陶瓷壁板贴马步纹，与嵌入的温室窗框浑然一体（照片：吉村靖孝）

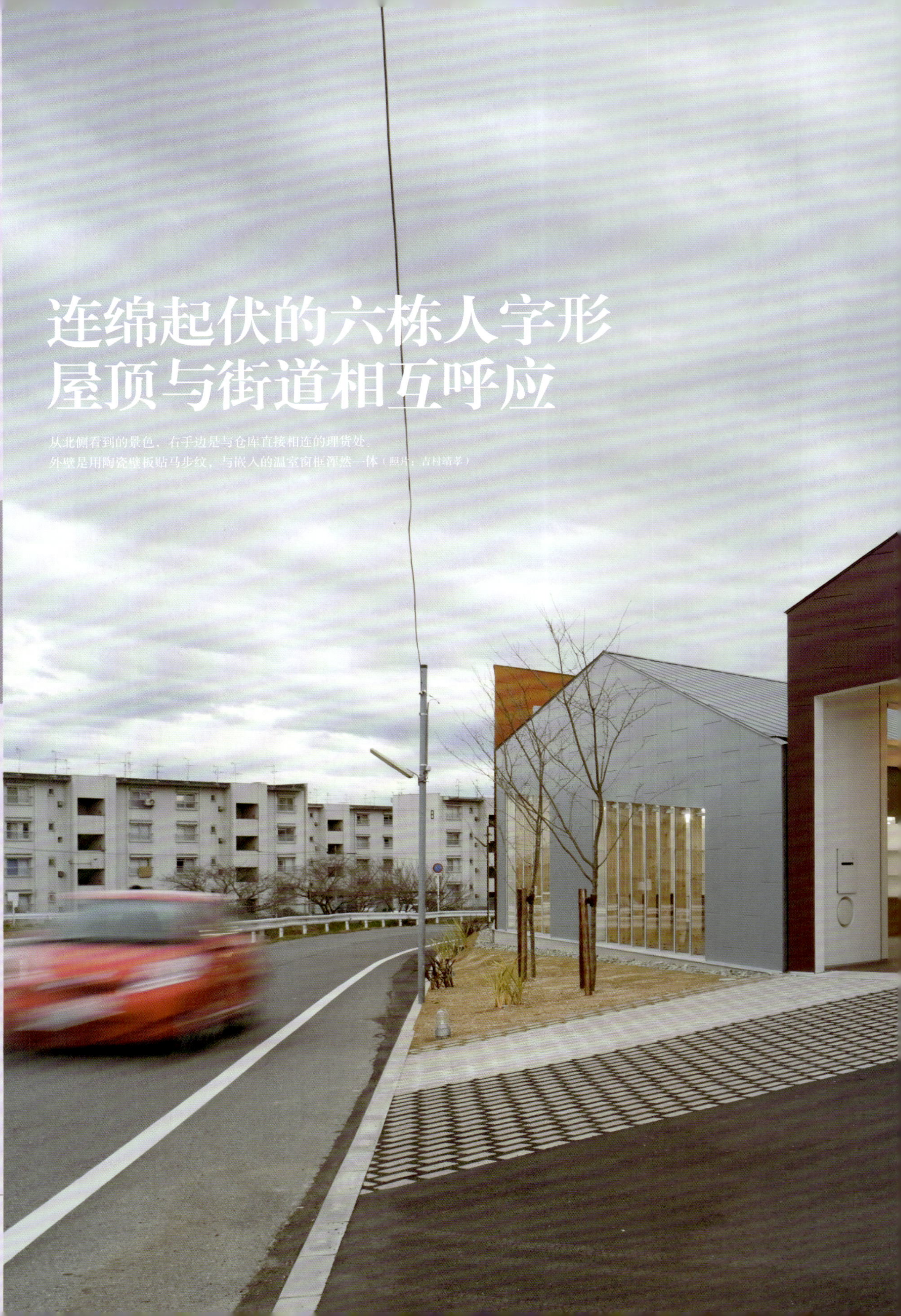

在不违反奈良的市容法规的前提下，最大限度地发挥颜色的功效，呈现出五彩缤纷的效果

奈良的老店『中川政七商店』的主营商品是以麻编织品为主的传统工艺品以及日用生活杂物，这是它的新店铺。『中川政七商店』将分布在奈良市各处的店铺集中到一处，设立新店址，并将设计工作交给了我。新店址在JR奈良站南面两千米左右，那附近有条主干路，路两边有不少郊区商业设施，但是『中川政七商店』的新店址离主干道更远，周围都是住宅和农田，还有河流和蓄水池，一派悠然闲适的风光。

要在这样的地方建造一千四百六十平方米的新店，无论从周遭的环境考虑，还是从搬运货物的功能上着想，平房都是最好的选择。同时考虑到员工上下班和物流的需求，还要保证停车场的车位数量。所以，需要在有限的面积中设计高精度的配置计划。

具体说来，我没有将停车场安置在前方而使之与建筑隔绝，而是将店铺的门面都设计在道路一侧，并让汽车都停到店铺的后面去。同时，店前的街道行人较多，而且能从河对岸看到，如果将一排单调而冗长的店面展现给街上和对岸的行人，未免简单粗暴，所以我为使店面具有恰当的变化，我将整排店铺分为六栋，看上去像是接连的六栋家宅。六栋建筑不仅颜色不同，高度和宽度、屋顶的倾斜度也各不相同，下面我将详细介绍这些形状的确定过程。

将办公楼增高、仓库楼降低，以此制造高低差

首先，按照使用功能将所有办公空间和所有仓库空间分门别类，计算出所需的面积，客观地做成柱状图，排在一起。然后比照地形的坡度，切割带状图。在这个过程中，办公空间的带状图从切线上突出出来。所以将办公楼建的高，将仓库楼建的低，并

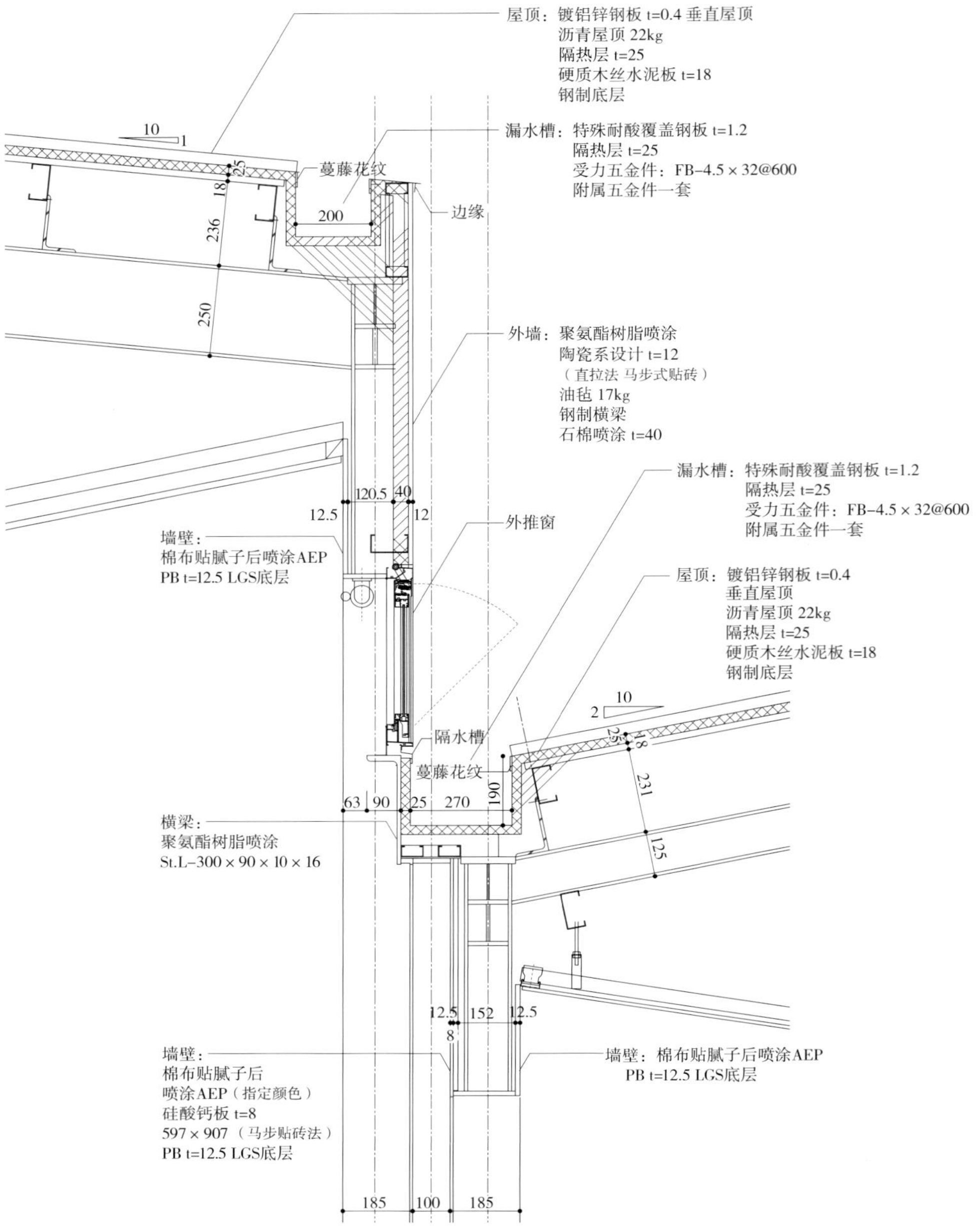
屋顶：镀铝锌钢板 t=0.4 垂直屋顶
沥青屋顶 22kg
隔热层 t=25
硬质木丝水泥板 t=18
钢制底层
漏水槽：特殊耐酸覆盖钢板 t=1.2
隔热层 t=25
受力五金件：FB-4.5 × 32@600
附属五金件一套
蔓藤花纹
边缘
外墙：聚氨酯树脂喷涂
陶瓷系设计 t=12
（直拉法 马步式贴砖）
油毡 17kg
钢制横梁
石棉喷涂 t=40
外推窗
墙壁：
棉布贴腻子后喷涂AEP
PB t=12.5 LGS底层
漏水槽：特殊耐酸覆盖钢板 t=1.2
隔热层 t=25
受力五金件：FB-4.5 × 32@600
附属五金件一套
屋顶：镀铝锌钢板 t=0.4
垂直屋顶
沥青屋顶 22kg
隔热层 t=25
硬质木丝水泥板 t=18
钢制底层
隔水槽
蔓藤花纹
横梁：
聚氨酯树脂喷涂
St.L-300 × 90 × 10 × 16
墙壁：
棉布贴腻子后
喷涂AEP（指定颜色）
硅酸钙板 t=8
597 × 907（马步贴砖法）
PB t=12.5 LGS底层
墙壁：棉布贴腻子后喷涂AEP
PB t=12.5 LGS底层
185
100
185

屋顶断面详细图 1/20

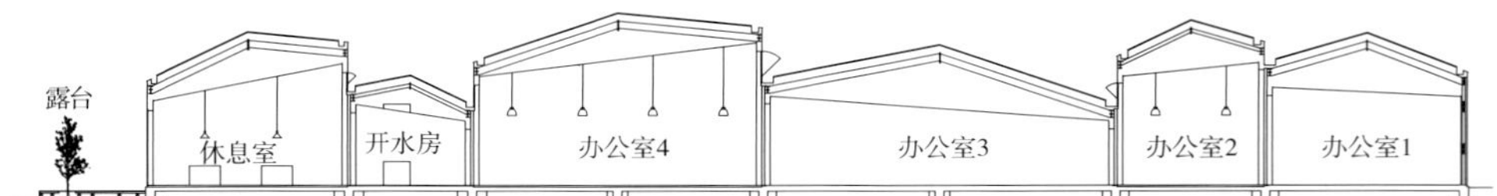
露台
休息室
开水房
办公室4
办公室3
办公室2
办公室1

断面图 1/400

天井高度较高的办公楼与较低的仓库楼交互并列，设置在不同高度的顶灯营造出明暗差别。图为家具搬入前的状态

在高低连线的垂直线上设置高侧采光窗，以便利用自然光。

这样正好可以使办公空间明亮，而使仓库空间昏暗，白天可以不用打开基础照明，另外这个采光窗还兼有自然排烟口的作用，每两栋设计一组。通过调整天井的高度，将两栋建筑的中央部分（联结部分）的高度加高用以排烟，并同时降低两端的高度，用以划分功能区。

针对办公空间，由于是一个开阔的大房间，容易设计得单调。我在设计时并未将地面做高低设计，而是保持水平，以充分发挥其机动性，相反在天井上多做设计，通过调整天井的高度来获得明暗、高低、角度等的变化，使房屋具有多样性且充满活力。另外，由于建筑距离道路很近，所以窗外的景色以及光的变化也使室内空间越发丰富饱满。将打造内部空间的风格的方法直接移植到外观上，就使得外墙这个连接建筑物与外界的接口也同样三满多变。

整个连栋建筑的关键在于屋顶的设计。屋顶外形与周围住宅的轮廓风格一致，也是住宅式，为了在略有坡度的天井中间留出排气管道的空间而设计出凸起部分，并将角度设计成最容易排出雨水的角度。为了满足这些条件而进行了多次研究，但只要是连栋式设计，就必然有低陷的部分，所以我特别针对雨水的处理做了大量研究。

为正面排水而开放上端

六栋建筑彼此并不共用脊檩和柱子，从内部几乎可以看到相邻建筑的好像外墙一样的墙壁。但是将每栋建筑之间的连接处做成膨胀节的话，在成本和排水上都有问题，所以我将彼此独立的柱子组合成拉面的形状，使其成为一个整体。

1500平方米的平房"看上去是6栋"

中川政七商店是位于奈良市、主营商品为奈良麻的批发商店，是一家拥有三百年历史的老店，如今沿袭老店传统，商品得到了众多的关注。用蚊帐布料做的"花布"获得了2008年优秀设计奖金奖。

通过在东京表参道大楼开店作为契机，中川政七商店在零售业也开始崭露头角。以麻编织物为主营商品的生活杂物商店"游中川"，截至2010年4月底，已有22家店铺。员工达到150人，营业额达到18亿日元（截至2009年7月）。

2010年3月上旬开店的奈良市新店址，看上去是6栋连续的色彩亮丽的住宅式建筑。实际上是1500平方米左右的铁骨架平房。设计成"住宅"的造型是为了与周围的住宅区相协调。

设计者是吉村靖孝，主题是"未来的城镇住宅"。为了使其成为兼具城市繁华与住宅宁静的空间，采用了面向道路深处的细长造型。同时由于公司内女职员较多，为了应对盆地特有的寒冷，采用了蓄电式地暖。

中川政七商店的第13代当家人中川淳是生于1974年的年轻社长，他谈到在原来的事务所，当他因思考问题而需要转换心情时总是去星巴克咖啡店。

到了新店址后，取代星巴克的是宽敞的食堂。中川先生谈到自己的决心时说道，"在这个新店址，我要更加坦诚地面对工作，继续生产出更多新商品"。

新店址的总建筑面积是1459.53平方米，由吉村靖孝建筑设计事务所设计、由满田卫资结构设计研究所完成结构、由环境工程设计配置设备，并由清水建设施工。工期为2009年6月—2010年2月

设计中为结合室内用途改变了天井的高度。利用相邻建筑的高度差设计了高窗，并在高窗中加入了采光、换气、排烟等功能。上图拍摄于新店址亮相时举办的设计者吉村靖孝演讲会，从事务所的后方面向道路方向拍摄

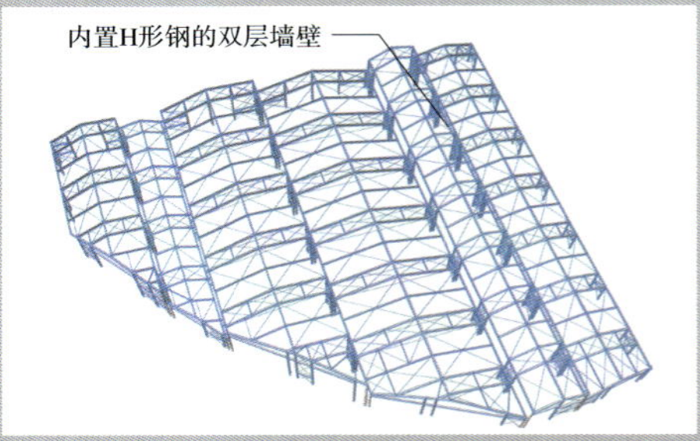

整个结构由内置了125毫米的H形钢的双层薄墙支撑。由于墙壁是双层的，且天井的高度不同，所以走到相邻的房间时有一种走进其他建筑的效果

相邻建筑间的低陷处铺设耐酸铝板做成横槽，基本通向建筑后侧的竖槽，设计单方向的坡度，正面也并非完全封闭，而是为了覆盖更多而将上端开放。在正面不安置竖水槽，降低显示相邻建筑分界的凹陷处的亮度，借此缓解墙面脏污。同时，为了减轻屋顶低陷处横槽的负担，在相连两栋建筑中较高的一栋中也设置横槽。一开始我计划在屋顶斜坡的中间也设计横槽，但通过调整脊檩位置和坡度，以及横槽的横切面积等要素，只安排在了低处。

在较低的屋顶上运用亮色以反射光线

地面面积的一半左右为仓库，由于仓库的用途就是要密集地排布货架，所以低成本是必要条件。由于建筑是平房设计，所以屋顶的面积很大。最终用镀铝锌钢板做成垂直屋顶，从现有的两个系列中选了六个颜色，为了将对总工费产生的费用降到最低，我尽量将更贵的系列用在屋顶面积更小的建筑上。

在颜色构成方面，我根据奈良县大规模建筑物（一千平方米以上）须用颜色图表的规定，选择了茶色系和灰色系的颜色，墙壁的涂料也调整成与屋顶一样的颜色。在颜色的排列上，为了能给高侧采光窗中的自然光起到一定遮光架的作用，我将较矮的屋顶都涂成了亮色，借此反光。同时为了提高每栋建筑的独立性，相邻的较高的建筑都用较暗的颜色。最终的颜色设计由我和中川政七商店的品牌设计兼艺术指导的水野学共同决定。

不等边的房屋造型为建筑带来动感

技术性的话题就说到这里，接下来谈一谈房屋造型的选择对建筑的意义。其实在设计初期，我想按照各栋建筑的高矮建立护墙，并直接盖上平屋顶。而有坡度的屋顶是我在设计过程中为了与周围的房屋建立联系而加上的象征性元素。在这样的推敲过程中逐渐产生了实际功能。

在拆去临时围墙、看到远处的生驹山脉的时候，我再次感到山脉的峰谷与建筑的屋顶、横槽重合在一起。屋顶的形状虽然是结合低陷处水量调整分水岭的结果，但它已不仅仅是基于水量动向的统计学产物，而且成为给街景以及周围风景带来动感的因素。可以想见，如果它只是一排平屋顶的话，呈现的景观一定迥然不同。

一般认为，家宅型的设计会减弱建筑的抽象性，但在本次设计中，正因为简单的家宅型的造型，使得它与等边的家宅型房屋的差别成为一种『动作』被抽出，为建筑赋予了动态。也就是说，为了将『动态』这一抽象概念植入建筑，需要将它设计成家宅造型。为了进一步探索建筑中抽象概念的存在方式，我将继续围绕家宅型建筑进行思考。

（吉村靖孝、吉村靖孝建筑设计事务所）

建筑项目数据：

地点——奈良市东九条町1112-1
主要用途——事务所
地域·地区——准工业地域、第一类居住地域
建蔽率：47.86%（许可范围60%）
容积率：47.86%（许可范围200%）
占地面积——3049.59平方米
建筑面积——1459.53平方米
使用面积——1459.53平方米
结构·层数——S结构、地上1层
委托方——中川政七商店
设计·监理——吉村靖孝建筑设计事务所
设计协力者——构造：满田卫资构造计画研究所
设备：环境工程设计
艺术指导：水野学/good design company
施工方——清水建设
施工期——2009年6月—2010年2月

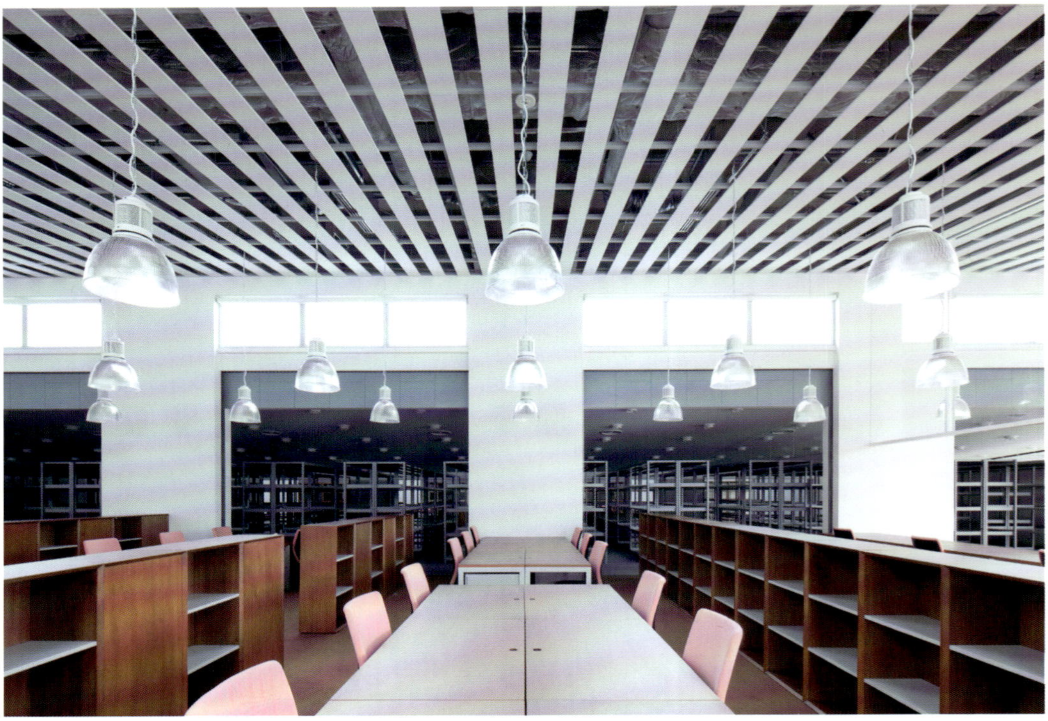

办公室4的内景。在脊檩分界处设置的高侧采光窗采用外推式窗户

平面图 S=1/500

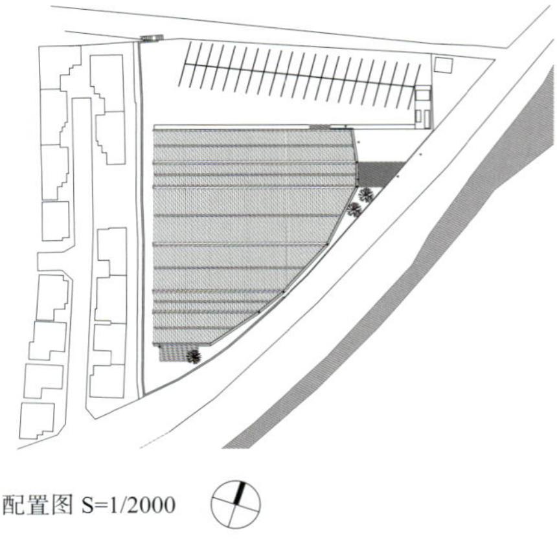

配置图 S=1/2000

2010年

建筑作品
06

Red Light・横滨

横滨市中区

改建、翻新，呈现新气象

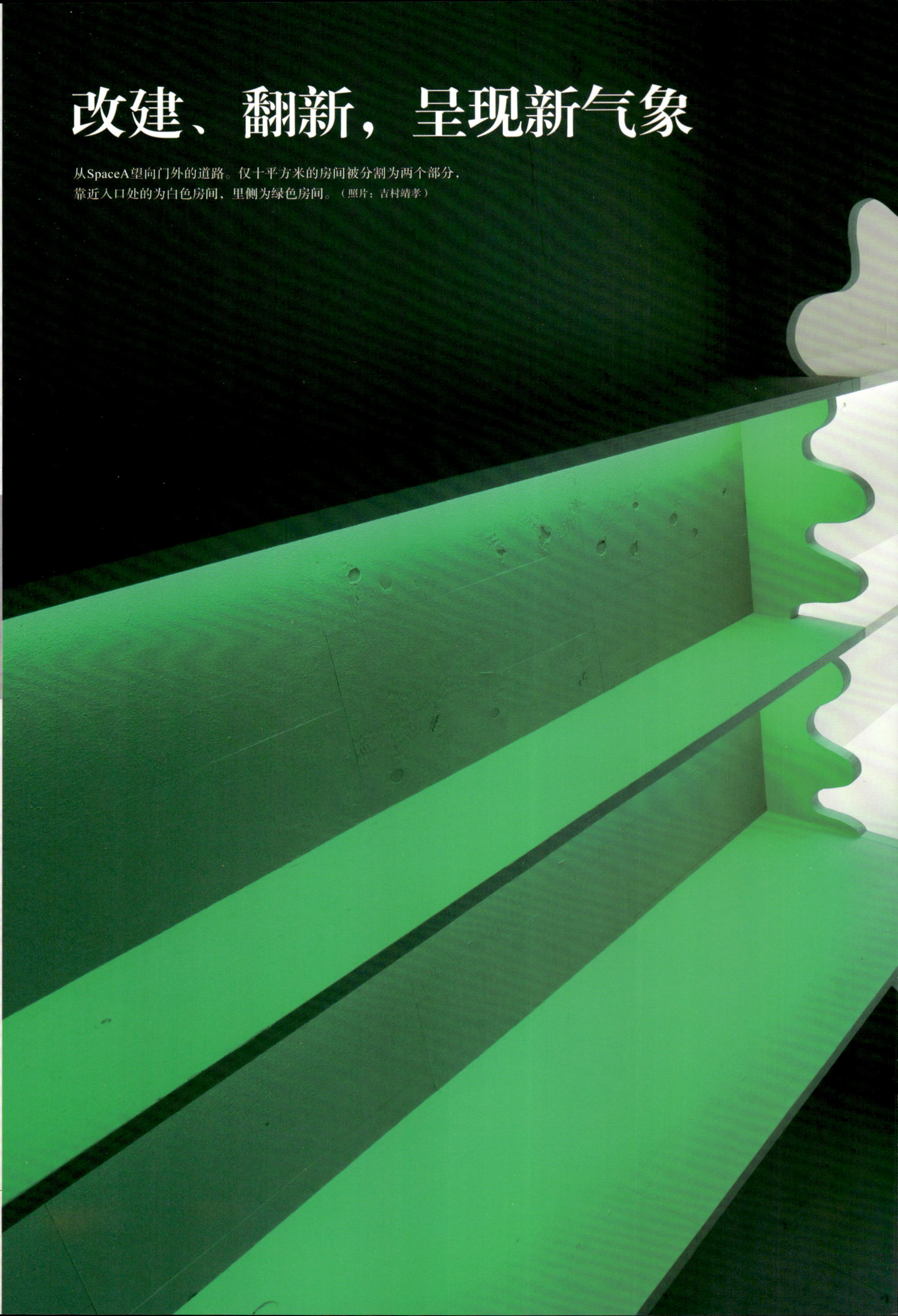

从SpaceA望向门外的道路。仅十平方米的房间被分割为两个部分，靠近入口处的为白色房间，里侧为绿色房间。（照片：吉村靖孝）

与过去的歌谣中所唱的『Blue Light・横滨』不同，『Red Light・横滨』位于横滨市的黄金町，这里过去曾经是欢乐街，『Red Light・横滨』是将这条街道上的一个十平方米左右的长屋（译注：长屋是日本的一种传统建筑形式）进行改建、翻新之后的店铺兼事务所。

长屋整体由多位建筑家进行改建，是受到NPO法人黄金町地区运营中心的委托而建造的场所。这一项目的室内设计，获得了二〇一一年度JCD（日本商空间设计家协会）大奖。改装的预算为一千万日元，其中设计费为二十万日元。JCD的奖金有五十万日元，比设计费高出许多。

在有限的预算之中进行的尝试，是名为『补色残像』的视觉效果。所谓补色残像，是指人的眼睛在凝视某种色彩一段时间之后，眼里便出现了使这种颜色失色的滤色镜，马上将目光投射到白色物体上，便能够在数十秒内，看到色相环上这种颜色的对向色。根据这一效果，穿过涂成白色的房间，进入里面的绿色房间（约三一秒之后，再返回白色房间，白色房间在视觉上就变成了粉色。如今已经消失的欢乐街的粉色霓虹，在一瞬之间便得到了重现。为了实现这一效果，内装采用了绿色与白色。

事务所兼店铺，租金两万日元

在白色房屋与绿色房屋的分界处，有一面充满艺术色彩的隔断。波浪状的边框，是用铅笔直接在板材上画线，用锯子锯出相应的形状而得到的。一开始，委托方的愿望是，在活动结束之后，这一场所也能够作为店铺兼事务所加以利用。因此在墙壁一侧设置了架子等，但是即便如此，要想兼顾办公场所与店铺，是很难的。开始的一段时间内没有找到租户。房租是两万日元。有一天，有一个人提出来，如果将绿色空间也涂成白色，就考虑承租。在犹豫不决之时，我的一个大学后辈颇有气概地说，『就交给我来处理吧』，便租了下来。现在，是由年轻的插图画家以及建筑家共三人承租作为自己制作的模型的展示场所。

（访谈）

1层的外部公用走廊

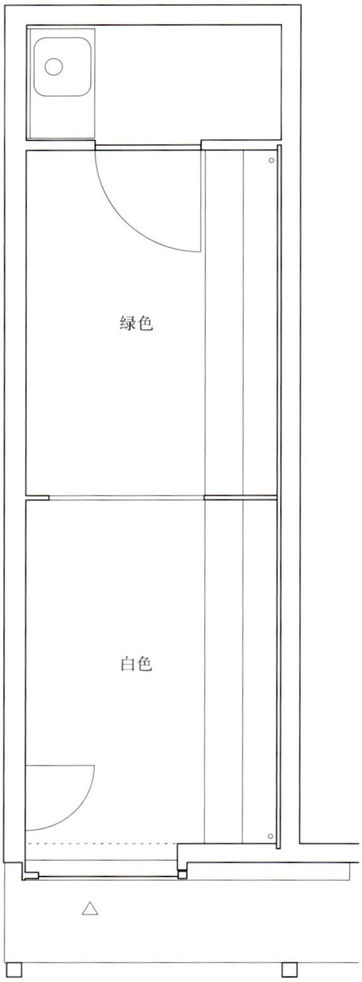

平面图 1/50

1 由绿色房屋返回入口处时，由于补色残像的效果，白色房间看上去变成了红色。过去的红色霓虹灯在一瞬间得到了重现。为了展现这一效果，照片经过了特殊处理。 | **2** 经过入口直接进入白色房间，桌子、架子与地板、天花板一样，都采用了落叶松合板

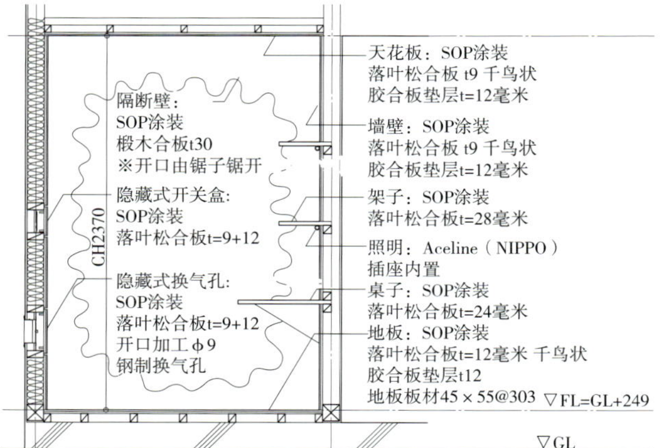

断面详细图 1/50

建筑项目数据：

所在地——神奈川县横滨市中区初音町2-42
主要用途——店铺·事务所
建筑面积——10.48平方米（改装部分）、54.06平方米（建筑整体）
使用面积——10.4平方米（改装部分）、98.88平方米（建筑整体）
结构·层数——木结构·部分S结构、地上2层（改装部分位于1层）
委托方——NPO法人地区运营中心
设计·监理——吉村靖孝建筑设计事务所
施工方——伸荣
施工期——2010年7—9月

2011年

建筑作品
07

EDV-01

—

EX-CONTAINER

宫城县石巻市

NA2011年1月25日号刊载
NA2011年5月10日号刊载

在受灾期间以及灾后生活中均可使用的集装箱组合

EX-CONTAINER PROJECT中在宫城县石卷市完成的标准房的内景。
内侧为包含组合浴室以及厨房在内的用水区域。
近前为设置有隔墙的卧室区域。天花板高度为2242毫米。（照片：除特别标注之外为吉村靖孝）

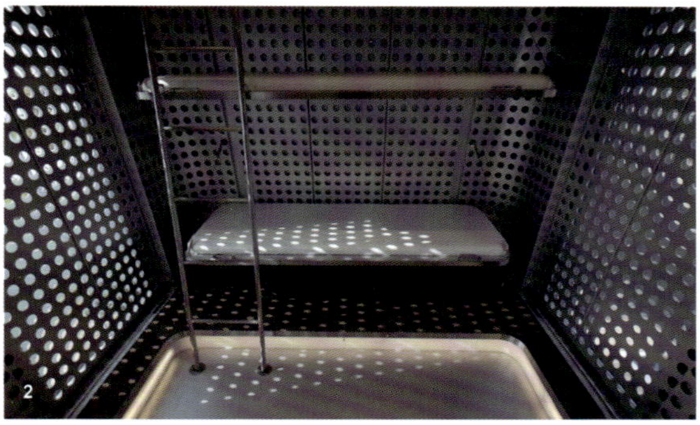

1 吉村与大和LEASE共同设计的紧急灾害救援组合“EDV-01”。这是装备有太阳能板、燃料电池、无水源制水器等的集装箱型移动建筑。 | **2** EDV-01内景。外装采用了铝制金属板，2层配置有可收起的上下铺。 | **3** EDV-01收起之后的外观。通过遥控操作可使外壁上升成为2层式建筑

采用了集装箱式客房设计的『Bayside Marina Hotel横滨店』（参照第一百九十八页）竣工之后，集装箱式组合住宅的外观设计被应用于大和LEASE的『EDV-01』项目中。

不必提交确认申请的装置

这是大和LEASE于二〇一一年一月公布的、用于灾害发生之后作为活动据点使用的紧急灾害救援组合装置。装备有太阳能板、燃料电池、锂离子充电电池、卫星通信系统、无水源制水器等，是集装箱式的可移动建筑物。

水、电、通信等基础设施因灾害而被损毁时，这一组合装置中搭载的设备、机器可供两个成年人在其中生活一个月的时间。为了能够迅速运往受灾现场，按照ISO标准制作了二十英尺的标准集装箱。

设置好之后不需要另行施工，嵌套结构的集装箱外壁，可使用油压升降装置升起，作为两

4 在工厂组装好的集装箱组合。按照20英尺海运集装箱的标准规格，外形为2438毫米×6058毫米×2591毫米。 | **5** 组合装置的钢筋框架的施工场景。在此基础之上装配夹有断热材料的地板及墙板。 | **6** 正在装备用水区域的内装。在组合装置中设置有用水区域以及卧室区域

层的建筑空间使用。这是一种不需要进行建筑确认申请的装置。

外装采用了铝制金属板。在各个小孔内嵌入凸起物，可以作为大画面的标示板使用，用以传递各种各样的信息。在灾害现场，这样做可以避免用电，同时又能制作出人人都明白的标识。

具体的销售计划尚未确定，这一组合装置属于项目样板。在公开发表的两个月之后，发生了东日本大地震。

临时建筑可改为永久建筑

原本正忙于这种可移动的、集装箱式组合装置的设计，在大地震发生之后的三月二十八日，便开通了网站。当时还没有具体的计划，但希望能够做点儿什么。

之后就产生了『EX-CONTAINER PROJECT』。之前设计的集装箱都是预制，其特征是，不是临时建筑，而是永久性建筑。本项目中使用的集装箱，也是将集装箱竖向叠放形成

1

2

1 本次制作的样板房在福岛与宫城巡回展出之后，赠予了宫城县石巻市的志愿者支援团体。照片中为在福岛巡回展出时的样子。（照片：吉村靖孝建筑设计事务所）| 2 在完成集装箱组合时用吊车将集装箱吊起。集装箱组合具备被吊起所需的强度。| 3 标准间的外观。为了能够作为永久性设施使用，根据法规重新进行了设计

3

组合，并且配置有顶灯，作为住宅有很好的舒适性。首先可以用作应急临时建筑，之后也不必拆毁，而是可以作为永久性的设施或者住宅加以利用。

临时住宅都规定了两年的使用期限，并且每一栋的建设费用将近五百万日元。我们制作的集装箱式组合装置，一栋的定价为三百七十八万日元。可以先作为应急临时住宅使用，在到期之后搬运至另外的地方，可以直接保持原状使用，也可在改扩建之后作为住宅使用。这样做能够减少浪费，造福更多的人。

不过，也有人提出意见认为，将利用税金建造的东西变成个人的资产是否合适，其前景是否乐观呢？结果是，虽然尚未被作为应急临时住宅使用，但很多其他方面的咨询却有很多。现在，在宫城县石巻市，一个志愿者团体使用着一栋，作为他们的办公场所。

—是一个低价的选项—

三百七十八万日元这一金额，是已经实现过的、一个可以实现的金额。但事实是，还是有人认为这个价格仍然太高。可能是一个高不成低不就的金额。如果进一步精细化，金额可能会更高，或者想要降低金额的话也不是没有可能，这些想法因人而异。

这样的话，有一个办法就是，像汽车一样，设置一个置换制度。比如，设置一个三年后的回购保证，旧的可以回购，又或者可以租赁等。在本次地震中受灾的人们，在临时住宅到期需要搬出时，这种集装箱组合装置，或许可以成为一个低价的住宅选项。或者，也可以作为店铺、办公场所等民间设施使用。

（访谈）

建筑项目数据：

［EDV-01］
主要用途——紧急灾害救援组合
使用面积——21.14平方米
结构・层数——S结构、地上二层（可设置）
委托方——大和LEASE
设计・监理——吉村靖孝、大和LEASE
施工方——大和LEASE

［EX-CONTAINER PROJECT］
所在地——宫城县石巻市
主要用途——住宅
建筑面积——26.54平方米
使用面积——26.54平方米
结构・层数——S结构・地上一层
委托方——EX-CONTAINER PROJECT
设计・监理——吉村靖孝建筑设计事务所
设计协同——佐藤淳构造设计事务所（结构）、出向井直也（设计协同）
施工方——日南铁构
施工期——2011年5—7月

2012年

建筑作品
08

TBWA/HAKUHODO
东京都港区

KEN2012年3月26日刊载

改装JULIANA东京，通过照明弥补无窗空间的不足

JULIANA东京的空间改装之后的办公室。在柱子之间设置了被称为“天空之格”的巨大照明。在没有窗户的室内，为了维持生物钟，需要对基础照明的亮度与色温进行全天候的电脑控制。
（照片：除特别标注外均为NAKASA&PARTNERS）

这是由二十世纪九十年代初期非常著名的舞厅『JULIANA东京』改装而来的办公室。位于东京都港区，于一九七四年完工的第三东运大楼的一层，TBWA博报堂搬入了这里。

改装后的办公室，负责苹果公司的广告业务。自二〇〇六年成立以来，TBWA博报堂的业绩不断提高。在本次改装的一层同一栋的五层与六层，已经建有办公室，但是随着人员的增加，逐渐变得拥挤。在『JULIANA东京』关闭后进驻的冲浪用品店撤店之后，便将这里租了下来。

受第三东运大楼的所有者东京仓库运输公司的委托，E-Sohko综合研究所负责实施本项目的设计竞标。最终由吉村靖孝建筑设计事务所担任改装设计。照明设计，由冈安泉照明设计事务所协助。办公室的构想由博报堂制作。

在改装设计中予以特别关注的地方，是被称为『天空之格』的巨大的照明。在最大间隔为十六米的柱子之间的横梁下方，配置了与柱子同样宽度的照明器具。利用高达七米的天花板高度，灯光可以均匀地洒向地面方向。灯光全部打开时，桌面的照度为七百勒克斯。照明采用了ODELIC品牌的无缝荧光灯。照明灯光的色温采用五千K的昼白色与三千五百K的温白色两种规格，各自交互配置。这是为了能够根据时间的变化对光量与色度进行调节。

为了能够在没有窗户的空间之中营造出良好的光照环境，在早晨通常设置为明亮的白色光，而在接近傍晚时分，则设置为能够令人心绪平静的黄色光。

由于『天空之格』的面积较大，在法规上归为天花板一类。因此要受到内装限制规定的约束，照明器具采用了不燃的玻璃材料作为隔断。

1 上页照片为白天的照明，而照片1中为接近傍晚时分变化为黄色光时的情景。为了抑制玻璃本身的绿色，将反射板涂装为粉色。 | **2** 改装之前的空间（照片：吉村靖孝建筑设计事务所）

建筑项目数据：

所在地——东京都港区
主要用途——办公室
建筑面积——1210平方米（改装部分）
结构・层数——SRC结构（大楼本体）
委托方——TBWA\HAKUHODO、东京仓库运输、E-Sohko
设计・监理——吉村靖孝建筑设计事务所
设计协同——E-Sohko综合研究所、户田建设（设备）、冈安泉照明设计事务所（照明）、CBRE Japan（项目运营）
施工方——E-Sohko综合研究所、户田建设
施工期——2011年12月—2012年3月

1 2008年10月在东京·茅场町森冈书店召开的“（彩色版）超合法建筑图鉴”展。除了照片的展示之外，在展厅的墙面上还有播放投影（照片：吉村靖孝）

2 参加威尼斯国际建筑双年展2012官方活动“Traces of Centuries & Future Steps展”。主题为圆柱状建筑设计的传播（照片：吉村靖孝）

3 在东京Disigners Week 2005中，与水野学作为共同出品参加集装箱展（照片：阿野太一）

第四章

剖析吉村靖孝

2005年事务所成立之后

虽然是一个对建筑作品的细节都要精益求精的正统派，
但从他的思考内容来看，却与之前留下的印象有着明显的不同。
“在甚至不能确定是否属于建筑领域的边界领域，也在发挥着他的能力。”
建筑家小嶋一浩一语中的。
吉村的设计是怎样产生的呢？
让我们探究一下他的构思诞生的背景。

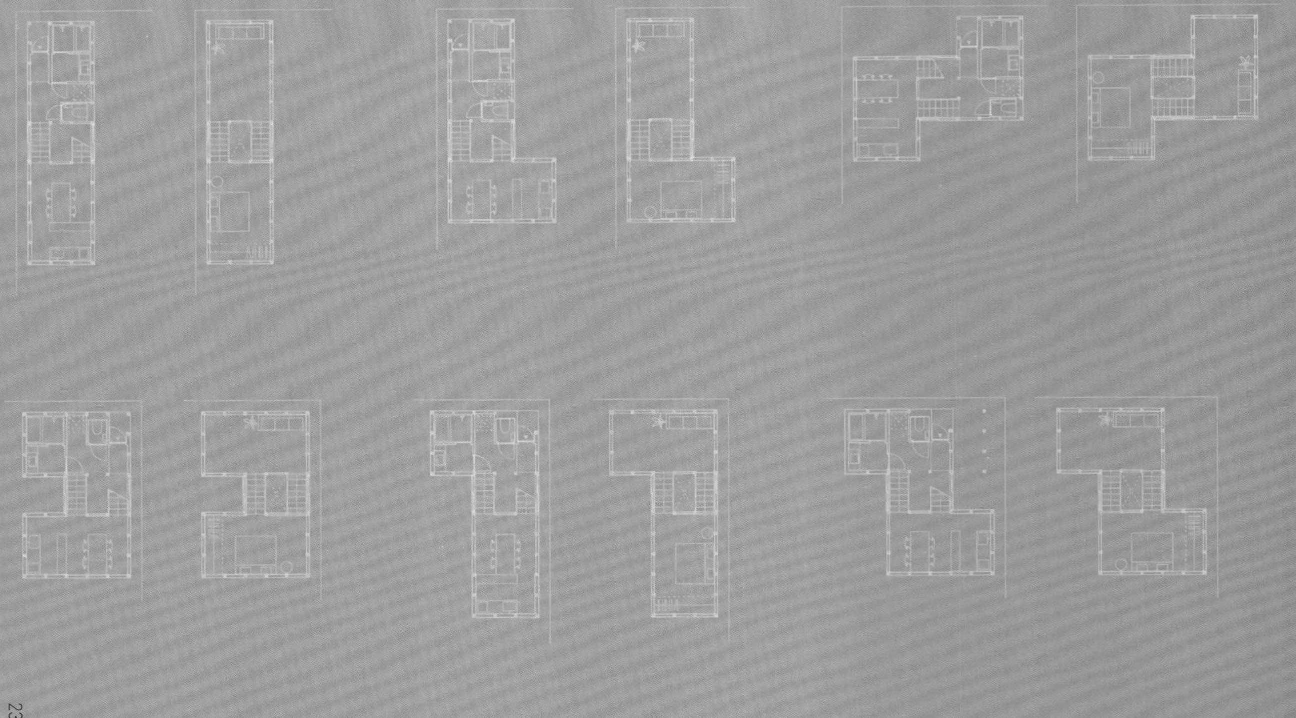

背景为CC House（第243页）设计图的演变过程

2012年

访谈**02**

平田晃久对吉村靖孝核心理念的探寻

将社会变化融入建筑空间之中的吉村流创想

将狭小住宅的图纸打包销售，建造位于郊外的可供按周租借的住宅，促进由集装箱改造的住宅的流通……富有新意的方案令人目不暇接。与此同时，吉村也紧跟社会系统变革的脚步。通过与吉村的对话，平田晃久探寻着吉村设计创想的核心理念。

—

平田——虽然我与吉村先生属于同一年代，但是出生于一九七一年的我与出生于一九七二年的吉村先生之间似乎还是有些不同。比如，中山英之是出生于一九七二年，而藤本壮介先生是出生于一九七一年。生于一九七一年的我们，前辈们设计的是匿名性的建筑，对此我们已经明白了。至于作家性，也并不是不想尝试，一到了那个境地，就又一次想要表明，只要不是匿名性，其他一切都可以。如果去听听中山君的想法，大概对于上述观点也不会反对吧。虽然我们年龄相近，但不知为何还是有些不同。

吉村——但是今天听了平田先生你关于鱼卵与海藻的观点（参照第一百二十九页），我隐约能够明白你的观点，如果没有某种断绝性的东西，那便不会产生丰富性。我想，莫非平田先生你也想要尝试一些被别人扰乱的事情。

平田——是想尝试一下（笑）。

吉村——我想或许你是对那种并不遥远的丰富性感兴趣。比我们更年长一代的匿名性，至多只是因为存在多位主要的设计师，目前我最关心的，是如何能够绝对性地增加设计师的数量。比如在『CC House』这一项目中，希望能对图纸进行积极的更新。如果顺利的话设计师能够达到一百人、一千人。现在准备采用将图纸登载于Creative Commons License以便公开的方法。

平田——我希望制作出一些能够作为原形的东

西，虽然被原样照搬也会有些令人不快，但是如果在相同的想法之下得到推广，进而一点一点地改变，就能够使城市的样貌发生变化。这是令人振奋的事情。如果不这样，就会仅仅局限于单体的建筑。因为一座建筑的存在而带动其他建筑的出现，通过作为基础的建筑的改变，使得接下来的建筑也发生变化，这种影响力是非常重要的。原形的改变，或者某些地方的交融，类似于生物的进化过程。

吉村——最近参加了一个展览，是关于建筑家对东京街景的影像的一个调查。比如，在涉谷，竹山实先生设计了圆柱状的『SHIBUYA 109』（一九七八年）。调查发现，在其周围散在分布着多座圆柱状的建筑物。对建筑家的敬仰，或者受到109的商业成功典范的启发，使得圆柱形状得到了传播。就像是空气感染一样。如果按照时间顺序对此进行调查，一定会非常有趣。平田先生的观点，与这种感染，似乎有些相似之处。

建筑设计如何向周围传播

欧洲城市的建筑景观，是以自上而下的方法建成的。建筑物的高度、外墙线条都是非常一致的。与此不同，有更多结合了心情的内容融入城市景观之中，才更加具有日本特色。作为建筑家在景观之中所要表达的方法，我想今后可以更多地倾向于结构化。

平田——群落风景在某种意义上就是这种景观的一个例子。如果能够将这种影响巧妙地进行渗透，经过多次重复，就会产生特有的景观。

吉村——即便是一个群落，在半途中，若存在某一个人的作家性，也可能会对街景造成冲击。

平田——作为个人要造成一定的冲击力，没有一定的社会影响力是不可能做到的，对个人活动的否定，有可能会造成一种不利的局面。

换个角度来说，个人的作家性也并非不可。甚至可以说是接近于科学家的一种状态，比如，第一次有了某种想法时的喜悦，或者说被开发、发明的伟大性所吸引。不必去想别人如何引用这些想法，因为它们本身就充满着光辉，后人必定会使用它们。对此充满了憧憬。如果能够做到这些，那么是否是个人的活动，或者是否是匿名的，都无关紧要了。

吉村——以前，勒·柯布西耶的多米诺系统曾经申请过专利，却被拒绝了。专利、著作权之类，似乎与建筑无缘。我们如果不依赖过去的积累，是无法完成设计的。

平田——在『CC House』这一项目中开始具体考虑著作权的问题，不过那是通过怎样一个系

统得以成立的呢？

吉村——将标注了可修改的一份实施图纸分发下去。修改的人可以约定附带条款，即在相同的条件之下公开图纸。为展览会而制作的木结构独户建筑『CC House』原本计划免费分发，不过，由于各种问题存在，现在还没能实现。比如，领取图纸的人，如何能够完全承担起作为建筑师的责任，这一点令人担忧。即便完全照搬图纸内容，因为所处位置的不同，也有可能出现问题，若出现这种情况，需要承担很大的责任。那么首先就以免费的形式发放，以避免一部分的责任，但是，如果采取免费的形式，就意味着放弃一切相关收入，因此能够接受这样的要求，以相同的条件公开图纸的建筑家少之又少……

但是，随着免费的『CC House』的大量流通，我的其他作品可能顺利售出。为此，现在也在忙于别的量产的工作。建筑家的有限的工

位于东京·涩谷的“SHIBUYA 109”竣工之后，圆柱状的建筑在周围区域得到了何种程度的传播，以此为主题进行的调查，参加了威尼斯国际建筑双年展2012展览（照片：吉村靖孝建筑设计事务所、吉村靖孝）

KEYWORD01 | 图纸的商品化

住宅图纸在可修改的条件下销售

将图纸标明价格销售，并且承认购买者进行的修改。希望进行这种尝试的吉村，2010年在东京·北青山的ORIE Art Gallery举办了展览。主题为“CC House展”。CC是Creative Commons的简称，指的是作者拥有著作权的同时，对利用者进行的再次分发或编辑进行的部分许可。

原版的木结构两层建筑的使用面积为57.93平方米，建设费预计为1300万日元。图纸的对价按售出时及实际建设时两个阶段收取。

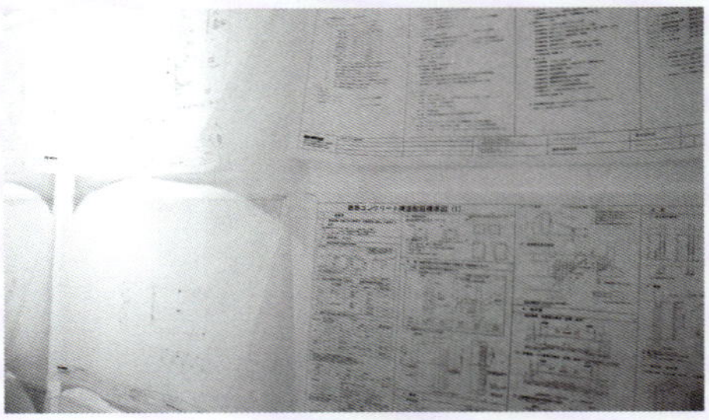

销售直接照搬即可开工的实施图纸。规格书、基础配筋图、材料制作图等均包括在内（照片：花井智子）

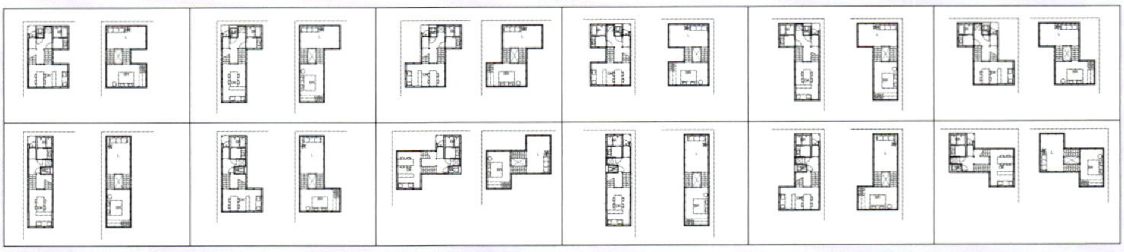

设计图的变化。不同的排列方式，可应对不同的宅地地形。每幅图中左侧为1层平面图，右侧为2层平面图

站在“CC House展”会场中的吉村。该展览于2010年11月29日—12月17日期间在东京·北青山的ORIE Art Gallery举办

距离市中心1小时的“租赁别墅”

轻井泽之类传统的别墅区，距离市中心的移动时间需要2~3小时。“Nowhere but Hayama”与“Nowhere but Sajima”这两个项目，将移动时间缩短在通勤圈之内的1个小时左右。两者均位于神奈川县的湘南地区。其特点是，均非出售型住宅，而是按周为单位出租的长期驻留型设施。

针对由于距离过远而最终疲惫不堪打道回府的情况，这两个项目能够提供一个轻松的、可长期驻留的环境，可以说是一个填补市场空白的项目。企划由吉村与妻子真代共同担当，而设计则由吉村担任。“Nowhere but Sajima”获得了东京建筑师协会2010年度住宅建筑奖金奖。别墅兼有普通住宅的一面，可以说是一种新的建筑类型。

“Nowhere but Hayama”外观。是由建筑年龄在八十年以上的古旧民房改建而来的短期租赁住宅（照片：安田千秋）

负责运营的Nowhere resort提供的餐饮服务（照片：Nowhere resort）

“Nowhere but Sajima”的起居室。曾经有人在这里举办婚礼聚会（照片：安田千秋）

作量，是很难填补免费提供图纸这一巨大的空白的，因此如果不能量产，那便是很难实现的。虽然不是门户网站的广告，但若能拥有同广告相同的作用，那么作为一种商务形式是有可能成立的。

问题在于作为作品应该怎样看待。在『CC House』项目中，销售的是知名建筑家的图纸，而本次展览之中出现的单体住宅存在一些令人担忧的地方。套内面积仅五十平方米，却建成了一栋两层建筑，与周围的环境并不和谐，看上去或许充满了一些作家性质。还是应该有一些无论是谁都能建造出来的样式，这才是非作家性的态度。将变化记录下来，或者在整条街道建设多栋住宅形成一个具有协调性的全貌，看上去才更具有作品性。

这将使作品的定义产生动摇，至少吉村靖孝出品全部图纸，与作品性之间不再有必然的关联。

平田——如果通过传播产生变种就很了不得了。以相同的方式工作，同时进行比较，是超次元的一种特别的视角，虽然与刚才提到的课题无关，但总觉得出现了另外的一种视角。有了一个建筑原型之后，会派生出什么样的产物，类似于生物的进化过程一样，这种现象通常会发生在所有的场合。不过，这种现象以别的形式出现时，为了明确辨认应做出标记。因为对这种理念深感兴趣，因此对此并不抱有疑问。

吉村——说点儿有些偏离传播及派生这一话题的内容，所有的民宅，看上去都是相似的。如果便利店都是一个样子，似乎并不会讨人喜欢，而对于样子相似的民宅，大家都觉得看上去很舒服。由日式房屋改建而来的『Nowhere but Hayama』与新建的『Nowhere but Sajima』，均为按周为单位进行租赁的项目。前者甚至有人在一年之中租赁了六次之多。我曾去过这位客人位于世田谷的家中，他的家里与『Nowhere but Hayama』的日式房屋部分非常相似。

使用时会产生将家整个搬迁至郊外的感觉

对于这位客人来说，似乎是将自己的家整个由世田谷搬迁至叶山了，这种因相似而得到的体验，在现代建筑之中是无法体验到的。

『Nowhere resort』的这些项目，意图在于切中生活于城市之中的人们的生活品质。这里并不仅仅是一所旅馆，而是可以作为一个新的生活据点，因此将住宿单位设置为一个星期。这样做，与狭小房间的长期利用不同，是属于宽敞房间的短期利用。最近的房屋设计更加适合小家庭居住，几乎没有多余的地方，客厅、阳台、卧室混合使用，即使住在乡下的奶奶来到东京探亲需要留宿，也只能住在旅馆里面。

该怎么说呢，住宅的能力被大大低估了。过去，婚丧嫁娶的仪式，全部都可以在自己家里举办，现在却不行了。我的祖父的葬礼，是在位于国分寺的祖父的宅子内举行的，后来在日常生活之中，经常在一瞬之间回忆起那天的情景。

同一场所的重复使用是很重要的。

如果能够租赁到一个可以将人们聚集一堂的住宅，会怎么样呢？这种商业模式在当时还没有出现，因此我们便自己建造了一个这样的住宅。委托方就是我妻子经营的公司。

选址位于叶山及佐岛，二者均属湘南地区。从东京前往那里大概需要一个小时，根据工作地点的不同有时甚至可以直接从这里出发去上班。在这样一个距离，原有的渔村与一般性的卫星城这两种要素交织重合在一起，风景开始遭到破坏。『Nowhere but Sajima』是新建，因此将这一问题作为一个课题体现在了设计之中。具体而言，由于选址位于沿海区域，近旁建有公寓楼，如果设计尺寸较大的窗户，虽然一开窗就可以看到海，但同时也无法阻拦来自公寓楼的视线。因此，制作了十二条细长的筒，尽力延伸向海的方向，捆扎起来作为结构。从外面看可以看到墙壁，而从里面看只会看到大海。这是一座间于城市与度假村中间地带的建筑。

如果不使用住房贷款，生活会发生变化

平田——租赁一个星期的费用是多少？

吉村——二十万至三十万日元。开始时价格的设定也令人苦恼，最终设定了一个较高的价格。让我觉得很欣慰的地方在于，这里不单单被作为住宿的地方，而是有越来越多的人在这里举办结婚仪式、举办讲座，或者作为教室使用。大概与价格的设定也有关系。作为住宿的地方价格可能有些高，但作为结婚仪式的场地却很便宜。在空间方面，也只是满足保护隐私以及远望时的风景，是不分栋的建筑，住起来不一定很舒服。是个有些放任自由的设计。但正是因此，有些客人才会自发地想到将这里作为结婚仪式的场地。

平田——对于根据建筑基准法建造的超合法建筑的兴趣，以及日本民宅的相似性等，我也有同感。不过，如果我们无法捕捉到我们未来在建筑设计之中的新颖性，以及建筑原型如何传播，那么最终我们将变得茫然。

吉村——我强烈地认为，不能否定空间，而是最终要以空间的形态出现。在我心里，对此是没有迷惑的。比如，希望立足商界，或者成为一名政治家，这些想法我是没有的。只是在意在设计过程之中随着条件的变化而产生的变化。建筑所处的情境发生大的变化，而建筑却保持原状，这是不可能的。虽然我的活动迄今为止可能会有一些超出建筑领域的内容，但所有一切都将归结于与建筑有关的状态，这一点是我必定会遵守的。

平田——建筑如何成立，又植根于哪里，这是时代所面临的问题，对此我深有同感。现在存在着很多的角度，其中一个就是，从东京以及周边地区相对来说属于自己的生活方式的范围内出发的角度。相反，世界人口将超过一百亿，在东京周边地区之外，Creative Commons这一问题，或者存在一种有着全世界广泛性的视角。对于东京，或者说自己的身边的感觉，与世界范围内发生的事情如何考虑，我想听听你的

想法。

吉村——对身边环境的关注，以及与世界的关联，恐怕是我们这一代的空间感觉。不过，如果以为仅凭这样的身体感觉就能够成为世界知名的建筑家，这是一种误解，甚至可以视同陷害。还是应该从两个方面努力。从这个意义上来说，MVRDV是非常擅长这一点的。环境之类的现象，可以通过数据实现可视化，这在当时来说是非常新鲜的，而且这些数据被应用在建筑之中。乍一看与建筑无关的主题，尽力赋予关联，借此探索新的形式，这是我从他们那里学到的方法。

至于我，虽然还没有彻底做到这一点，但是，特别是在经济、市场之类非身体性的领域，正在一点一点地不断积累。比如，我着手设计的集装箱住宅，就是旨在降低建筑所需的费用。日本国内现在已经有了大量的进口建材，这些建材如在日本组装，必定价格高昂。因此，人们便想到了在国外组装好之后再运回日本。集装箱的规格就是为此而设定的。最先想到用集装箱建造住宅的并不是我，而是我的客户。出发点就在于，建筑价格为何如此高昂这一疑问。

在此情况下，形状及尺寸是既定的，既定的内容有着其固定的意义，因此无法通过形状体现作品性。在对集装箱的特性进行仔细的观察之后，相对于横向排放，竖向叠放有着更强的可塑性，能够解决配置问题。通过这种变换，可以使得日本人迄今为止司空见惯的生活一点一点地发生改变。

所谓司空见惯，指的是什么呢？比如三十五年贷款这一问题。建筑的形式虽然多种多样，但购买的方式却大致相同。为了持续还贷不能辞去工作，或者因为金额所限只能生育一

KEYWORD03 | 集装箱规格

一切始于降低费用的要求

让吉村自己也始料未及的，是一系列的集装箱项目竟然成为自己的巨大的转折点。这些项目的初衷，是以低廉的价格在国外完成组装后，以与集装箱相同规格的外形，用同样价格低廉的集装箱海运方式运回日本。一切始于委托方提出的要求。

之后，着手开发了被命名为“EDV-01”的无须接驳市政基础设施即可使用的集装箱组。这是受大和LEASE的委托共同设计的用于发生灾害时作为紧急应对措施的最前线基地。在之后的2011年3月末发生东日本大地震后，开始被尝试用作受灾地区的临时住宅。即“EX-CONTAINER PROJECT”。在这一方案中，将集装箱规格的预制房用作临时住宅，之后可以搬运至别的地方作为永久设施持续使用。

首座集装箱项目“Bayside Marina Hotel横滨店”。在泰国的工厂组装完成之后通过海运送达目的地（本页照片：吉村靖孝）

大和LEASE委托设计的“EDV-01”。无须接驳周围的基础设施，能够单独满足生活需要的集装箱组

“EX-CONTAINER PROJECT”，设于宫城县石卷市的集装箱组。作为志愿者团体的事务所使用

个孩子等，很多事情被贷款所左右。贷款为人生套上了枷锁，让人有些喘不过气。如何才能使这种局面得到改观呢？

其中一个办法，就是提供一种价格极其低廉的住宅，而刚才提到的集装箱住宅就是一个例子。另一种办法，是与横岗的开发商『MAKI HAUS』共同开发的住宅『CASA PLUS』，这是一种极其易于扩建的商品化住宅。由于扩建非常容易，因此能够降低初期投资，减少贷款。也就是说，在这样的规划中可以将住宅作为贷款的替代。

未曾想过要改变产业结构，但却十分希望看到建筑的变化。有了一个先例之后，某些部分便会产生变化。实际上，『Nowhere』项目周边，现在已经开始出现一些同样性质的短期租赁别墅。

通过一个原理让所有地方都变得相同

平田——或许接下来的观点有点儿偏题，吉村先生你提出的视角问题，作为单体建筑在设计方面无论多么出色，相较于建筑所拥有的力量等，在不同的视角看到的内容，才更应引起注意。只有这样，建筑才能得到扩展，才能产生更多的视角。这一点我十分理解。

比如日本的风景，存在一个均质化的过程，这种现象是无法避免的。比如新潟的松代周边，向稍远些的海洋方向行进，国道沿路的风景与东京郊外十分相似，只是一些车辆和建筑物，无论如何都缺少一些魅力。背后发生的事情最终体现在表现形态上，因此如果不能在根本性的部位产生变化，那么外在的变化便无从谈起。对此吉村先生你是怎么看的呢？

吉村——如同回溯到上游、挖掘出根部，这样的方式是很重要的。不过，如果回溯的方法错误的话，结果就只是对之前的公共设施或者购物商场的简单重复而已。我个人通常对于大多数人认为好的东西抱有关注，就像与哲学书籍比较更多地留意报纸上的内容，与建筑家的言论比较更接近建筑公司或者开发商的言论。但是，作为建筑师无论如何努力，都只像是一个小规模商店的店主一样，而即便是小规模也有着相应的着眼点。正因为规模小，反而能够提供大规模商店未曾着眼的解决方法。通过建筑以外的业务，使内心安定，从而建造喜欢的建筑，与此还是有些不同的。

平田——对于我们来说，与郊外不同的某种集约型的区域是比较常见的，那么这种状况是否能够稍加改变呢？具体来说，并不仅仅是郊外趋向于均质化的问题。现在，城市人口超越农村人口的临界点即将到来，在人类历史中，或许会出现一个能够与产业革命相匹敌的生活方式的巨变。总的来说就是，可能大部分都会成为类似于贫民区的样子。过去曾将均质化视为大敌，未来可能出现更加萧条的局面。与此相比，还不如均质化、舒适化更易于接受。这一问题如何解决，也是非常重要的。

吉村——城市人口的过度增加导致了贫民区的泛滥。这已经是逐渐发生的现实问题。这个现象是无法根除的，并且即便根除，城市也并不一定会更加充满魅力。这个问题的解决有赖于是

否能够实现软着陆。在我看来，就像网吧难民一样，不占据固定住所的贫民区，从某种意义上说就是软着陆的一个例子。

『Nowhere』项目的价格虽然有所不同，但是都具有类似于网吧或者KTV一样按照时间进行销售的基础性质。在必要的时间，交纳一定的金钱，便可租借，在这一意义上来说是相同的。建筑的寿命很多时候都会比所有者的寿命更长，因此拥有与利用的分界点实际上是很模糊的。如果能够在这种认识之下适当缩减建筑的规模，可使短期租赁自然而然地成为日常生活的延长。所有的人都难民化，无须固定的住所，便能够避免贫民区的固定化。这就是我所说的软着陆。

在何种情况下建筑可以不需要所有者呢，这是我非常关心的一个问题。当某一人作为某一建筑的所有者时，人的一生与家的一生需要步调一致，因此有些尚可使用的东西可能会被

电脑使距离缩短，建筑使间隔产生

扔掉。相反地，没有所有权这层关系，可供租借的建筑物实际上是非常稀少的。增加这样的建筑物的数量，也许会使建筑发生改变。

平田——话虽如此，但人是不可能不发生变化的。吉村先生你也提到感受到了人的变化。的确，如果用汽车来类比，汽车在比我们年轻的一代人中间正在失去人气，他们基本上已经没有了拥有汽车的欲望。失去了兴趣，或者说就是常常被提到的『食草系』，反过来说就是，已经进入了这样一个时代。

有着这样的精神结构的人们，居住在什么样的住宅之中呢？另外，现在在现实之中的东京，已经并非是由所有者们之间的关系构建起的社会，那么，如果失去了所有这一层关系，会产生出一种怎样的关联呢？健康时没有问题，但不健康时却会产生诸多困扰，这是在东日本大地震之后我注意到的。我认识到，在好的时候或许不会有问题，但在不好的时候，如

果不能做到如同好的时候一般，是很糟糕的。

吉村——所谓在租赁关系下不能形成社区，其实并非这么简单。比如，通常在所有权关系下的别墅区，最后可能会变为『鬼城』。如能适度地进行租赁，应该能够维持成为一个社区。另外再举一个比较极端的例子，电脑由于没有距离的概念，因此聚集的效能是非常强大的，而建筑，可以说是在追求一种间隔的性能。通过间隔反而能够激发兴趣，放入同一个笼子之中，并不一定会有好的结果。通过电脑保证关联的部分，在此基础之上实现的间隔会产生很好的效果。通过关闭一扇门而维持关注，这种方法实际上是非常适合于建筑的。

平田——刚才提到媒体中心的竞标方案，关于检索性与偶然性，电脑在检索性方面表现优异，在发现某种关联时有其超常的速度，但却并不具有实际空间中的偶然性。就像不去书店就无法读到的书一样，或许这是一种怀旧的情绪，无法以其他事物代替。

吉村——我完全同意，不过，电脑正在逐渐接近我们所说的偶然性，这一点不可忽视。对于建筑来说，如果不能将建筑的功能研究透彻，那么越来越多的人会满足于网上社区、网上购物、网上教育。那时，建筑将会成为一种传统艺术，作为一种文化，依赖赞助金苟延残喘，而无法踏足于现实世界之中。现在，或许已经是分水岭了。

与人过度接近带来的违和感

在大学进行课题讲评时发现，现在的学生们对于社区的态度非常乐观。提出的方案之中，外人在自家的客厅之前穿梭也毫不介意，还说这样可以孕育出社区。另外，合租热潮也是此种观点的一个延伸。看到这些方案，让我想起了推特（Twitter）与脸书（Facebook）。对于他们来说，网上空间与现实空间或许已经没有大的差别。不过，在他们的方案中，即便抽象的人群是相关联的，与个人之间的关联似乎也是薄弱的。从这一点看来，建筑尚存有一丝生机。

“仙台媒体中心”竞标中古谷诚章提出的方案。被认为是带状空间的集聚。将要求中的展厅及图书馆设计为带状，分散配置于馆内（资料：早稻田大学古谷诚章研究室）

十分钟速读吉村靖孝

KENPLATZ『NEXT-K』于二〇一一年，以较为活跃的建筑家为对象，策划了『引人注目的十人』这一专题，吉村正是其中一位。依据采光规制等着眼于建筑轮廓的『超合法建筑』、引用集装箱规格而设计的低价建筑，吉村的创想，总是有着吸引周围目光的魅力。让我们再次回顾一下吉村一路走来的历程。

一

吉村于一九九九年至二〇〇一年间入职荷兰的设计事务所MVRDV，回国之后，负责了该事务所在日本的第一个项目。在MVRDV式的思维基础之上，吉村逐渐开始独当一面并且受到关注，未来他可能成为一位能够改变日本的建筑形态的建筑家。

获得东京建筑师协会二〇一〇年住宅建筑奖金奖的『Nowhere but Sajima』是一所住宅，同时也是一座可供租赁的住宅，可以说是开创了新的建筑形式的一个例子。与传统的从市区出发需要三个小时才能到达的别墅区不同，该项目位于一小时左右的通勤圈之内，也就是属于所谓的近郊范围内。以周为租赁单位，可以长期驻留，并且便于通勤，因此可以实现全家共同住在这里，而父亲一人出去工作，作为住宅使用。

周末本想从日常生活中解脱出来，去往别墅度假，结果回来时却更加疲惫不堪，对于面临此种问题的客户，『Nowhere』项目可以提供一种非常便于长期驻留的环境。附近位置较好的地段价格高昂，因此，采用的方式并非买卖而是租赁。作为填补市场空白的规划，这样的案例正在逐渐增加。策划由吉村与合伙人真代共同完成，建筑设计由吉村担当。建筑出现了一个新的课题。

建于神奈川县须贺市佐岛的“Nowhere but Sajima”的外观。12面窗使得海景成为一幅拼图。这是继神奈川县逗子市、神奈川县叶山町之后的第三个项目（照片：吉村靖孝）

KEN2011年5月12日、13日刊载

虽然建造的是别墅，但是所在地周边很近的地方就是公寓楼。作为解决方法，向利于远望的大海方向延伸出十二条细长的格状物进行叠拼而形成空间。这是为了在视野中排除城市要素而产生的方案。建筑由企划、背景之类的软件，以及新的环境之下的既定条件也就是硬件组合而成。这种态度，是吉村的一个很大的特点。

—将既定条件放在更广阔的范围内，从而产生建筑的形态

建于奈良市的“中川政七商店新社屋”（2010年完工）的外观。在遵守奈良的景观条例的基础之上，利用颜色营造出了彩色的外观，采用了与后面的住宅相连续的房屋造型（照片：吉村靖孝）

—建筑并非自己的固有想法的表露，而是依据已有的状况产生的形态。持有此种观点的吉村，认为建筑存在四个方面的约束力，即市场、法律、规范、建筑（物理性的条件）。『属于芝加哥学派提倡的内容，但也是将既定条件落实在形态上的方法。』（吉村）

比如获得二〇一〇年度Good Dsign奖中小企业厅长官奖的『中川政七商店新社屋』。房屋造型采取连续性的外观，就是为了遵守历史性住宅区的『规范』。建有仓库之类大空间的办公场所，却采用了与街区相连续的分节式结构，就是出于这一原因。每座房屋的造型都不是平坦的，而是高低起伏的，这是为了排烟，而将屋顶及天花板设计成了倾斜状。这就是为了遵守法规而采取的变形。

另外，给每个人都留下『新潮』这一印象的，是颜色的使用。吉村说，『我对于潮流、大众主义，也就是大家认为好的东西，持肯定的态度。拥有大众的志趣，颜色自然而然地就出来了』。对于大多数人感受的、思考的东西感兴趣，如果不能以此为目标，那么建筑将会变成为特殊人群服务的特殊事物。

—逐渐对产品设计产生兴趣，转而投向建筑行业

—吉村出生于爱知县丰田市，父亲是汽车工程师。汽车的大量停放成为童年一景，量产的产品越过国境，销往全世界，对此吉村曾经抱有憧憬。本想成为产品设计师，入学时却进入了建筑专业，逐渐意识到向这条道路转身的难度，在面临毕业设计时，对于当时的解构主义建筑提出了疑问。

『对于后现代主义以及解构主义建筑的模仿，我自己并不能够认同』，吉村这样说道。当时大学里的古谷诚章教授邀请他参加『仙台媒体中心』的竞标。在古谷的方案中，图书馆所拥有的传统的检索功能通过电子机器得以保证，而建筑本身并不承担这一功能。对于类似于洞穴以及亚洲式的市集之类并不开阔的视野反而持一种肯定的态度。『对虚拟现实（Virtual Reality）、假想空间进行摸索的时代，存在回归原点的思想，建筑应当如此。对于墙壁、开口的原始性的意义重新产生了兴趣。』（吉村）

之后，参加了由雷姆·库哈斯、保罗·索莱

里（Paolo Soleri）、古谷诚章等组成的大型建筑研究会主导的高度为一千米的超高层建筑项目。建筑规模已经超越了建筑的范畴，展开了对城市的兴趣。当时为了完成Housing & Community财团进行的高密度市中心居住研究，在荷兰的调研旅行中，去拜访了MVRDV事务所。

三人形成的团队以高密度为主题提出了项目方案。吉村办理了博士课程休学，入职MVRDV事务所的现地事务所两年时间。之后，他们负责担当了该事务所在日本的首个项目『松代雪国农耕文化村中心』。

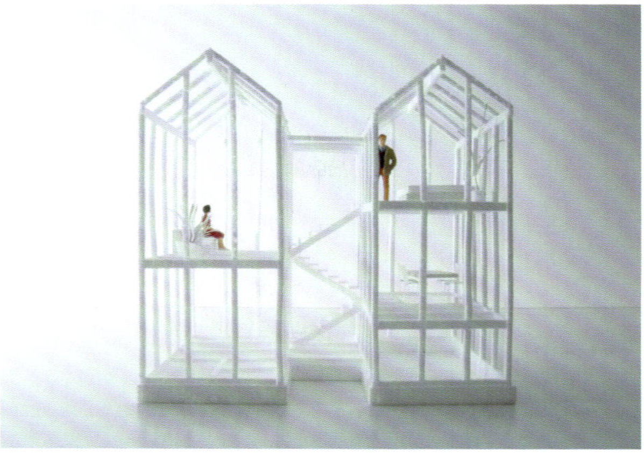

CCHouse基本结构示意图。原版的木结构2层建筑，使用面积约为60平方米，建设费用设定为1300万日元（照片：吉村靖孝建筑设计事务所）

据说MVRDV的设计，是在对数据进行彻底解析而形成的程序的基础之上产生的。『所谓基于数据解析，即统计的设计，也就是对大众的志趣的一种肯定，是对现状数值的接受。因此，并没有将高密度的现状打破，转换为低密度，而是基本肯定了现状的产生有其一定的理由。这就是他们对我的最大的影响吧。』（吉村）

对城市的状况不要悲观，而要肯定

入职MVRDV后，因该事务所在新潟县·松代承接的项目契机，吉村回到了日本。从大学的博士课程退学，于二〇〇一年成立了建筑设计事务所SUPER-OS。这是与弟弟英孝、妻子真代共同成立的事务所。MVRDV当初也是由一对夫妇及另外一位合伙人共同成立的，因此他们想照此进行一番尝试。

之后，在二〇〇五年SUPER-OS解散了。成员各自成立了自己的事务所。『独自建所之后，自己的想法能够得到贯彻。但是，包括委托方在内，建筑并不是仅凭一个人就能够完成的，因此与之前三个人一起工作时的工作流程没有太大的区别。』吉村这样说道。『我并不是一个挖掘自己的内心所想使之成形的人。在与员工共同进行的设计过程中，会将模型等进行外部化、语言化。』

近来，以电视为首的媒体对于『超合法建筑』这一概念十分关注。我们经常看到被日光的斜线切割的建筑轮廓，这是法律对建筑形态的影响。吉村说，『对于法规对建筑的制约，并没有多么强烈的不快感，也并不认为法规会对建筑形成威胁』。对城市的状况持肯定态度，这是从MVRDV时代收获的，也是现在的基本态度。

吉村在设计时，并不仅仅是依据既定条件。建筑可能因为某一部分的更替而产生出新的建筑。『意外地成为自己的一个很大的转折点』（吉村）的，就是集装箱项目。

集装箱项目，是指在国外以低廉的价格完成建筑的包括组装在内的建造过程，将建筑主体的规格设定为集装箱的规格，通过低价的集装箱海运方式运回国内。所谓集装箱规格，是指报价以及垒砌的细节等。比如，一个四十英尺集装箱大小的住所设施约需三百万日元的建设费。

希望能够将固定在土地之上的独户建筑的『重压』进行分解。大家都承受着三十五年左右的住房贷款。因此在住房中进行的日常生活变得没有空间，为了家庭不得不维持一种标准化的生活，承受相应的压力。『有没有其他的方法呢？』（吉村）。

与地面分离开来的想法，使得集装箱项目得到了进一步的进化。比如『EDV-01』，是一组配备有最新式设备、可脱离市政基础设施的集装箱组，是受大和LEASE的委托，作为发生灾害时紧急应对的最前线基地设计的。

集装箱建筑可用于受灾地支援

从二〇一一年三月末开始，吉村尝试将集装箱项目用作东日本大地震受灾地的临时住宅。也就是『EX-CONTAINER PROJECT』。在这一方案中，将集装箱规格的预制房设置为临时住宅，以后再转移至别的地方作为永久性设施持续使用。『仅仅作为临时住宅的方案是不具有现实性的，如果转为永久性设施，那么对于那些没有能力重建住宅的人们来说也是一个便利。』吉村回忆道。

对受灾地的支援项目，并不仅仅局限于『EX-CONTAINER PROJECT』。吉村也在推进之前利用著作权许可开展的『CC House』项目。CC是『Creative Commons』的简称，指在可修改的条件下对一份小规模住宅的实施设计图纸进行销售。房主可以以低廉的价格获得一个属于自己的家。吉村正在考虑对受灾地免费公开这份图纸。

吉村说，『最后想要从事的一个领域就是教育』，他在多所大学担任非常任讲师。他说，想要建造出好的建筑，就需要很多的人才，这一点很重要。在吉村看来，真正的建筑家是能够在真正意义上发挥自己个性的建筑家。而这种个性的多样化，才是理想的状态。从奢华的度假村到价格低廉的预制建筑同时推进，吉村的身上焕发出了多样的光彩。

吉村靖孝年谱

□为计划中·未完成

年份	事件	作品
1972	–出生于爱知县丰田市	
1974	–举母路德幼儿园入园	
1976	–丰田市市立前山小学入学	
1982	–10岁	
1985	–爱知教育大学附属冈崎中学入学	
1988	–爱知县县立冈崎高中入学	
1991	–早稻田大学理工学部建筑学专业入学	
1992	–20岁	
1995	–早稻田大学理工学部建筑学专业毕业	

年份	事件	作品
1997	–早稻田大学研究生院理工学研究专业毕业（师从古谷诚章） –获得佐藤武夫奖（研究生设计最优秀奖）	□羽田机场高层化规划（东京）
1999	–建筑知识创刊40周年纪念·无障碍住宅设计竞标1999入选 –MVRDV入所（作为文化厅外派的研修艺术家）	■双面店铺（大分市） →P210
2001	–MVRDV离职 –30×100 MATERIAL『材料的使用方法』展/东京电力 –与川边（吉村）真代、吉村英孝共同设立SUPER-OS	
2002	–早稻田大学研究生院理工学研究专业博士后课程修满退学 –东京理工大学非常任讲师（至2006年） –早稻田大学艺术学校非常任讲师（至2012年） –将事务所从国分寺搬迁至四谷 –30岁 –未来建筑展/Gallery·间	
2003	–Uban Farming（研习会）/东京 –早稻田大学非常任讲师（至2006年） –《未来建筑》（合著、TOTO出版） –《MVRDV式》（彰国社） –《建筑MAP东京·2》（监修、TOTO出版）	■two-tone（东京） ■松代雪国农耕文化村中心（新潟）、基础设计：MVRDV、基础设计协助：SUPER-OS→P159
2004	–东京Designers Week 2004展/东京	■fizz（神奈川） ■龟龙宫殿（山形县）

年份	事件	作品
2005	–RE/SORT CITY（研习会）/ 不列颠哥伦比亚大学 –Tokyo fromVancouver（合著，University of British Colombia Press） –创立吉村靖孝建筑设计事务所有限会社 –将事务所由四谷搬迁至千驮谷 –京都Designers Week展 / 京都 –东京Designers Week 2005展 / 东京→P238 –Good Design奖（fizz） –JCD新人奖（龟龙宫殿）	□Soleil・Project（千叶县） ■Drift（京都）→P161 ■Mezzanine（山梨县） ■Pool（东京） ■Mirror Error（东京）→P238 ■西光寺本堂（爱知县）
2006	–第22届吉冈奖（ドリフト） –《超合法建筑图鉴》（彰国社）→P206 –Archilab 2006 / 法国	
2007	–稻门建筑会特别功劳奖 –事务所改名为株式会社吉村靖孝建筑设计事务所株式会社	□Huistenbos・Botanical（长崎） ■重窗（东京） ■Nowhere but Zushi 808（神奈川） □企鹅
2008	–Intersection Tokyo展 / 加利福尼亚州立大学 –关东学院大学非常任讲师（至2011年） –横滨三年展2008『家之家』展 –日本电视《世界第一的授业》出演 –『EX-CONTAINER』（Grafic社） –『彩色版』超合法建筑图鉴展 / 东京→P238	□万庵 □六甲山上的瞭望台设计竞标案（兵库县） ■纸袋圆顶建筑（东京）→P238 ■轩之家（神奈川）→P176 ■Nowhere but Hayama（神奈川）→P184、P244 ■下马Y邸（东京）

年份	事件	作品
2009	–Architect Tokyo 2009『生成的一代』展 / 东京 –神奈川建筑竞赛优秀奖（轩之家） –Architecture After 1995展 / 大阪 –亚洲设计奖金奖（Nowhere but Hayama）	■予科练和平纪念馆（茨城） ■Nowhere but Sajima（神奈川）→P192、P244、P252 □Olympia Quarter（Almera / 荷兰） □群马县农业技术中心整备事业设计提案竞标 ■横滨滨海国际酒店（神奈川）→P198、P248

横滨滨海国际酒店

Nowhere but Hayama

年份	事件	作品
2010	-建筑家阅读术展 / Galery・间 -中国香港《Perspective》杂志 40 under 40入选 -平京大学研究生院非常任讲师 -平成22年（2010年）东京建筑师协会住宅建筑奖金奖（Nowhere but Sajima） -第23届日经New Office奖近畿New Office推进奖（中川政七商店新社屋） -朝日电视台《森田一义俱乐部》出演 -平成22年（2010年）日事连建筑奖优秀奖（轩之家） -Architects from Hyper Village展 / 东京 -神奈川建筑竞赛优秀奖（Nowhere but Sajima） -《Architecture与Grout》（合著、millegraph） -《建筑家的阅读术》（合著、TOTO出版） -Good Design特别奖（中川政七商店新社屋） -City 2.0展 / 东京 -CC House展 / 东京→P243 -Asia Design奖银奖（Nowhere but Sajima） -Asia Design奖铜奖（横滨滨海国际酒店） -Asia Design奖荣誉奖（中川政七商店新社屋） -JCD Design Award 2010 金奖（予科练和平纪念馆） -JCD Design Award 2010 银奖（横滨滨海国际酒店） -JCD Design Award 2010 银奖（中川政七商店新社屋） -JCD Design Award 2010 金奖（Nowhere but Sajima）	■中川政七商店新社屋（奈良）→P218、P253 ■Marina Office（神奈川） ■Palette Building（东京） ■Red Light・横滨（神奈川）→P226 □CC House→P243、P254
2011	-早稻田大学非常任讲师 -东京工业大学非常任讲师 -Emerging Project 2011展 / 东京 -日本建筑学会作品选奖2011（Nowehre but Sajima） -Container Architektur展 / 杜塞尔多夫 -Little Tokyo Design Week展 / 洛杉矶 -小型建筑研究展 / 东京 -建筑学生研习会滋贺2011 -日本建筑师协会联合会奖鼓励奖（横滨滨海国际酒店） -UIA2011东京大会News Jamboree企划 -东京Chaircity展・展望复兴 / 东京 -Good Design奖（EDV-01） -JCD Design Award 2011 大奖（Red Light・横滨） -KENCHIKU ｜ ARCHITECTURE展 / 巴黎	■EDV-01→P232、P248 ■HOURAI（山形县） □EX-Container・Project→P230、P248
2012	-将事务所由千驮谷搬迁至神宫前（现事务所所在地） -RESET _ 11.03.11#New Paradigms展 / 巴塞罗那 -3・11——『东日本大地震后建筑家的行动』展 / 东北大学、巴黎 -3・11后的建筑・都市展 / 巴黎 -芝浦工业大学非常任讲师 -用小素材雕刻大世界 / 东京 -『心中的建筑』展 / 东京 -40岁 -第25届日经New Office奖近畿New Office推进奖（TBWA\HAKUHODO） -Traces of Centuries & Future Steps展（威尼斯国际建筑双年展公开活动）/ 意大利→P238、P242 -《行为与规则》（LIXIL出版）	■TBWA\HAKUHODO（东京）→P236 ■锯南Sunset Village（千叶） ■中川政七商店新社屋扩建项目（奈良）

吉村事务所成员名单

2005—2012年

员工

01 吉村靖孝 | Yasutaka Yoshimura
02 吉村真代 | Michiyo Yoshimura
03 吉村英孝 | Hidetaka Yoshimura
04 津野恵美子 | Emiko Tsuno
05 北条慎示 | Shinji Hojoh
06 岡村航太 | Kouta Okamura
07 出向井直也 | Naoya Demukai
08 山田爱 | Ai Yamada
09 近藤匡人 | Tadato Kondo
10 坂本奈绪子 | Naoko Sakamoto
11 松田达 | Tatsu Matsuda
12 柴田木绵子 | Yuko Shibata
13 荻原政人 | Masato Hagiwara
14 岩永亮 | Ryo Iwanaga
15 藤田修司 | Shuji Fujita
16 植美雪 | Miyuki Ue
17 村上和也 | Kazuya Murakami
18 三木万裕子 | Mayuko Miki
19 梅田惠 | Megumi Umeda
20 山家明 | Akira Yamage
21 川嶋贯介 | Kansuke Kawashima
22 寺本薰 | Kaoru Teramoto
23 井村武藏 | Musashi Imura
24 久保秀朗 | Hideaki Kubo
25 熊泽智广 | Tomohiro Kumazawa
26 塚越智之 | Tomoyuki Tsukagoshi
27 Lee Donguk | Lee Donguk
28 Matteo Soldati | Matteo Soldati
29 Sophie Verstraeten | Sophie Verstraeten
30 Kasia Krolak | Kasia Krolak
31 Michial Bekas | Micha Bekas
32 Simon Williams | Simon Williams
33 古市淑乃 | Yoshino Furuichi
34 冈贤俊 | Masatoshi Oka
35 Ariel Claudet | Ariel Claudet
36 Jana Krcmat | Jana Krcmar
37 野中渥美 | Atsumi Nonaka
38 Julia Dobovik | Julia Dobovik
39 富田海友 | Kaisuke Tomita
40 弓削纯平 | Jumpei Yuge
41 德山史典 | Fuminori Tokuyama

| 对话 | “仙台媒体中心”之后，以及展望未来

与以单体建筑决胜负的明星建筑家时代决别

平田晃久 × 吉村靖孝 × 仓方俊辅

Akihisa Hirata × Yasutaka Yoshimura × Shunsuke Kurakata

如存在『仙台媒体中心』这样一个据点，那么日本的建筑与建筑家们站在了怎样的一个岔路口呢？以『仙台媒体中心』的竞标活动为契机而立志成为建筑家，如今已经跨入四十岁行列的平田与吉村，与处于同一时代的建筑史学家仓方俊辅展开了对话。他们不约而同地认为，以单体建筑决胜负的明星建筑家时代已经成为过去。

仓方——不仅仅是单体建筑的形式，包括建筑与城市、建筑与社会之间的关联，乃至建筑家能够对社会做出怎样的贡献，这一系列的问题，在一九九五年之后，逐渐在发生着变化。『仙台媒体中心』（以下称为『媒体中心』）落成时，在当时看来，它的出现提出了一种新的形式，而在现在看来，以媒体中心为起点，之后人们开始思考建筑与城市、建筑家与社会之间的应该有怎样的关联。今天我们并不是要站在个人的角度上看待与媒体中心的形式、系统之间的对立，而是要以其历史性的地位开始进入

讨论。

平田——前些天在与伊东丰雄先生交谈时，他曾明确地提到，希望通过媒体中心这一项目，告诉人们建筑并不仅仅是一个程序（参照第P28页）。他讲道，程序这个词与功能一词有所不同，是一种功能性的东西与形状之间的固定关联，并且拥有更大的自由度。对于这种社会性的程序，建筑家如何解读并提出何种方案，媒体中心给出了一个不一样的答案，建筑与社会也在发生着变化。对于这段话我想我能够理解。

仓方——的确是这样。古典的现代主义与社会的要求之间如何对接，这是建筑与社会之间的关联性之所在，即便引入程序这个词汇，也不过是细微的版本修订。但是，媒体中心旗帜鲜明地表明了如果采用这种方式将无法与社会产生关联。

平田——是的。

吉村——伊东先生对于之后是如何预测的呢？

对经济、法规等建筑的外部条件也要有所考虑

平田——媒体中心首先展现了一个森林一样的场所。这个场所，能够接受不同时间在其内发生的不同事情，拥有着空间性。这是一个先入为主的概念，并不一定是展现在此场所中发生的事情，或者形成的组合。

比如，雷姆·库哈斯的『法国国家图书馆』的空间漂浮方案，在图书馆这样一个布满书籍的地方，营造出一个漂浮的空间。形态与程序之间的关系有着相对明确的对应。从某种角度来看媒体中心与其存在相似之处，但实际上媒体中心有着反转之处。这就是媒体中心的一个新意所在。上次伊东先生也说道，对此他有清晰的认识。

仓方——吉村你对伊东先生的这番解释作何感想呢？

吉村——我们的学生时代，是一个程序盛行的时代。是在后现代主义的理想之中觉醒，进行现代主义修正的时期。之后，建筑的立足点一分为二，分别为『行为』与『规则』。功能主义演变为程序主义，行动被赋予光芒，像素得到了进一步提高，建筑在极其细微的、刹那间的动态，比如姿态、氛围等方面做出回应，或者感觉，被称为『行为』。与此相对，规则是比程序更高一个级别，为了集结程序而产生的通信语言，或者说一定之规。比如经济性、不动产、环境问题等，我认为都属于规则的范畴。

我想，建筑现在已经一分为二，走向了两个极端，或者是对较为细微之处的观察，或者是被大的潮流所裹挟。

仓方——在吉村先生你的眼里，媒体中心属于行为或者规则的哪一方，或者说哪一个组合呢？

吉村——呈现出的空间无疑是属于行为的。能够对来访者的态度产生作用。能够单纯地享受漫步的乐趣，在柱子的阴影处出入，感受到细微空间之中的微妙之处。但地板与柱子形成的多米诺扩张却有着规则的超越性。森林是一个非常甜美的词汇（笑）。两者在其中均有所包含。以行为与规则的分类进一步稍加整理的话，应该是更具效率的。不知伊东先生从哪一

种意义出发认为是不属于规则的范畴的。

仓方——从刚才的谈话来看，似乎规则一方具有更大的扩展余地。

吉村——从我自己的角度来看或许是这样的。规则这一课题的强制力正在逐年增强。但这并不是说行为是不需要的，而是说，如果对规则给以充分的留意的话，行为会自然而然地变得丰富起来。

位于仙台市青叶区的“仙台媒体中心”（2000年）。南侧的定禅寺街两旁种满了榉树。透过被称为“skin（肌肤）”的玻璃幕墙，可以清晰地看到内部的样子。各层的层高均有所不同（照片：三岛叡）

平田——所谓规则，具体而言指的是什么呢？

吉村——并不是指人类在行动或习惯中形成的条件，而是指当今建筑的外部条件，比如经济、市场、法规。这些可以看成是建筑存在的基础，也必须是。

仓方——这些条件的扩展，是非常重要的，直到本世纪初，仍有人认为媒体中心代表了一种形式。之后，被看成是建筑的外部条件的经济、法规、规则也被采纳，由此，社会与建筑之间的关系，以及产生这种关系的方式，都开始发生了变化。且不论这种变化是否是以媒体中心的出现为契机，至少，媒体中心代表了一种结束，在那之后的一个新的开始，就是这种建筑观的出现。

平田——刚才吉村先生提到规则时，将环境也划归其中。对于我来说这一点我也很有同感。诸如气候问题之类比较大的现象，与建筑的状态息息相关。这一点是显而易见的。这种关联有时极大，有时极小。这并不是因个人的意识水平而变化的，而是一种更为不可预测的潮流。如想向其靠拢，无论是极大的领域，还是极小的领域，人类以意识与理性与世界发生关联的方式是与此不同的。从这个意义上说，规则与行为这一论调，与极大、极小的二级分化的动物性的领域在意义上或许是相通的。

另一方面，媒体中心从某种意义上也存在这一面，迄今为止的假定世界，由程序构建起来的形态与人的活动之间的关系，可以实现语言化，通过语言式的组合或变形而形成的内容，可以隐身至非语言式的地方，这是完工之后的媒体中心的外观所拥有的一个特质。不过，吉村先生刚才提到的经济，可以有多种多样的解读，如将经济的解读更多地偏向于秩序的话，也会产生不同的观点。更多的是指人类的无能为力，还是语言化的东西在某些地方有所关联，对此我想听一下您的看法。

吉村——所谓语言化的东西，指的是？

仓方——应该是指理性的东西吧。通过程序，

建筑与社会发生关联，这是将社会归结为语言或者理性的领域。平田先生刚才也这样说道，不过，其背后有着动物性的行为，另一方面，驱动这种理性或者社会的，并不是对隐性的经济及环境大框架起决定作用的规则。也就是说，从非理性的角度来看，吉村先生所说的规则与行为，实际上可以说是共通的。在这个基础上，就像我刚才说的，规则是一种无法控制的东西。即便如此，多少还是与理性有些关联，对吗？

吉村——的确是这样。从本质上说行为是难以语言化的，就像具有野性的经济规则难以语言化一样。与环境结合考虑便很容易理解。但是建筑家肩负的一个职能就是，设法将其语言化，并引入所在的领域。

仓方——对于完全不熟悉的领域，也要通过某种形式去接触。换句话说，如不接触这种不可思议的、用理性无法解释的领域，就无法成为社会化的建筑。这可能的确是媒体中心之后的特征。当然，通过何种方式接触，对各位建筑家来说却是因人而异的。

吉村——与『社会性的行为是理性的』这一命题是反转的。这很有趣。

仓方——是的，是的。最近，有一本书刚刚出版，《作为群像的丹下研究室战后日本建筑·都市史的主流倾向》，我与这本书的作者丰川斋贺进行了讨论。

建筑在解决社会问题方面也能发挥作用

我认为丹下先生的超脱之处在于，建筑并不仅仅是创造一个形状出来，而是在解决以经济为首的社会问题方面也能够发挥相应效果的态度。从这一点上来看，他已经摒弃了从个别的人类的意义上出发的人文主义，作为根本性的『群』，可以操作的个别事物，就像粒子一样，制订出各种计划，从这一点上说是非常厉害的。这也包括自己自身的作用。

目前有很多人重新开始关注丹下先生。丰川先生生于一九七三年，和我们是同一代人，如今涌起了重新审视丹下先生的风潮。重新审视站在规则的一面思考这些问题的丹下健三。以这种形式回顾过去的建筑家们，对于建筑家们以何种形式与非理性领域发生关联，也是一种摸索，是与时代的一种同步。是这样吗？

平田——是的。这种认识，与我在书中发表过的言论基本上是重合的。不过，如果真的存在媒体中心之后这一分界点，那么应越过理性之前这一说法，再次以某种语言性、意义性的新的方式重新去接触。这个问题从我独立开始就一直在思考。如果在此方面有所成果，那么应该能够创造出新的不同的东西。

仓方——关于以何种方式去接触，从伊东事务所时期直至现在，如果逻辑性地去整理的话，会是怎样的呢？

平田——从这个意义上说，在伊东事务所时期，印象最为深刻的是『TOD’S表参道大

楼』。当我拿着以榉树为灵感来源的方案去见伊东先生时，最开始，他说『这是一个非常有意思的方案』，但在中途却又说『还是放弃比较好』。虽然这一方案最后得以实现，但过程充满了纠结。至于伊东先生当时因何纠结，用伊东先生的话来说，对于符号，或者说象征性的东西、具有某种意义的东西，是有所抵抗的。同样的事情也发生在屋顶形状这一问题上，我在伊东事务所工作期间，提出又否定屋顶方案的事情也多次发生过。

我独立之后，对于无意义的东西与有意义的东西，总是在争论对决，因看法的不同，有时看上去是有意义的，有时又是无意义的，这让我觉得有趣。从独立之后的第一个项目开始，我一直在有意识地尝试不同的屋顶。

仓方——原来如此。

平田——一大片住宅的屋顶，如果从上往下看，有些类似于山脉等的自然地形，屋顶为了排水而采用了那样的形状设计。

后现代主义的尝试遭遇失败

至于在设计时是怎么想的，通过人的眼睛看到的具有意义的事物，以及同时又是具有规则性的、由较大的秩序中派生的事物，若能创造出这二者共存的状态，便能再次实现媒体中心式的非理性的、有意义的世界。

可能话题有点儿跳跃。举个例子，发出『哇』的声音时，同时做出了相应的口型，声音与身体语言结合为一体，在这个词产生具体的意义之前，已经产生了一定的内容。文字的形状也是一样，有的尖锐，有的圆润，在了解具体的意思之前，已经留下了某种印象，之后才逐渐演变出相应的意思。

这在建筑方面与屋顶的出现是类似的过程。从这个角度考虑的话，关于意义这一问题，便可重新定义。若在进行后现代主义的尝试时遭遇了失败，那么就再次回到原点，从那里发现新的角度，或者融入不同的内容，对此，我抱有很大的兴趣。二十世纪六十年代至八十年代，甚至是九十年代，某种意义上说是丢失的年代（笑），媒体中心，也可以看成是六十年代之后唯一的作品。

仓方——是的，也可以这样说。

平田——媒体中心的设计方案，是伊东先生对七十年代至九十年代的活动的概括与回顾。即便只有媒体中心，也能明白这一点，还是说，是其中包含有的多样的内容的重生？在超越某种事物时，一定会同时伴随着相应的问题。这就会导致出现反复。这种反复如果以新的方式重新加入，会不会出现有趣的情况呢？直到现在我仍然在思考这个问题。

仓方——这很好啊（笑）。刚才我就注意到，在最近的现代主义回顾的潮流之中，从二十世纪七十年代延续至九十年代的后现代或者说后现代主义的挑战与挫折，往往容易被人们忽视。与丹下先生谈到新陈代谢时，后来话题一直延伸到了媒体中心之后的时代，这段历史倒是不难描述（笑）。不过平田先生和吉村先生你们对于『这段时期』的问题都有着自己的答案，同时也在不断推动着建筑的发展。对此我也有同感。

不想引入榉树或者采用屋顶象征性设计，是可以理解的，因为那是一个有着现代主义倾向的伊东丰雄先生。象征之所以成为象征，是因为具备了语言所无法描述的东西。样式主义建筑中的样式细节，就属于一种象征。与此种细节相关的整体，是无法用理性描述的，因此将能够体现出来的要素创造出来，这就是近代主义。

因此，若采用了榉树或者屋顶象征性设计，在自己的建筑中便出现了无法控制的部分。想要表达的意思无法用理性解释清楚，因此便不希望采用这样的设计，这种做法，是现代主义式的思维。

在这个基础上，我能够理解平田先生你的建筑设计理念，但是我与你有着不同的解释。虽然说只要有理性或者说合理性就足够了，但是其实还有着更深层次的含义，能够对人们的行为产生影响，这才是最重要的。

平田——也包括历史性的内容在内（笑）。

仓方——是的。平田先生你是非理性的，但却执着于创造具有象征性的东西。你所提出的『关联性』也是这个意思吧。屋顶是一个具有历史性的象征物。但是，即便是那些在历史上没有存在过的东西，是否也有可能挖掘出无限的可能性呢？不过，这是非常困难的。因为稍稍有些矛盾，因为那是在历史上没有存在过的象征物。

平田——所谓物体，真正有存在于某处的理由，才是有意义的话，偶尔从历史的角度考虑或许会这样认为，但也有可能会派生出有着别的意义的物体。生物的历史也是这样，在某些时机下偶然间出现的生物，在不断的继承中发展成为现在的生物。历史虽然与此不同，但也存在这样的可能性。我在本届威尼斯双年展中，最开始犹豫不决，是因为伊东先生突然说出了『屋顶』（笑）。如果是这样，就会遭到伊东先生的逆向攻击。类似于我之前说过的事情。

历史上虽未存在却仍可成为象征物的事物

仓方·吉村——（笑）。

平田——虽然之前说过，但是我与伊东先生的想法还是有些微妙的区别，非常复杂。

仓方——刚刚的谈话中，提到了后现代性的倾向，吉村先生你对此怎么看呢？

吉村——有一个比喻，叫『纽拉特之船』。社会学家奥图·纽拉特（Otto Neurath）说过，『所谓社会，与船只无法在陆地上修补，是一样的道理』。这个比喻是说，船只只有在大海中航行之时，才能一点一点地去修补，绝不可能重新建造一艘出来。对我们来说也是这样。

仓方——在活动进行之中，对吧。

建筑的边界变得难以分辨

吉村——只有在活动进行之中，一点一点地去改变。电脑刚刚出现的时候，我们都有些兴奋，终于可以创造出一些与以前不同的东西了。在『算法建筑』一词盛行时期，真的只有通过电脑才能够生成算法，出现了与现实社会完全不同的所谓意义的世界等，但总伴随着一种不协调感。我们这一代对此十分了解。

仓方——是啊。

吉村——比我们更年长一些的人们，曾经不遗余力地一边拍打、抱怨着性能较差的电脑，一边制作程序，通过算法，生成一些之前从未见过的图形。

仓方——电脑并不是断绝性的，而是承继性的，在使用电脑的这一态度上，二位虽然方式有所不同，但在这方面却是共通的。即便会出现错误，但仍以超高速度进行创作，将电脑的这种特性，与某种意义上的后现代性相结合，这应该是平田先生的做法。并不是想要通过电脑创造出一个全新的世界，而是承继性地利用电脑。同样，在吉村先生的建筑中，也存在着个人电脑出现之后的思考，以及与承继性、意义性的连接。

吉村——较高的演算能力，是电脑的一个特性。还有一个性能就是极大地缩短距离。电脑仅仅提供了一种可能性，那就是通过电脑的演算能力快速地生成一种不可思议的图形。而缩短距离这一特性，能够让那些与自己毫无关系的人加入设计之中，或者依赖SNS进行团体创作。通过多人协作，或许能够创造出更加复杂的建筑。而创作的主体，由迄今为止的作家形式演变为DIY形式。电脑作为团队协作的工具，使我们的活动范围得到了扩展。

在我的活动之中，有一个叫『CC House』的项目，当时分发的图纸上明确地标注了『可修改』。另外，我正在与工务店合作，制作可以定制的建筑原型。如果没有电脑，这些是无法做到的。昨天浏览网页，看到BECK接下来将要发布的新作，将直接以乐谱的方式发布，而非以录音的形式。

仓方——是吗？

吉村——似乎是因为这样可以让大家以各种各样的形式演奏或者改编。虽然是与古典作曲家一起完成的，但是在这样一个电脑飞速扩张的情况下，如果以乐谱的方式发布，就有可能产生数千首、数万首与之前谱曲完全不同的音乐。这让我感受到了电脑在网络方面的可能性。

仓方——吉村先生关注的是电脑在网络方面的特点。这样的话，与融入了个人理性的现代主义式的独创性不同，通过承继、转换、连接，能够产生新的创作。不以单体的独创性与社会对峙的建筑或者建筑家的存在，与此有着莫大关联。

吉村——电脑运算导出的随机性，在某些地方仍然让人感到不自然。因大量的人的加入而产生的随机性，是能够感受到一定的意义的。所谓城市，不过就是这些声音的集合。应该以何种方式建造这样的建筑呢？在这种情况下，电脑作为网络的一环，是很有必要的。

仓方——可以说这也是一种反人文主义，作为一种装置的人类，已经不仅仅是个人的个性，如果将社会中的关联进行很好的设计的话，便能在短时间内将作为装置的人类的比较好的地方凝缩为某种形式，这种程序或者说关联性的不同，将会带来不同的结果。刚才吉村先生的谈话，与媒体中心一类的建筑之间有着怎样的关系呢？

平田——刚才的谈话让我想起了媒体中心的古谷方案。不做强制性的定义，因自然发生的网络而产生的组合——这让我联想到了古谷方案。

吉村——的确。古谷方案中期待的偶然性，类似于人类按照自己喜欢的顺序排列好书籍之后，渐渐地又变得杂乱无章起来，或者变得按照某种类别组合起来。人类很擅长于创造出非常优秀的『噪声』。

平田——我认为那个方案非常明确地展示了这种问题意识。就像地下建筑一样，让我们感觉不到它作为个体的边界所在。但是尽管如此，建筑始终都是作为单体存在的，这个问题是无法回避的。如何处理这个问题，我也非常关注。

和上面谈到的可能有些偏离，对于伊东先生创作的媒体中心的最终方案，我稍稍有些不满的地方在于，那座建筑通过玻璃外壁营造出了均质的空间，就像在水缸中放入海藻一样。虽说出发点是希望借此建立一种生物间的秩序，但最后也只不过是箱子之中的一种秩序，而不会产生我们刚才谈到的外部关联性，而是仅仅局限于内部的模拟、仅仅是那个场合下的产物。有时甚至可以被看成是在庭院中间建造的一座建筑。是否能够重新向外部打开呢？这就是我提出的『关联性』的含义所在。

仓方——也就是说，『建筑就是创造一种关联性』。

平田——是的。如果能够做到向外打开，那么即便在建造单体建筑时，也会考虑，怎样才能引入更大的脉络关系。如果仅局限于某一点，就很容易将单体的建筑特别化，疯狂地执着于这一点上。不过从个人的角度来说，有时对于某一点的专注也是很重要的。现在出现了很多种的可能性，相关的讨论也变得更加广泛。建筑的边界，已经逐渐变得难以分辨。

仓方、吉村——是啊。

平田——思维仅仅局限在单体建筑上是不行的。我很认同这一点，因此单体建筑能够在多大程度上引入更广阔的脉络，这是我必须要考虑的。作为个人如何与周围产生更大的关联，这是问题所在。我感觉到这个问题正在越来越多地被讨论。

仓方——如果换个角度来看，媒体中心在一般性的水平上，是因何而获得成功，答案应该是选址，以及前方成排的榉树。昨天我在表参道

看到青木淳先生设计的『路易・威登表参道大楼』，感觉非常棒。入口处引人入胜。在数量众多的路易・威登门店之中，这恐怕是最具开放性的。仔细想来，表参道的榉树本身就是一座拱廊，似乎也已经成为高级商场的内部回廊，所以人们会选择那里。因此，即便具有那么强烈的开放性，却丝毫没有障碍。

如果把那座建筑迁移至别处，就会失去意义，因此只是适合于那个场地的建筑。在这个意义上，这座建筑是超群的。SANAA设计的『迪奥表参道』，也充满着这种关联性的意识。如何应对表参道的成排榉树这一外部条件，这一点可以用来判断这座建筑是否具有现代性。

吉村——建筑的选址，也可以从规则的水平上加以讨论。特别是并排的树木，与集体性的行为准则，或者规范之类的约束力有着强烈的关联。树木类似于一种外部记忆装置，即便周围的建筑物发生了变化，也仍旧存在着一种能够得到继承的要素。

若没有街边树木，结果将会完全不同

仓方——从这个意义上说，如果没有那些街边树木，媒体中心就会变成完全不一样的建筑了。另外，就像平田先生提到的，媒体中心的一个要素，就是在玻璃箱子之中创造出一个自我的世界。比如『F・L・Lignt』这座有机建筑，在自己的设计中创造出了一个有机的世界，从这点上看，这是一座走在时代前列的『THE・建筑』。

媒体中心虽然也有着这样的要素，但是其提出的问题是，建筑基于与城市间的关联性而存在，这并非通过语言，而是通过事物本身展现出来，这一点，与下一个阶段有所关联。不过，如同平田先生所言，一座建筑所拥有的意义，及其在更高一个水平上的抽象化，或者对其他事物的助益，对新的建筑的鼓舞、刺激，在这些方面，是否已有成果呢？

吉村——指的是媒体中心所传播的意义吗？

仓方——不，是作为建筑的存在方式。

平田——建筑所属的秩序包含有多种层次，或许可以去挖掘这种层次，即便是一些基础性的东西也未尝不可。如何使这些关联性在建筑中显性化，这种探究的行为，我认为就是我们想要找到的答案。

仓方——是啊。

平田——通过建造这座建筑，意识到某些东西，将这种状态贯彻下去。并且这种状态还会发生变化。像吉村先生大概经历过这种现象，甚至可能是在更加匿名的状态下。这种事情常常出现，这是事实。即便如此，建筑要传播出什么样的信息，在这一方面，必须发挥建筑的知性。我想，这个问题在我们的领域，仍然是存在的。

吉村——的确如此。这次我参加威尼斯双年展，举行了一个小型的墙壁展览，内容为『Imitation City』，是在东京进行的一项调查。一条街道的发展成熟，并不是通过制度确定之后自上而下强制性决定的，而是在某位建筑家建造出一座耳目一新的建筑之后，受其影

响逐渐在周围慢慢出现相似的建筑，比如圆柱体、百叶窗、清水混凝土等，有着相同特征的建筑。仔细观察这一过程，思考如何将其传播出去，这种探究才是目的。建筑家的个人力量是非常有限的，如何在某一个街区播种下这样一个种子，这种意识是必须要具备的。

仓方俊辅（Shunsuke Kurakata）：1971年生于东京都，1994年早稻田大学理工学部建筑学专业毕业，1996年同大学研究生院硕士课程毕业，1999年同大学研究生院博士课程修满退学。2010年任西日本工业大学设计学部副教授，2011年任大阪市市立大学研究生院理工学研究专业副教授。主要著作包括《吉阪隆正与勒·柯布西耶》（2005年，王国社）、《Dokonomon》（2011年，日经BP社）。2006年获得日本现代艺术鼓励奖，以及稻门建筑会特别功劳奖。

仓方——这种关注我非常理解。不过，吉村先生您设计的单体建筑，无论从规格还是素材方面，都存在诸多的一定之规。这一点，与我们刚才谈到的话题，简单来说的话有着怎样的关联呢？

吉村——传播出去的东西，或者说被复制的东西，一定会出现劣化，因此我所做的事情是绝对无法实现的，是这个意思吗（笑）？

仓方——不，不是这样，刚才平田先生提到了单体建筑的问题，吉村先生建造的单体建筑，与现代性以及之前提到的关注之间存在怎样的关联性，这是我想要问的问题。

吉村——刚才提到圆柱体等时，作为传播的契机，『作品』是必要的。对著名的建筑作品原封不动地进行复制，也未尝不可。至少建筑家没有必要关闭这种可能性，我常常这样想。我从根本上认为现在建筑家的数量还远远不够。虽然社会上有些言论认为现在世界上开设了建筑学科的大学过多，或者建筑家的人数过多，但一个现实的问题是，普通市民的住所并不是好的建筑。解决这一问题的方法，或许是教育，或许是建筑家的量产。模仿某一个人，这种可能性或许是应该存在的。

仓方——是这样啊。

吉村——最近与佐佐木龙郎先生交谈过，他说道，分别以百分之零点三、百分之三，以及百分之三十的速率增长的建筑，应该以哪一个为目标呢？想来百分之三是最不可取的。如为百分之三十，一般来说已经不是建筑了，与百分之零点三的那一类，也就是所谓的建筑家的建筑是否可以相提并论呢？在建造建筑的过程中是否能够留意到二者之间的相互影响呢？虽然提到了这些问题，但是能够细细消化，在这方面仍然有许多事情是值得思考的。

理论延伸至何处，或在何处终止

平田——另外还有框架。在概念艺术领域，一些司空见惯的事物，通过框架成为作品。大概仓方先生所提到的专注，是对框架效应的一种保证，借此成为信

息得以流通，是这样一种战略吧。

仓方——不是的，这在之前也是存在过的，我刚才所说的并不限于这个水平。某一个杰作，与对其进行的框架化，两者之间的关联性可以说是过去的建筑家们的做法，而吉村先生对二者之间的关联性似乎有着不同的想法。

平田——总之就是仓方先生在挑衅吉村先生（笑）。

吉村——你小子的单体建筑作品，到底有什么不一样的，对吧（笑）？

仓方——不，我想了解的是，是否像平田先生一样面临进退两难的境地，以及能否创造出历史上没有存在过的象征性等，刚才提到的百分之三十与百分之零点三，虽然在理论上能够理解，但在实际中是以怎样的一种关联性联系在一起的，现在似乎还无法给出答案。

吉村——可能是这样的。

仓方——这种坦率是共通的（笑），毫无道理地说，现在在四十岁这个节点上，无论从理论上还是实践上，如果得出首尾一致的结论，似乎觉得不妙。至今为止建筑工作将近二十年，能够看到并且思考那些待解问题的重点，从理论上来说虽然是正确的，但却不知道能否真正解决这些问题。

某些时候突然之间出现莫名其妙的繁殖

吉村——的确必须去思考。

仓方——抽象的理论能够深入到何处，最终的落点又会在何处终止，今天通过与二位的谈话解答了这些问题，非常有趣（笑）。

平田——不愧是历史学家啊（笑）。

仓方——刚才为什么讲到这些，是因为这并不仅仅是二位建筑家面临的问题，而是现在所有人的问题。一开始被认为是建筑外部的东西，变成一个新的群落，或者重新翻修时，那么那些单体建筑是如何发生关联的呢。对于这种关联性，包括我们的前辈与后辈在内，仍然有些部分是未能充分解答的。

吉村——是的。创作出优秀的单体建筑作品，这种欲望在我的内心之中也是有的。但是，举例来说，如果建筑作品的发表媒介发生变化的话，现在的作品类型可能就会发生变化了。也就是说，也能出现一些所谓不需要作品就能够以建筑为业的、完全不同以往的建筑家。与《建筑十书》中记载的建筑家们相比，我们所

从事的领域似乎是非常狭窄的，建筑家的定义并非那样坚如磐石。今后，或许一些建筑家的出现，会使得建筑家的定义发生变化。

平田——『传播』这一问题是非常有趣的。关于传播的速度，比如，某些种子虽然开始传播的时间较早，但只会产生一些平庸的变化，而某些种子乍一看去似乎比较孤立，但在某些时候却会在突然间产生莫名其妙的繁殖。纵观生物发展史，大概这种传播的问题是非常常见的。在某些情况下，也会有两种生物合体的现象发生。这种现象，在我们的身边也时有发生，由于对其中的传播的关注点的不同，可能会发生百分之三十，甚至百分之五十左右的变化，这一点，是非常有趣的。

仓方——刚才提到的变化，以及环境在内，所谓进化，并不是平白发生的，而是在某种封闭至一定程度的场所，进入了一颗异样的种子之后，无意中发生改变，再出现时便在突然间产生了变化。环境是多种多样的，这里是这样的地域，而那里又是那样的地域，由于存在这种不同，传播的方式也有所不同，这些属性之间有所关联却又各自不同，一旦其中的某种要素发生增值，社会或许便会改变。社会不应被看成平坦的土地，而应该是一个小宇宙，其中的固有秩序发生些许的改变，便会产生新的不同。

吉村——从事民间的工作，是非常能够了解这一点的。而公共的工作，从某种意义上说，必须假定社会是水平的，民间企业的目标集群是非常明显的，如能够很好地加以利用，将会产生爆发性的变化。

仓方——在提到『社会』一词时，如从官方的角度，就像刚才提到的，从上而下看，是一片平坦之地，这是前提。在这一领域，丹下健三先生当首屈一指。正因为身处那一时代，因此那样的观点才能够获得成功。而现在，提到社会一词，虽然已经不止于此，但也并不仅仅局限于个体。社会应该被看成一个集群。这一集群在建筑方面应如何操作，这一点，似乎尚未得到开发。

吉村——『规则』一词，原本常被用于表达国家间的共通语言。『京都议定书』就被写作『Kyoto 规则』。无论经济问题，还是气候、环境问题，都能够成为沟通的契机。

仓方——经济作为规则是共通的。的确，这种可能性是存在的。

吉村——话说回来，前段时间在北海道看到了五十岚淳先生设计的建筑物，让我觉得北海道不属于亚洲。虽然这么说可能会被批评。至少，并不是我们听到亚洲这个词时脑海中浮现的那个湿润的、布满山水的亚洲。

按照本土方式行事，将会变得抽象起来

不过，在北海道，如果按照本土的方式行事，将会变得抽象起来。屋顶是水平的，也没有屋檐。五十岚先生设计了一个象征性的、嵌于墙壁之中的方形窗户，这样的窗户，为什么需要底边呢？那是为了阻挡从外边的另一个大的开口部进入的冷气。仔细想想北海道当地的环境，这座建筑并未设计为木质房屋，而是十分抽象的建筑。这是一种非常有

趣的反转。

对于我们这代人来说这也是激发我们思考的一个契机。日本地形狭长，不同地区气候迥异，必须考虑到实地情况。如要做到植根于当地环境，就不能仅仅止步于对传统的梳理，而要根据现在的建材或者建筑语言重新进行思考。这样的话，就如同北海道与北方各地相连，九州与南方各地相连，在很多地方都能够找到连接点。

平田——是否能够建造出通过别的形式实现了普遍化的东亚建筑，无论对于新的建筑的思考，还是扩展工作的领域，都有着重要的意义。

百分之零点三的建筑作品与百分之三十的普通建筑如能相互影响便很好 ——吉村

吉村——到现在为止，在亚洲，尚且处于将建筑家作为品牌消费的初期阶段。

平田——为了超越这种对个性的消费，我想我主张的『关联』或许能够达到出人意料的效果（笑）。这种相互关联的、营造出某种气候或者带有湿气的区域的想法，是极具亚洲特色的，但同时也并不是只通用于亚洲。从埋头于单体建筑，转变为稍稍向外部渗透。

作为模板推广时，基于亚洲式的风土人情，由于存在着人群中累积的思考，以及各种体感的蓄积，可能相对来说很容易接受。虽然这只是比较随意的一种假设（笑）。

吉村——是很难的吧。我之前也曾去过中国台湾。在那里我看到安托内·普雷多克（Antoine Predock）设计的单集体住宅的样板间。开发商建造了样板间，在那里放映电影。

平田——我也看到了。很厉害。

吉村——虽然建筑家是被作为品牌介绍的，但影片却是从驾驶着哈雷摩托在六十六号国道上飞驰而过的镜头开始的。通过介绍建筑家的生平，以及分享其品性，从而勾起观者的购买欲望。

平田——还穿着皮夹克，样子非常酷（笑）。另外他也很擅长绘画。

吉村——安托内·普雷多克从亚洲式的『绿』与『水』之中得到灵感，设计了那所住宅。设计暂且不说，光是样板间就已经很厉害了。专有面积为每户一百坪，销售价格为七至九亿日元。在我位于东京的事务所附近的不远处有一所公寓，每一百平方米的售价为两亿日元，售价相对较高，是因为装修非常精致，但天花板很低，房间也很狭窄。同样面积的住宅，如果是在普通城市，只需要一千至二千万日元就能够买到，而这所公寓，却施加了比较夸张的装饰。

与此相对，中国台湾的集体住宅的天花板很高，空间宽敞，中间似乎还有一个体育馆一样的场所。配置有一个可供各种用途的广阔空间，这一点不容忽视。按照空间大小划定价格，即便将来去掉装饰，也还可以成为能够重

复利用的城市建筑。

但是与土地规划的这种确定性相比，以『水』或『绿』作为主题贴装的外立面装饰，如同文字一样，让人感到一种表面性。这并不能称为从市场性、经济性入手设计的建筑，而是被市场摆布的建筑。如果是这样的话，作为设计者，做出正确的判断，开发商便能够给每一户以足够的空间。虽然很难，但要想办法做到。如果不这样做，那么规则与行为便无法达到真正意义上的邂逅。

仓方——刚才提到的单体建筑，以及百分之零点三与百分之三十之间的关联，令人意外的是，在日本以外的地方，可能会存在着线索。或许日本迄今为止的经验如在相对的方向推广的话，实际上也就是那些不从事外观设计工作的建筑家们，有可能能够更多地利用这些经验。亚洲社会，或者说那种关联性，既有着从对方吸收的东西，也有着向对方输入的东西。对于最早经历了西欧式的建筑理念的日本来说是有利的。

平田——不过，标志性建筑是非常厉害的。即便是新加坡这样的城市，也偏好鱼尾狮这样的标志。

仓方——如今标志性建筑虽然是主流，但我认为很快就会进入下一个阶段。到那个时候，亚洲社会式的建筑家会出人意料地在日本未能被预料到的地方出现。

平田——这样想来，将特定的地域要素特征作为根本，演化出的形状，可以说是建筑家的一种个性，是在某个特定场所之中产生的建筑的特征。因此这些形状能够走向世界，这是非常有趣的。因为大家都开始感觉到，单体的明星建筑家或者明星建筑的时代是无趣的。但是如果没有精华，也是无趣的。因为如果没有精华，或者说没有结晶化的东西，就失去了精气神。

建筑及建筑家们挑战的问题

仓方——我们现在正处于中间地带。建筑家都是比较长寿的，从年龄来说四十岁的年纪正是一个转折点。在今后的实践中需要解决的问题，今天一一得到了明确。在解决问题方面设计是非常重要的，同时单体的建筑作品也是重要的。当然，这是从很久之前就存在的问题，然而无论哪个问题都无法轻易得到解决，我们正处在一个转折点之上，二位都在用自己的方式做出诠释。

今天有幸能够在二位刚好是四十岁的时候留下记录（笑）。对于建筑之中存在的问题，了解问题两个方面的我们这一代人正在做出正面的思考，以及包括我们的前辈与后辈在内，正在认识到当今的建筑及建筑家们挑战的问题。

『关联』是一种象征，也是出入亚洲的立足点——平田

结语

平田晃久

首先，我要对平时以各种形式共事过的、帮助过我的所有人致以深深的谢意。但是，其实现在我是不太想致谢的。那是因为，我还没有做出任何值得用来致谢的成就。现在的我，正处在是否能有所成的分界点上。

我正在飞机上书写这段结语。在伦敦的Architecture Foundation上举行的个展『tangling』顺利开幕，我刚刚踏上归途。无论开幕式还是讲座，都有幸得到了很多人到场支持。我想，对于我对建筑的有些特别的理念，可能大家也能够深怀兴趣、欣然接受了吧。想来，今年对于我来说也是特别的一年。四月份在米兰家具展上展示的以能量循环为主题的『Photosynthesis』获得了最高奖，以八月份在东日本大地震受灾地建造的『大家之家』的共同设计过程为展览内容的日本馆，获得了威尼斯国际建筑双年展金狮奖。在这些展览之中，包含着对迄今为止的建筑形态的反思，这种尝试本身，或者说其背后所包含的意图，证明了共享的可能性。

以前自己一直在思考的东西，开始一点一点地向世界扩散。

二〇〇〇年，通过在伊东事务所参与的展览会研讨，我产生了

结语

吉村靖孝

接到日经建筑要出书的消息，我有些吃惊。在这部书籍系列当中，迄今为止取材的对象都是德高望重的大事务所，突然间出现年轻人，可谓是一个大的变化。并且，在同一时间段我有另一本书预计将要出版，内容难免会有所重复。犹豫再三之后，听说要与年纪相仿并走在我们前端的平田晃久先生制成合集，我便同意了。至于读者群，对我这一部分抱有兴趣的读者，与平田先生的读者之间，几乎没有什么交叉点，因此我也期待，能有一次珍贵的机会，听到平时听不到的声音。

关于缺乏交汇点这件事，我尝试着自己做了梳理。平田先生被看成是较为少见的形式主义者，特别是最近，向几何学接近的倾向逐渐增强。而我，却更多地将以市场、法律、规则为基础的建筑的社会性作为创作的源泉。这是一种反形式主义的创作态度，因此缺乏交汇点也是无法避免的。

不过，我认为现在建筑界使用的形式主义者及形式主义这一用语，稍微有些怪异。形式主义一词，指快乐的形态主义，缺乏社会性，多少含有一些贬义，因此自称形式主义者的建筑家是几乎不存

对未来建筑的一种预感。在那之后，在工作中我一直希望能将这种预感中蕴含的内容传播开来。

及至二〇一二年，在本次伦敦的活动中，我尝试阐述自己的观点，而在这一过程之中，似乎又产生了对于下一阶段的预感。我开始觉得，在之前我所关心的建筑生成原理之外，或许还存在着更高一级的原理（虽然是否应该称为原理尚且不得而知）。这种预感，是对原本毫无关联的事物之间产生的一种关系（我称为『关联性』）之中所蕴含的丰富性的关注，是对由这种关联重合而形成的世界所带来的令人惊叹的自由建筑的形态的预感。

在这种感觉之中，能够用语言描述的内容非常之少，而且并不一定能够完全实现。但正是在这样一个一切尚不确定的时间点，才更要将此内容作为结语记述下来。这是对不远的将来的一种希望，也会成为驱使我们不断前进的动力。

二〇一二年九月十九日

在的。但是，真正正确的是，正如路易斯·康提出的order（秩序）/form（形式）/shape（形状）一般，如果『形式』不够明确，那么是不能称为形式主义者的。形式，换言之是对在事物的发现过程中或由反复而形成的定式有着敬意或深刻理解，而绝不仅是停留在形态的游戏的水平上。

但是仔细想来，我自己以系统、规则这些词的名义，对于形式，或者说『形』，又或是『形状』背后所隐藏的可能性孜孜不倦地追求着。从这个意义上说，我也是一个形式主义者。我想，从根本上说这是相通的。

与生在同一时代的建筑家共同放置在砧板上被比较，除了年轻之外别无长处，虽然有些羞愧，但却让我得到了很多启发。这是无与伦比的收获。

二〇一二年十月一日

（执笔人｜报道刊载号一览）

平田晃久篇

吉村靖孝篇

146页 吉村靖孝选择建筑的理由｜新撰｜访问者：平田晃久；构成：青木弘司（青木弘司建筑设计事务所）

162页 师徒对话『挑战规划不可规划之难题』｜新撰｜构成：佐野由佳（作者）

176页 屋檐之家｜新撰｜构成：佐野由佳（作者）

184页 Nowhere but Hayama｜日经建筑2009年5月25日号｜松浦隆幸（自由撰稿人）

192页 Nowhere but Sajima｜日经建筑2010年8月9日号｜冈本蓝（日经建筑）

198页 横滨滨海国际酒店｜新撰｜构成：佐野由佳（作者）

206页 街道散步中产生的『超合法建筑图鉴』｜日经建筑2006年12月11日号『Next-A』｜大家健史（flick studio、刊登时）

208页 学长·同学·学弟口中的吉村靖孝——吉村英孝｜新撰｜构成：青木弘司（青木弘司建筑设计事务所）

211页 学长·同学·学弟口中的吉村靖孝——森川嘉一郎｜新撰｜构成：有冈三惠（Studio SETO）

212页 学长·同学·学弟口中的吉村靖孝——小嶋一浩｜新撰｜构成：有冈三惠（Studio SETO）

214页 学长·同学·学弟口中的吉村靖孝——马场正尊｜新撰｜构成：青木弘司（青木弘司建筑设计事务所）

215页 学长·同学·学弟口中的吉村靖孝——中村拓志｜新撰｜构成：青木弘司（青木弘司建筑设计事务所）

218页 中川政七商店新社屋｜NA选书『屋顶的实战术』（2011年6月27日发行）、
日经建筑2010年5月10日号｜吉村靖孝、木村骏（原日经建筑）

226页 RedLight·横滨｜新撰｜构成：佐野由佳（作者）

230页 EX-CONTAINER｜新撰｜构成：佐野由佳（作者）
TBWA\HAKUHODO｜KENPLATZ 2012年3月26日｜浅野祐一（原日经建筑）

240页 平田晃久对吉村靖孝核心理念的探寻｜新撰｜访问者：平田晃久；构成：青木弘司（青木弘司建筑设计事务所）

252页 十分钟速读吉村靖孝｜ケンプラッツ「NEXT-K」2011年5月12日、13日｜高木伸哉（フリックスタジオ）

260页 对话『与以单体建筑决胜负的明星建筑家时代诀别』｜新撰｜构成：佐野由佳（作者）

图书在版编目（CIP）数据

平田晃久+吉村靖孝 / 日本日经BP社日经建筑编 ; 范唯译. — 北京 : 北京美术摄影出版社, 2019.1
（NA 建筑家系列 ; 6）
ISBN 978-7-5592-0127-0

Ⅰ. ①平… Ⅱ. ①日… ②范… Ⅲ. ①平田晃久—访问记 ②吉村靖孝—访问记 Ⅳ. ①K833.136.16

中国版本图书馆CIP数据核字(2018)第094400号

北京市版权局著作权合同登记号：01-2014-7605

责任编辑：董维东
特约编辑：李　涛
责任印制：彭军芳
装帧设计：北京旅游文化传播有限公司

NA建筑家系列　6
平田晃久+吉村靖孝
PINGTIAN HUANGJIU + JICUN JINGXIAO
日本日经BP社日经建筑　编　范唯　译

出　版　北京出版集团公司
　　　　北京美术摄影出版社
地　址　北京北三环中路6号
邮　编　100120
网　址　www.bph.com.cn
总发行　北京出版集团公司
发　行　京版北美（北京）文化艺术传媒有限公司
经　销　新华书店
印　刷　鸿博昊天科技有限公司
版印次　2019年1月第1版第1次印刷
开　本　257毫米×182毫米　1/16
印　张　17.375
字　数　350千字
书　号　ISBN 978-7-5592-0127-0
定　价　98.00元

如有印装质量问题，由本社负责调换
质量监督电话　010-58572393